Tuning

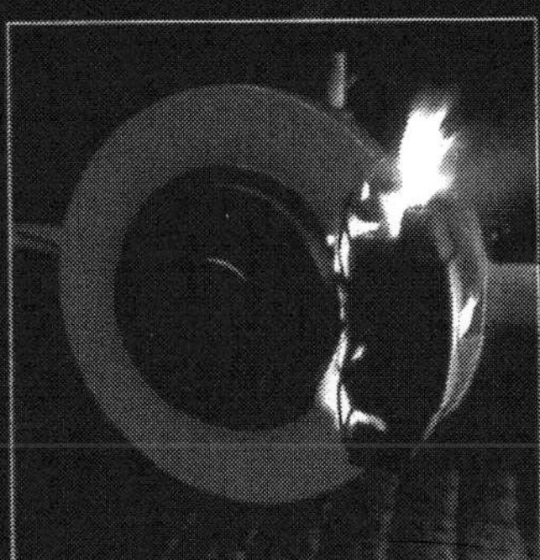

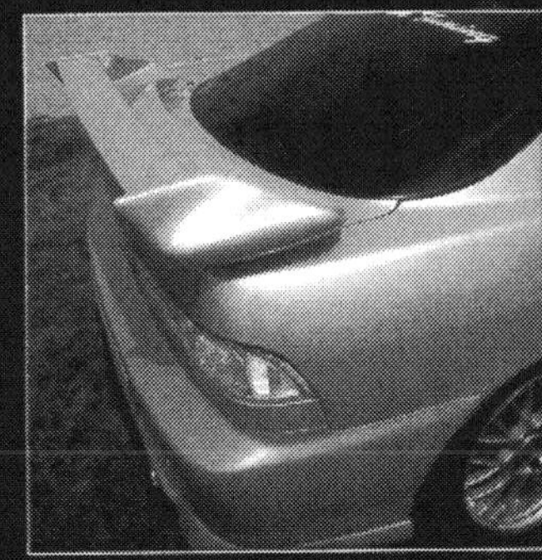

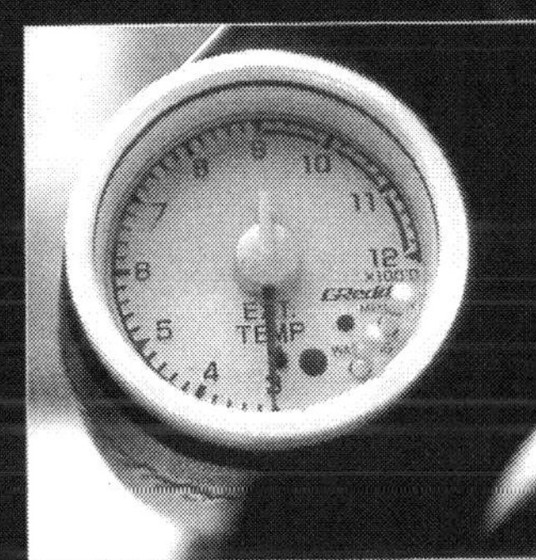

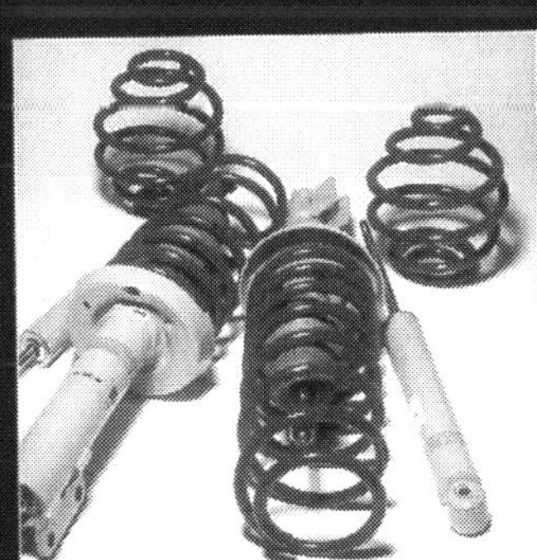

Zusammengetragen von Bryn Musselwhite & Bob Jex

Motor
buch
Verlag

Die Originalausgabe ist 2004 in zweiter Auflage unter dem Titel Modifying bei Haynes Publishing, England, erschienen.

Einbandgestaltung: Dos Luis Santos
Die Übertragung ins Deutsche besorgte Gunnar Beer

Eine Haftung des Autors oder des Verlages und seiner Beauftragten für Personen-, Sach- und Vermögensschäden ist ausgeschlossen.

ISBN 978-3-613-02761-9

1. Auflage 2007

Ein Unternehmen der Paul Pietsch Verlage GmbH & Co.

Sie finden uns im Internet unter www.motorbuch-verlag.de

Druck und Bindung: Druck- und Verlagsgesellschaft Südwest mbH, 76131 Karlsruhe
Printed in Germany

Alles, was recht ist...!

Tuning ist angesagt wie seit Jahren nicht mehr! Filme wie "The Fast and the Furious" oder auch Computerspiele wie "Need for Speed" haben die Tuninggemeinde rund um den Globus noch enger zusammenrücken lassen, zahlreiche Magazine und Messen versorgen die Community mit allem, was das Herz begehrt.

Doch wie so oft bei Dingen, die Spaß machen, hat auch diese Sache einen Haken: Nicht alles, was gefällt, ist auch erlaubt. Wer wie Paul Walker alias Brian O'Conner mit Hilfe von Lachgas auf der Straße um Ruhm und Ehre kämpft, findet sich schneller im Gefängnis wieder, als er Heckflügel-Anbausatz sagen kann. Die Hersteller und auch der Gesetzgeber haben in den letzten Jahren alles Mögliche getan, um unsere Autos sicherer und umweltfreundlicher zu machen. Wer also in diesen Bereichen Hand anlegt, bewegt sich auf ganz dünnem Eis.

Ein paar Beispiele gefällig? Wer den Katalysator ausbaut, betrügt das Finanzamt, wer seine Mehrleistung, das Fahrwerk oder sonstige Teile nicht eintragen lässt, verliert seinen Versicherungsschutz, wer im Schutz der Nacht gar an einem illegalen Straßenrennen teilnimmt, mit Sicherheit seinen Führerschein – wenn es ganz schlecht läuft, wird auch noch das Auto beschlagnahmt. So sieht das wahre Leben aus!

Dabei haben wir noch gar nicht über den schlimmsten denkbaren Fall gesprochen: Wenn nämlich die Gesundheit oder das Leben von Menschen auf dem Spiel steht, ist endgültig Schluss mit lustig. Wer beim Umbau pfuscht, bringt nicht nur sich und andere in Gefahr, sondern hat auch auf der Straße keinen Respekt verdient. Mehr als peinlich ist es auch, wenn das Fahrkönnen weit unter dem Potenzial des Autos liegt und derjenige auch noch meint, sich auf öffentlichen Straßen mit anderen duellieren zu müssen.

Wer sich mit anderen messen will, hat dazu auf Rennstrecken oder beim Viertel-Meilen-Rennen ausreichend Gelegenheit. Wer sein Fahrkönnen verbessern will, sollte einen Lehrgang besuchen. Für Könner gibt es spezielle Drifttrainings und sogar Meisterschaften im Querfahren.

Wer seinem Auto einen radikalen optischen Umbau gönnt, kann auf Treffen und bei Messen Pokale abräumen. Das Kennzeichen kann man sich dabei sparen. Auf öffentlichen Straßen würde ohnehin auf der ersten Bodenwelle die Frontschürze zu Bruch gehen.

Doch auch das Schrauben selbst birgt seine Gefahren: Arbeiten an sicherheitsrelevanten Teilen (und das sind bei einem Auto genau genommen alle Teile) sollten beim geringsten Zweifel Profis überlassen werden. Außerdem sind Einbauanleitungen und -vorschriften der Hersteller unbedingt zu beachten. Wer sein Auto weiterhin auf der Straße fahren will, tut gut daran, vor größeren Umbauten mit einem Sachverständigen zu reden.

Wer genau hinschaut, wird in diesem Buch einen britischen Einschlag entdecken (und damit meinen wir nicht nur die Lady unten rechts). Wir hatten für dieses Buch nämlich die einmalige Gelegenheit, den Profitunern bei der Arbeit über die Schulter zu sehen. Das macht in der Sache keinen Unterschied, die Tuning-Szene auf der Insel unterscheidet sich nicht von der französischen und diese wiederum nicht von der deutschen. Die Trends werden ohnehin in Japan und den USA gemacht.

Also immer daran denken: Zu einem getunten Auto gehört auch ein getunter Fahrer! Für Fehler und Schäden an Mensch und Material können wir aus verständlichen Gründen keine Haftung übernehmen. Wir besuchen euch auch auf keinen Fall im Knast! Also bleibt sauber und habt trotzdem Spaß!

Inhalt

Ein Tuning-Buch

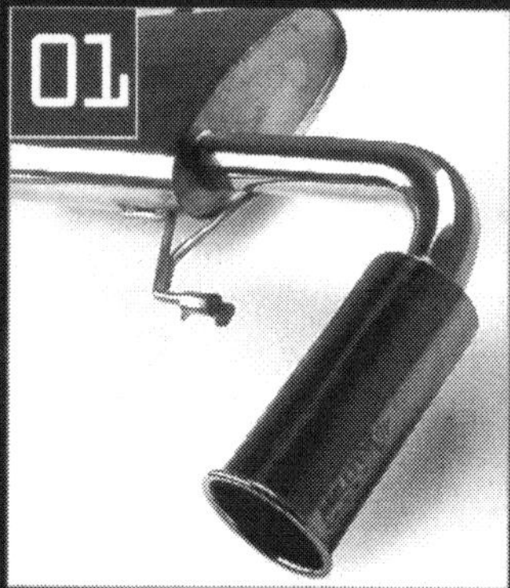

Versicherung

Sicherheit

Sound-Check

Fahrwerk

Räder & Reifen

04 Innenraum

05 Karosserie

09 Bremse

10 Motor-Tuning

11 Ab auf die Piste

12 Sicherheit geht vor

01 Ein Tuning-Buch

Was'n das?

Warum wir diese Anleitung für euch geschrieben haben? Ganz einfach: Weil das Tuning eines Autos auch ganz leicht zum Alptraum werden kann. Schlechte Montageanleitungen und Teile, die schlecht oder gar nicht passen, sind keineswegs selten – das kann einen leicht zur Verzweiflung treiben. Egal, ob es um den Anbau eines Spoilers oder das Anschließen elner Lachgas-Anlage geht, und egal, wie viel Vorkenntnisse ihr habt: Es gibt sicher einige Tipps, Tricks und Kniffe, die ihr noch nicht kennt. Und einiges, was ihr unbedingt wissen solltet.

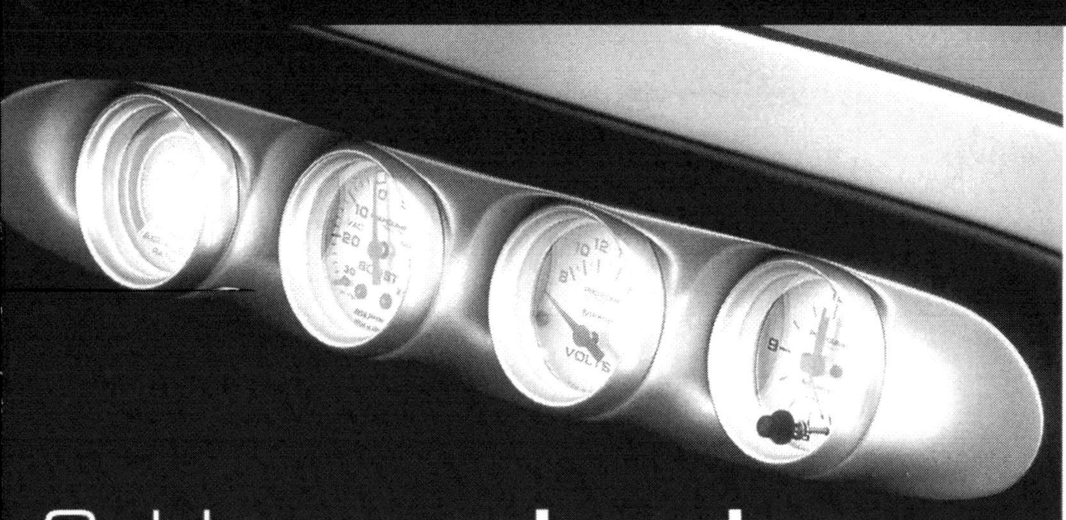

Schlauer **schrauben**

Da dieses Buch für alle, die an ihrem Auto schrauben wollen, geschrieben wurde, müssen wir natürlich auch die Anfänger mit einbeziehen. Dieses Buch kann und will keine Ausbildung zum Mechaniker ersetzen, soll aber doch Hilfestellung bei den üblichen Problemen bieten. Und wie lernt man am besten? Richtig, indem man erfahrenen Schraubern über die Schulter schaut. Genau das haben wir getan und dabei die Kamera fleißig klicken lassen. So kann man wenigstens im Geiste die Arbeit nachvollziehen. Bevor es dann an das eigene Auto geht.

Nicht fotografieren kann man dagegen einige Grundregeln, die es beim Schrauben zu beachten gilt. Regel Nummer eins: Man sollte die Arbeit erst beginnen, wenn alle Teile und Werkzeuge beisammen sind. Hört sich blöd an, die Praxis zeigt aber, dass dieser Part der schwierigste ist. Mit guter Planung ist die Arbeit schon halb erledigt, ohne Planung und das richtige Werkzeug endet das Ganze im Frust

Ganz wichtig ist auch die Sicherheit. Falls man alleine schrauben muss (was man nie tun sollte), kann man die Nummer eines Freundes auf die Wahlwiederholungstatse seines Handys legen. Falls nötig, ist die Hilfe dann nur einen Tastendruck entfernt.

Unter dem Auto zu liegen ist sehr gefährlich, zumindest wenn das Auto nicht ordentlich gesichert ist. Der Wagenheber allein ist keine Absicherung. So manchem hat ein untergelegtes Rad schon das Leben gerettet, solide Unterstellböcke sind ein Muss. Man muss sich nur vorstellen was passiert, wenn eine gute Tonne Metall auf der Brust liegt.

Ganz schlecht ist auch, die Dinge mangels richtigem Werkzeug mit Gewalt anzugehen. Dabei geht ganz leicht etwas kaputt und die Verletzungsgefahr steigt. Wenn etwas beim ersten Versuch nicht klappt, sollte man unbedingt eine Pause einlegen und sich den ganzen Ablauf noch einmal durch den Kopf gehen lassen. Meistens findet sich doch noch eine vergessene Schraube, die das Teil verzweifelt festhält.

Das sind dann meistens auch die Schrauben, die am Ende übrig bleiben. Dann heißt es tief Luft holen und das einsame Gewinde suchen. Niemals Schrauben oder Teile weglassen, auch wenn sich der tiefere Sinn nicht auf den ersten Blick erschließt. Wer meint, er sei schlauer als die Ingenieure, begibt sich und bringt andere in Gefahr.

Insgesamt ist ein kühler und klarer Kopf die beste Voraussetzung zum Schrauben. Alkohol und Drogen vernebeln die Sinne und haben bei der Arbeit nichts verloren. Es spricht aber natürlich nichts dagegen, nach getaner Arbeit mit einem Kumpel das Ergebnis gebührend zu feiern.

Die Probefahrt sollte dann aber warten, denn auch hier ist es wichtig, kühlen Kopf zu bewahren. So mancher ist mit seinem neuen Fahrwerk aus lauter Übermut schon an der ersten Ecke von der Straße geflogen.

Nie mehr falsch einkaufen

Bevor es richtig losgeht, gibt es erst einmal etwas Basiswissen zum geschäftlichen Teil. Damit das sauer Ersparte auch richtig angelegt ist.

Traurig, aber wahr: In der Tuning-Branche tummeln sich einige schwarze Schafe, denen der schnelle Euro wichtiger erscheint als zufriedene Kundschaft. Leider lässt sich gegen eine solche Einstellung nicht viel tun. Trotzdem einige Ratschläge:

Frage des **Geldes**

Es gibt viele Möglichkeiten, den Umbau seines Autos zu finanzieren. Nur wer von Anfang an die für sich passende Variante wählt, hat auf Dauer Spaß, wer nicht, der zahlt einfach für lange Zeit.

Nur Bares ist Wahres

Wie das geht Ihr spart einfach, bis genug Geld in einer extra eingerichteten Projekt-Kasse ist, und geht erst dann einkaufen.

Vorteil Keine Abhängigkeiten und Verhandlungsspielraum.

Nachteil Geld zu sparen dauert natürlich seine Zeit. Ist also nichts für Ungeduldige. Ärgerlich ist auch, wenn der Umbau auf halbem Weg stecken bleibt, nur weil nicht genug Bares da ist.

Urteil Die beste Art für die Planer und Buchhalter unter uns. Im Ernst: Kostenkontrolle ist extrem wichtig. Und wenn in der Kasse für das Projekt kein Geld mehr liegt, ist kein Geld mehr übrig. So einfach ist das mit Bargeld.

Kreditkarte

Wie das geht Antrag ausfüllen, einreichen und schon bald erhält man ein magisches Stück Plastik, mit dem man Geld ausgeben kann, das man eigentlich gar nicht hat. Natürlich muss man das Geld früher oder später zurückzahlen. Und dummerweise inklusive Zinsen. Die Höhe des Kreditrahmens und der Zinsen variiert sehr stark, je nach Anbieter der Karte.

Vorteil Bequem und jederzeit griffbereit, sobald sich ein Schnäppchen bietet. Auch beim Online-Shoppen relativ sicher, zumal manche Kartenanbieter sogar Versicherungen auf die mit ihrer Karte erworbenen Dinge anbieten.

Nachteil Natürlich muss man zunächst als kreditwürdig akzeptiert werden. Und es dann auch bleiben. Wer seinen Kreditrahmen zu weit ausschöpft, bezahlt am Ende für etwas 1000 Euro, das eigentlich nur 500 Euro gekostet hätte...

Urteil Für Internet-Bestellungen ist die Kreditkarte eigentlich ein Muss. Visa oder Mastercard werden überall auf der Welt akzeptiert. Das erfordert natürlich eine Menge Selbstdisziplin.

Bankkredit

Wie das geht Man kontaktiert eine Bank oder ein privates Kreditinstitut, erklärt, wie viel Geld man braucht und wie man es zurückzahlen möchte. Dabei wird grundsätzlich zwischen festen und flexiblen Raten unterschieden. Bei festen Raten bleibt der monatliche Rückzahlungsbetrag immer derselbe, während bei flexiblen Raten auch mehr eingezahlt werden kann oder die Belastung degressiv verläuft. Hier ein paar typische Rechnungen für einen Kleinkredit über 1500 Euro – zum Beispiel für einen schicken 17-Zoll-Radsatz.

1500 Euro
12 Monate bei 5,0 Prozent/Jahr = 127,31 Euro/Monat
Gesamtsumme: **1527,27 Euro**

1500 Euro
24 Monate bei 6,48 Prozent/Jahr = 66,68 Euro/Monat
Gesamtsumme: **1600,32 Euro**

1500 Euro
36 Monate bei 6,99 Prozent/Jahr = 46,16 Euro/Monat
Gesamtsumme **1661,76 Euro**

Vorteil: Das Geld steht mehr oder weniger sofort zur Verfügung. Nach ein bis zwei Tagen hat sich der Kreditvertrag in Bargeld verwandelt. Mit den gleichen Vorteilen beim Verhandeln. Außerdem gibt es oft bessere Konditionen als beim normalen Überziehungskredit der Kreditkarte.

Nachteil Auch hier muss man natürlich zunächst einmal als kreditwürdig gelten. Das kann vor allem für junge Menschen schwierig sein. Allerdings können in diesem Fall die Eltern als Bürgen einspringen. Insgesamt wird das Ganze recht teuer.

Urteil Sich eine kleinere Summe Bares zu überschaubaren Raten zu leihen, ist absolut o. k. Die Garantieleistungen einer Kreditkarte gibt es hier allerdings nicht. Und immer schön auf das Kleingedruckte achten!

Kundenkarte

Wie das geht Immer mehr Firmen versuchen, die Kunden mit eigenen Karten zu binden. Kaufen Sie jetzt – bezahlen Sie später!

Vorteil Wie Kreditkarten ermöglichen auch diese Karten den Sofortkauf. Die Rechnung kommt einfach später – aber sie kommt!

Nachteil Die Zinsen sind zum Teil astronomisch hoch. Letztendlich ist die Kundenkarte auch nur ein Marketingtrick.

Urteil Kundenkarten versprechen meist den Himmel auf Erden. Doch eins ist sicher: geschenkt gibt es nichts. Also gilt es auch hier das Kleingedruckte in den Verträgen ganz genau zu studieren.

Die Qual der Wahl oder wie finde ich den richtigen Händler?

Nun haben wir also das Geld und wollen es ausgeben. Aber wo? Jedenfalls nicht zwangläufig beim billigsten Anbieter. Speziell bei verlockenden Internet-Angeboten ist nicht immer sicher, wer dahintersteckt. Vielleicht nur ein Mensch in einem dunklen Hinterzimmer mit nicht mehr in der Hand als den Telefonhörer? Meldet sich unter der angegebenen Telefonnummer jemand mit vollem Firmennamen? Gibt es überhaupt eine Festnetznummer und ordentliche Firmenanschrift? Oder nur eine Handynummer?

Händler in der Nähe sind natürlich immer die bessere Wahl – schon allein für den Fall einer Reklamation. Außerdem können die Teile hier persönlich abgeholt werden, inklusive dazugehöriger Tipps. Das Teil kann vielleicht schon mal zur Probe angehalten werden.

Es schadet sicher nicht, sich ein wenig bei Leuten umzuhören, die schon bei diesem Händler gekauft haben. Zum Beispiel in Internet-Foren. Auch wenn das oft nur Gerüchte und Stories sind – immer noch besser als hinterher selbst zur Story zu werden, oder?

Besonders bei Karosseriebausätzen ist es sehr empfehlenswert, ein Ausstellungsstück genau unter die Lupe zu nehmen und ein wenig in der Anbauanleitung zu schmökern. Sofern es eine gibt.

Warum nicht das Nützliche mit dem Angenehmen verbinden und mit Freunden oder dem Club dem Händler gemeinsam einen Besuch abstatten? Das spart Benzinkosten und manchmal gibt es sogar Mengenrabatt. Bei Vorankündigung vielleicht sogar noch einen Kaffee. Das Stück Kuchen könnt ihr selber mitbringen. Das gibt dann ein schönes Kaffeekränzchen unter Gleichgesinnten.

Beim geringsten Zweifel bezüglich der Qualität oder Seriosität des Anbieters ruhig noch mal eine Nacht drüber schlafen.

Wenn alles in die Hose geht...

Wer bei einem gewerblichen Händler kauft, hat grundsätzlich ein 14-tägiges Widerrufsrecht. Das heißt: Der Handel kann ohne Angabe von Gründen rückgängig gemacht werden. Voraussetzung ist natürlich, dass die Ware noch in einem einwandfreien Zustand ist, am besten originalverpackt. Wer also verzeifelt versucht hat, seinen Karosseriebausatz anzupassen, dabei fleißig gebohrt, gefeilt und gespachtelt hat, kann diesen Weg natürlich nicht gehen. Wer allerdings nachweisen kann, dass die erstandene Ware schwere Qualtiätsmängel aufweist oder nicht mit vertretbarem Aufwand zu verwenden ist, kann auf Ersatz bestehen. Um den Anspruch zu untermauern, sollte man sich die Sachlage von einem Gutachter bescheinigen lassen.

Versicherung

Wie Versicherungen ihre Prämien berechnen, ist für die meisten von uns ein Rätsel. Grundsätzlich gilt der Grundsatz der Schadenshäufigkeit des jeweiligen Fahrzeug-Grundtyps. Dazu gibt es aber immer eine Vielzahl von Rabattmöglichkeiten. Besonders bei individuellen Einstufungen lohnt es sich, so viele Angebote wie möglich einzuholen. Und das jedes Jahr auf´s Neue. Diese Mühe kann sich durchaus in ein paar Hundertern auszahlen.

Für den Anruf bei der Versicherung sollte man sich ein wenig Zeit nehmen und immer höflich bleiben. Auch in der Warteschleife. Es ist nämlich im Geschäftsleben ein alter Trick, jemanden in die Warteschleife zu hängen und dann zu lauschen, was er zu sagen hat, sobald er sich unbeobachtet fühlt. Wer immer nett und anständig bleibt, hat beim Verhandeln stets die besseren Karten.

Modifizierte Autos zu versichern, erfordert unter Umständen besonders viel Verhandlungsgeschick. Denn aus Sicht der Versicherung besitzt ein solches Auto natürlich noch mehr Anziehungskraft für potenzielle Diebe und wird meist von jugendlichen Heißspornen bewegt. Und deshalb fallen die Raten dann entsprechend saftig aus. Natürlich besteht die Versuchung, der Versicherung die Einbauten zu verschweigen, um die Rate möglichst klein zu halten. Doch nach unserer Erfahrung währt an dieser Stelle ehrlich am längsten. Spätestens wenn tatsächlich ein Versicherungfall eintritt (und sei es nur, weil die Oma von nebenan über die ausladende Frontschürze stolpert), kommt die Geschichte ohnehin ans Licht und dann muss die Versicherung nicht zahlen oder fordert anschließend wegen Vortäuschung falscher Tatsachen den Schadensersatz zurück.

Die Versicherungsarten

Haftpflicht

Gesetzlich vorgeschrieben, regelt die Haftpflichtversicherung lediglich den Schaden, der Anderen zugefügt wird. Das gilt sowohl für Personen als auch für Dinge. Der eigene Schaden bleibt bei einem selbstverschuldeten Unfall ungedeckt.

Teilkasko

Damit ist das Auto auch gegen Diebstahl oder Vandalismus versichert. Hier müssen alle Extras angegeben werden, am besten, man macht zusätzlich ein paar Fotos und hebt alle Rechnungen auf. Wer sein Auto selbstverschuldet zerlegt, bleibt aber immer noch auf seinem Schaden sitzen.

Vollkasko

Theoretisch ist damit jede Art von Schaden abgedeckt – außer es handelt sich um grobe Fahrlässigkeit. Wer also bei glatter Fahrbahn trotz angemessener Geschwindigkeit und guter Bereifung von der Fahrbahn abkommt, bekommt sein Auto ersetzt beziehungsweise die Reparatur bezahlt. Da stecken natürlich jede Menge "wenns" und "aber" drin, also das Kleingedruckte sehr genau lesen!

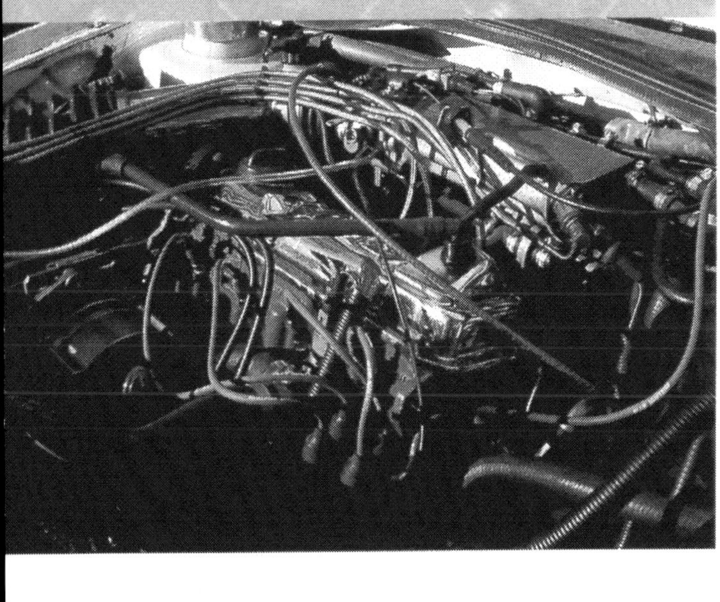

Möglichkeiten, die Prämie zu drücken

Es gibt bei jeder Versicherung zahlreiche Möglichkeiten, zusätzliche Rabatte zu bekommen. Manchmal fallen diese dem Versicherungvertreter nicht auf Anhieb ein. Also besser gezielt danach fragen!

1 *Ausschlussklausel.* Wer den Fahrerkreis einschränkt, am besten nur auf sich selbst, kann mit erheblichen Einsparungen rechnen. Doch aufgepasst: Wer den kleinen Bruder, der gerade erst seinen Führerschein gemacht hat, mit in den Fahrerkreis aufnimmt, steht unter Umständen plötzlich schlechter da. Anders sieht es aus, wenn beispielsweise alle gemeldeten Fahrer über 25 Jahre alt sind.

2 *Garagenwagen.* Die Versicherungen lieben Autos, die bei Nacht sicher und trocken in Garagen stehen. Und auch Versicherungsnehmer, die darauf Wert legen.

3 *Alarmanlage.* Von manchen Versicherungen werden zusätzliche Maßnahmen zur Diebstahlsicherung wie die Nachrüstung einer Alarmanlage oder die Markierung und Erfassung einzelner Teile in einer Datenbank honoriert. Vorher unbedingt abklären.

4 *Schadensfreiheitsrabatt.* Wer ein Fahrzeug in seinem Namen versichert und keine Forderungen stellt, muss Jahr für Jahr immer weniger bezahlen. Wer einen Schaden hat, sollte sich daher gut überlegen, ob er diesen ersetzt haben möchte und damit den Rabatt auf's Spiel setzt.

5 *Einschränkung der Fahrleistung.* Nein, damit ist nicht der Verzicht auf Pferdestärken gemeint. Wer aber vorher schon weiß, dass er mit seinem Schätzchen nicht mehr als ein paar tausend Kilometer im Jahr zurücklegt, kann das bei der Versicherung vergoldet bekommen. Klare Sache, denn ein Auto, das wenig auf der Straße ist, dem passiert auch seltener etwas.

Verhandlungssachen

Was Versicherungen mögen, akzeptieren oder ablehnen, kann leider nicht generell beantwortet werden. Trotzdem gibt es ein paar Grundsätze, die befolgt werden sollten.

Goldene Regel Nummer Eins:

Im Zweifel einfach alles aufzählen. Damit kann die Versicherung sich im Schadensfall nicht mit dem Argument "davon wussten wir nichts" komplett aus der Verantwortung ziehen.

Manche Veränderungen wirken sich bei der einen Versicherung kaum, bei einer anderen dafür erheblich aus. Deshalb:

Goldene Regel Nummer Zwei:

Immer zuerst bei der Versicherung anrufen und sich schriftlich bestätigen lassen, wie sich die geplanten Änderungen auswirken.

1 Karosserie Auch wenn es noch so albern erscheint: Selbst ein winzig kleines Spoilerchen gilt schon als Änderung des Erscheinungsbildes und sollte auf jeden Fall dokumentiert werden. Die Prämie wird sich dadurch wohl kaum erhöhen.

2 Bremsen Auch wenn verbesserte Bremsen eigentlich durchaus im Sinne der Versicherungen sein sollten, reagieren manche doch recht empfindlich auf solche Modifikationen. Wohl nach dem Motto: "Wem die Serienbremsen nicht reichen, der fährt wahrscheinlich auch immer zu schnell". Mit einer sauberen Eintragung jedenfalls sind sie kein Argument, die Prämie hochzusetzen.

3 Motor-Tuning Eine ganz heiße Geschichte. Sportauspüffe oder Luftfilter sind dabei nicht das Problem, wohl aber das so genannte Chip-Tuning. Da hier die wahre Leistung oft verschleiert wird und fast jeder Unfall irgendwie doch auf nicht angepasste Geschwindigkeit zurückgeführt werden kann, reagieren die Versicherungen hier im Schadensfall oft zickig. Selbst ein ordentliches Gutachten und Eintragung hilft nicht immer.

4 Innenraum Solange im Innenraum nicht masslos übertrieben wird, sollte sich das nicht auf die Höhe der Prämien auswirken. Natürlich immer vorausgesetzt, die Sachen sind legal.

5 Beleuchtung Eine sicherheitsrelevante Geschichte, bei der natürlich die Versicherung genau Bescheid wissen möchte.

6 Sicherheit. Jede Kleinigkeit ist eine Erwähnung wert und kann sich lohnen – bis hin zu den abschließbaren Radmuttern. Dabei aber nicht schwindeln! Wer behauptet, eine Garage zu nutzen und sein Auto doch immer auf der Straße übernachten lässt, oder gar nicht das beschriebene Alarmsystem an Bord hat, steht am Ende ziemlich einsam und verlassen da.

7 Fahrwerk Eine durchschnittliche Tieferlegung im Bereich von 30 bis 40 Millimetern macht noch keinen Unterschied in den Prämien.

8 Räder Wertvolle Räder werden immer noch recht häufig gestohlen. Deshalb gibt es auch regelmäßig Ärger bei der Schadensabwicklung. Am besten den Zustand regelmäßig dokumentieren, abschließbare Radschrauben verwenden und die Räder zusätzlich markieren lassen. Mehr kann man nun wirklich nicht tun, der Rest liegt dann in der Hand der jeweiligen Versicherung.

Dein Auto oder Papas?

Es bringt wenig, das Auto über Papa anzumelden und sich selbst als Fahrer eintragen zu lassen. Zumindest nicht auf lange Sicht. So ist es nämlich nicht möglich, sich einen eigenen Schadensfreiheitsrabatt zu erarbeiten. Außerdem sind die Versicherungen nicht blöd und glauben kaum ernsthaft, dass Papa ständig im getunten Auto herumfährt. Entsprechend misstrauisch wird dann auch der Schadensfall beurteilt und abgewickelt.

Die ganze Wahrheit

Der Versicherung Dinge zu verschweigen bringt im Grunde nichts. Das Risiko ist einfach zu hoch. Wenn die Versicherung das verbrannte/gestohlene/verunfallte "Serienauto" begutachtet und dabei ein getuntes Auto vorfindet, ist der Ärger groß.

Noch schlimmer ist es, wenn das Auto beziehungsweise sein Fahrer Schaden bei Dritten angerichtet hat. Die Versicherung kann dann bei Vorspiegelung falscher Tatsachen mit einem lapidaren Hinweis auf die allgemeinen Geschäftsbedingungen die Zahlung verweigern. Das bedeutet im schlimmsten Fall, dass man sein Leben lang für einen kleinen Moment der Unachtsamkeit bezahlt. Besonders wenn bei dem Unfall Personen verletzt wurden, kann das ein ganzes Leben ruinieren. Das ist das gesparte Geld nicht wert.

03

Sicherheit

Ärger vermeiden

Hand aufs Herz! Man tuned sein Auto doch hauptsächlich, um aufzufallen und sich von der Masse abzuheben. Dabei sollte man ein wenig darauf achten, wo und wem man sein Schmuckstück zeigt. Besondere Zurückhaltung ist in der Nähe der Heimat angesagt. Es muss ja nicht jeder wissen, wie gut und wertvoll die im abgestellten Auto verbaute Anlage ist.

Natürlich gilt das auch fern der Heimat. Ein stark frequentierter, gut beleuchteter Parkplatz ist immer erste Wahl.

Auch beim Tanken sollte man sein Auto abschließen. Die Versicherungsbranche hat einen schönen Ausdruck für das Nichtabschließen: "Fahrlässigkeit". Und wer fahrlässig handelt, geht in Zukunft zu Fuß.

Glücklich kann sich schätzen, wer eine Garage hat. Nur sollte diese auch abgeschlossen sein.

Generell sollte man tun, was man kann, um Dieben das Leben so schwer wie möglich zu machen. Eine zusätzliche Lenkradsicherung kann den entscheidenden Unterschied machen.

Ein Wort zur Stereo-Anlage

Wer seinem Auto schicke Alu-Felgen spendiert, hat bestimmt auch eine nette Anlage eingebaut. So weit denken aber natürlich auch Diebe. Ein dezenter Einbau kann vielleicht den einen oder anderen schlimmen Finger, der einen gierigen Blick durch die Scheibe wirft, in seinem Tatendrang bremsen.

CD-Hüllen, die im Auto herumliegen, steigern diese Neugier eher noch. Fette Lautsprecher in der Hutablage sind ein sicherer Hinweis und wirklich leicht zu stehlen. Beim Einbau sollte man sich also ein paar Gedanken darüber machen, ob alles auf dem silbernen Tablett präsentiert werden muss. So sind hochwertige Kabel offen verlegt natürlich eine tolle Sache, führen aber direkt zu den Komponenten.

Die meisten Head-Units haben heute abnehmbare Bedienteile und können damit relativ leicht unbrauchbar gemacht werden. Nur muss man die Bedienteile auch aus dem Auto nehmen und nicht etwa ins Handschuhfach oder in die Türtasche legen.

Alarmanlagen und ihr Nutzen

Auf eine Alarmanlage sollte man keineswegs verzichten. Auch wenn das Teil nur einmal etwas nützt, hat es sich schon bezahlt gemacht.

Die simpelste und billigste Lösung ist natürlich, mit Hilfe einer oder mehrerer LED so zu tun, als ob eine Alarmanlage eingebaut wäre. Profis wird dieser Fake natürlich nicht abhalten, wohl aber den einen oder anderen Gelegenheitsdieb.

Auch die manuellen Wegfahrsperren (wie eine Lenkradsperre) können abschrecken. Nämlich immer dann, wenn ein Dieb nicht speziell an diesem Auto interessiert ist. Er wird sich eine leichtere Beute suchen, Auswahl gibt es ja genug.

Natürlich kann man auch jedesmal ein wichtiges Teil wie die Sicherung der Benzinpumpe, den Läufer im Zündverteiler oder das Kabel von der Zündspule in die Tasche stecken. Kaum ein Dieb hat entsprechende Ersatzteile dabei.

Das einzige Mittel, Profis abzuhalten, sind aber komplexe und intelligente Alarmsysteme. Die Wegfahrsperre allein hilft natürlich nicht gegen jemand, der scharf auf die Räder oder die Anlage ist.

Ein beliebter Trick in Ganovenkreisen ist, die Alarmanlage mehrmals mit Absicht auszulösen. Spätestens nach dem fünften Mal haben es Besitzer (und deren Nachbarn) satt, nach den Gründen für den vermeintlichen Fehlalarm zu suchen. Die Anlage bleibt dann für den Rest der Nacht ausgeschaltet. Was aber nur den Nachbarn und den Ganoven so richtig freut...

Was es auf dem Markt so gibt:

1 Nachrüst-Alarmanlage inklusive Wegfahrsperre.

2 Elektronische Wegfahrsperre.

3 Kodierung von Teilen wie den Scheiben zur späteren Nachverfolgung.

4 Mechanische Sperren wie abschließbare Radbolzen, Sicherheitsfolien an den Scheiben, Lenkradsicherungen.

5 Geräte zur Nachverfolgung per GPS.

Was die Alarmanlage haben sollte:

1 Mehrstufigen Bewegungssensor: Damit die Anlage nicht jedesmal losheult, wenn eine Katze auf die Motorhaube springt, sondern erst bei stärkeren Erschütterungen oder mehrmaligen aufeinander folgenden Stößen.

2 Neigungssensor: Registriert jedes Aufbocken oder Anheben, zum Beispiel, wenn jemand die Räder stehlen möchte. Auch Abschleppversuche werden dadurch vereitelt.

3 Anti-hijack: Wegfahrsperre mit eingebauter Verzögerung. Der Motor geht erst nach gewisser Zeit aus und damit an einer für den Dieb garantiert ungünstigen Stelle. Achtung: Zulassungsrechtliche Probleme in Deutschland.

4 Codewechsel: Das Funksignal der Fernbedienung kann abgefangen und kopiert werden. Wenn Sender und Empfänger den Code häufig wechseln, ist diese Gefahr geringer.

5 Vollverriegelung: Zentralverriegelung, elektrische Fenster und das Schiebedach fahren automatisch zu, wenn Alarm ausgelöst wird. Praktisch für Vergessliche, peinlich für den Dieb.

6 Benachrichtigung: Die Alarmanlage sendet eine Nachricht an einen Pager oder das Handy des Besitzers.

7 Zeitverzögertes Einschalten: Programmierbare Alarmanlagen können zum Beispiel das Nachlaufen eines elektrischen Motorlüfters berücksichtigen. Eine solche Anlage wird dann erst nach einer gewissen Zeit vollständig scharf.

Methoden der Diebe

Methode 1 Die einfachste Art für den Dieb ist es, eine Seitenscheibe einzuschlagen. Im Gegensatz zur Frontscheibe geht diese leicht kaputt, macht aber dabei einen Höllenlärm. Viel Zeit hat der Dieb also nicht. Eine simple Alarmanlage, die mit dem Türkontaktschalter oder einer Spannungsmessung arbeitet, wird dabei nicht einmal losgehen.

Abwehr 1 Eine gute Alarmanlage wird mit dem Erschütterungssensor ausgelöst. Noch wirkungsvoller ist ein Ultraschall-Sensor, der den Innenraum überwacht und eindringende Objekte (oder Subjekte) erkennt.

Abwehr 2 Eine Sicherheitsfolie, die von innen auf das Glas geklebt wird, verhindert das einfache Einschlagen der Scheibe recht wirkungsvoll.

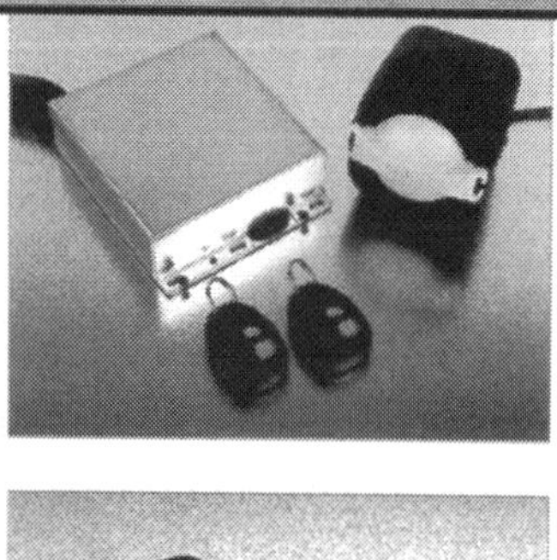

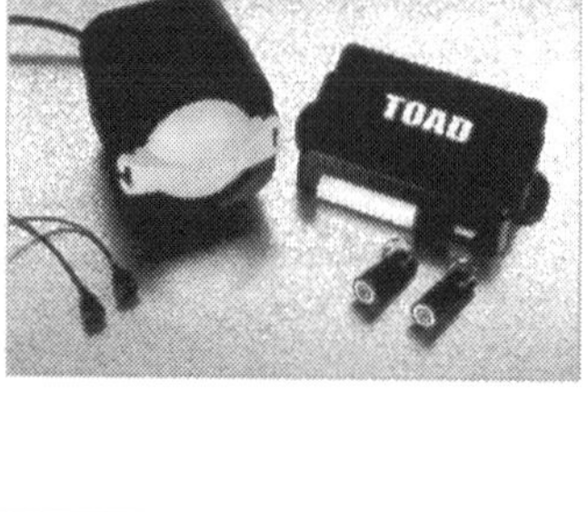

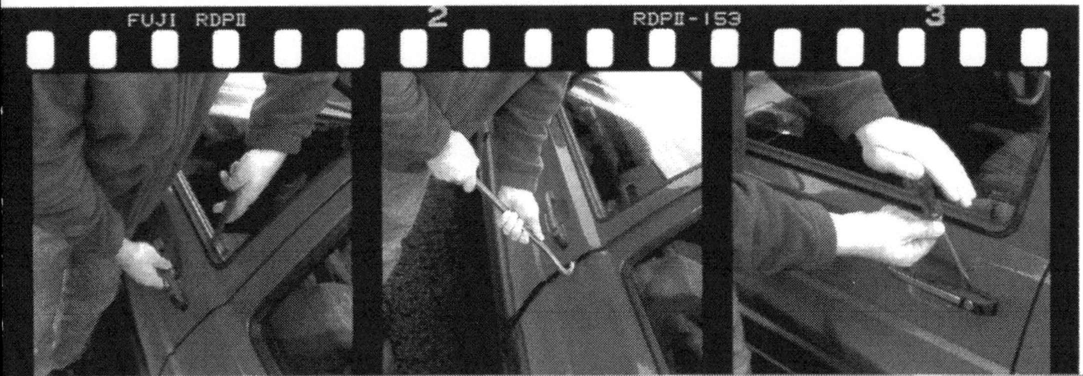

Methode 2 Anstatt einfach einen Stein durch das Fenster zu werfen, lassen schlauere Diebe die Scheibe einfach platzen. Dazu wird mit einem Gegenstand zwischen Scheibe und Türrahmen gehebelt. Der angerichtete Schaden ist dann meist noch größer.

Abwehr Der Erschütterungsalarm wird dabei kaum ausgelöst, auch ist diese Methode deutlich leiser als die brutale Version mit dem Stein. Das Einzige, was hier hilft, ist ein Ultraschallsensor, vor allem wenn, er von außen sichtbar ist. Hoffentlich verliert der Dieb dann schon die Lust.

Methode 3 Einige Autos haben ab Werk verwundbare Punkte im Tür-Schließsystem. Manche lassen sich mit Werkzeug schneller und einfacher öffnen als mit dem Schlüssel. Diese Schwachstellen sind in der Szene allgemein bekannt, wir möchten Sie hier trotzdem nicht wiedergeben...

Abwehr Für einige populäre Modelle gibt es spezielle Türverstärkungsplatten, die solche Schwachpunkte am Schloss gezielt beseitigen. Sollte der Dieb es trotzdem geschafft haben, die Tür zu entriegeln, reicht hoffentlich die Wirkung der Basis-Alarmanlage aus.

Methode 4 Der nächste Level ist der Versuch, die Alarmanlage auszuschalten. Entweder werden dabei die Kabel zu Hupe oder Stromversorgung durchgezwickt, oder es wird gleich die Motorhaube aufgehebelt, um sich Zugang zu Batterie und Elektrik zu verschaffen.

Abwehr 1 Wenn die Alarmanlage freie Anschlüsse hat, sollte unbedingt ein Kanal für die Motorhaube reserviert werden. Beim Einbau darauf achten, dass Kabel oder Schalter an einer möglichst unzugänglichen Stelle sitzen.

Abwehr 2 Das Alarmmodul selbst sollte gut versteckt und auch von unten möglichst unerreichbar sein.

Abwehr 3 Die Stromversorgung sollte nach Möglichkeit nicht direkt an der Batterie angeschlossen sein. Jeder Dieb wird natürlich zunächst alle nicht serienmäßigen Kabel dort kappen. Ein Abzweig im Sicherungskasten ist die bessere Wahl, die Optik sollte dabei möglichst unauffällig sein.

Abwehr 4 Der Kabelbaum der Alarmanlage sollte mit Hilfe von schwarzem Isolierband in den bestehenden Kabelbaum integriert werden. Dadurch sind die Kabel auch gut gegen Einklemmen, Hitze und Unfallfolgen geschützt – ansonsten könnte es bei einem Kurzschluss passieren, dass sich die Alarmanlage oder die Wegfahrsperre nicht mehr deaktivieren lassen.

Abwehr 5 Eine zweite Stromversorgung für die Alarmanlage ist die beste Lösung. Selbst wenn der Dieb es schafft, unter der Motorhaube die Batterieanschlüsse zu kappen, bleibt der Alarm aktiv.

Um einen Rabatt bei der Versicherung zu bekommen, muss die Alarmanlage natürlich bestimmte Anforderungen erfüllen. Außerdem muss die Anlage dann von qualifiziertem Personal eingebaut worden sein. Der Einbau einer solchen Anlage ist also nicht immer ein klassischer Fall für Do-It-Yourself.

Blink-**LED**

Alles, was wir dafür brauchen, ist eine Plus-Leitung, Masse-Anschluss, eventuell ein Ein/Aus-Schalter und eine simple, billige Blink-LED aus dem Elektronik-Fachhandel.

Da eine LED nur sehr wenig Strom benötigt, kann die Leuchte bedenkenlos an jede Dauerplus-Leitung angeschlossen werden. Eine Möglichkeit ist am Memory-Anschluss des Radios (meist ein blaues Kabel), oder aber man sucht sich mit der Prüflampe am Sicherungskasten ein Dauerplus. Dauerplus bedeutet: Auch bei ausgeschalteter Zündung liegen immer 12 Volt an.

Die Masse-Zuleitung kann ebenfalls gleich an Minus des Radios angeschlossen werden oder aber mit Hilfe einer kleinen Blechschraube direkt am blanken Karosserieblech.

Der beste und einfachste Platz für die LED ist einer der zahlreichen Blindschalter. In jedem Auto gibt es mindestens einen dieser Platzhalter, die sich leicht aus der Halterung drücken lassen.

Dann bohren wir ein passendes Loch und stecken die LED bis zum Bund in dieses Loch. Wer auf Nummer sicher gehen will, sichert auf der Rückseite mit einen Tropfen Sekundenkleber. Die Anschlusskabel laufen dann im Armaturenbrett entlang zum Schalter. Aufpassen, dass die Kabel nicht eingeklemmt werden oder an bewegliche Teile geraten!

Das rote Pluskabel wird direkt an die LED angeschlossen, das schwarze Minuskabel geht zunächst an den einen Pol des Schalters und vom anderen Pol aus weiter zur LED. Der Schalter selbst sollte natürlich außerhalb des Blickfeldes, aber trotzdem in Reichweite des Fahrers sein. Das Ganze sieht wichtiger aus als es ist, aber besser als nichts...

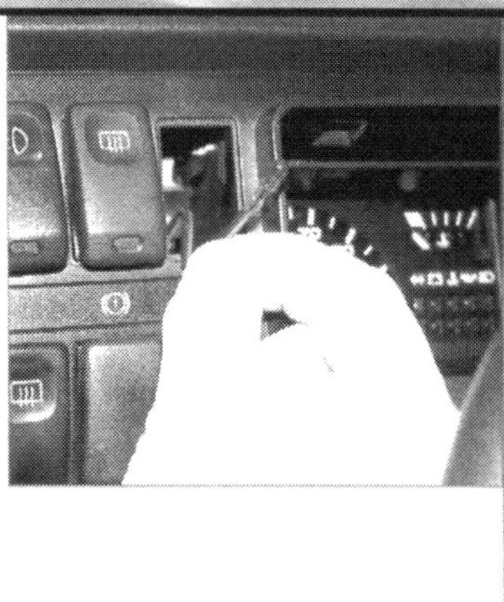

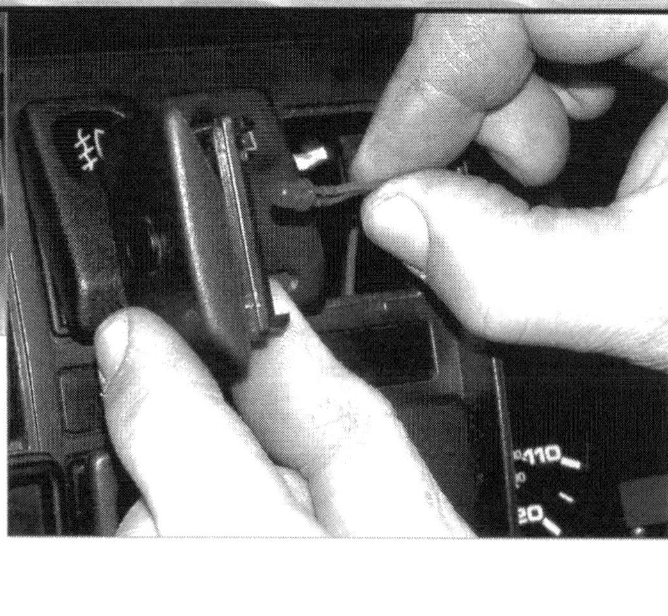

Anschluss Wissen

Wer seine Alarmanlage an die Batterie anschließen möchte, wählt besser nicht den üblichen Anschluss direkt am Batteriepol, sondern die unauffällige Variante weiter unten am Kabel, das zum Anlasser führt. Damit laufen die Ganoven an der Batterie ins Leere.

Die besten drei Möglichkeiten, um Kabel zu verbinden, sind:

a *Löten – Vorsichtig ein Stück Isolierung des stromgebenden Kabels enfernen, das anzuschließende Kabel am Ende großzügig abisolieren, um das andere Kabel wickeln und das Ganze mit Lötzinn verbinden. Wer keine Übung im Löten hat, sollte zuerst an ein paar Kabelresten probieren.*

b *Rund-/Flachstecker – Das stromgebende Kabel durchschneiden, das Ende abisolieren und zusammen mit dem neuen Kabel in einen isolierten Stecker einführen und mit der Elektro-Zange verpressen. Achtung! Bei stromführenden Kabeln immer das weibliche Stück verwenden. Falls sich die Verbindung löst, werden Kurzschlüsse vermieden. Der Rest des ursprünglichen Kabels wird dann mit dem männliche Gegenstück wieder angeschlossen.*

c *Parallelverbinder – Dabei wird das stromführende Kabel durch eine Strombrücke mit dem neuen Kabel verbunden. Beide Kabel einführen, mit einer Zange zudrücken und fertig! Wichtig ist die richtige Größe für den jeweiligen Kabelquerschnitt.*

Während der Montage sollte immer die Batterie abgeklemmt sein. Bei einem Kurzschluss kann sonst der gesamte Kabelbaum abbrennen. Alle diesen Verbindungsarten sollten zusätzlich isoliert werden. Kontakt mit blanken Stellen oder freiliegende Drähte müssen unter allen Umständen vermieden werden.

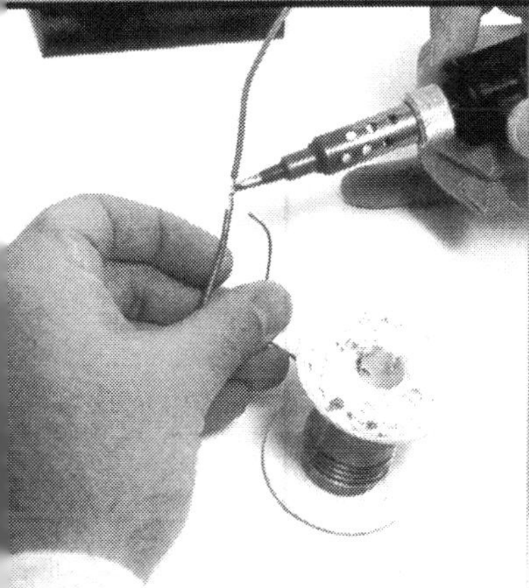

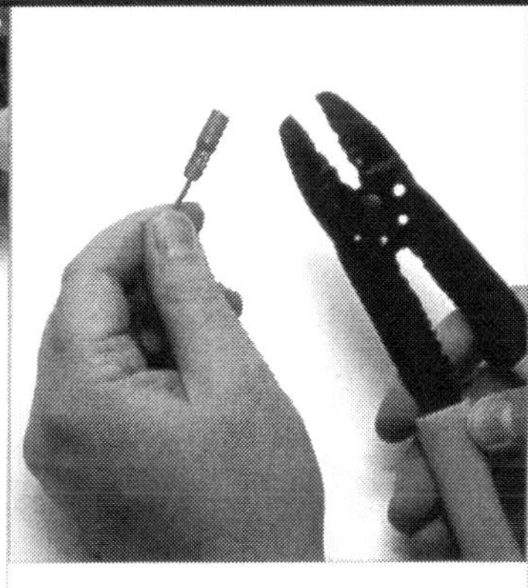

Alarm Einbau

Damit dieser Abschnitt so hilfreich wie möglich ist, verzichten wir auf die detaillierte Einbauanleitung eines bestimmten Typs. Stattdessen verraten wir Tipps und Tricks, die für alle Arten von Alarmanlagen gelten.

Praxistipp:
Erst EIN Loch bohren und die Schraube lose ansetzen, dann das ZWEITE und DRITTE Loch bohren. Wer alle Löcher auf einmal bohrt, setzt leicht mindestens eins daneben

01 Als erstes den Batterie-Minuspol abklemmen. So kann es bei der Montage keinen Kurzschluss geben. Zuvor sollte man sich den Radiocode bereitlegen, denn der muss natürlich neu eingegeben werden.

02 Als nächstes suchen wir einen sicheren Einbauplatz für die Sirene. Von außen sollte dieser nicht zugänglich sein. Aber auch nicht zu nahe an den Einfüllöffnungen für Öl oder Wasser liegen. Gar keine so leichte Aufgabe bei den engen Platzverhältnisen im Motorraum dieses Corsa...

03 Ist ein geeigneter Platz gefunden, kann die Sirene vom Halter getrennt werden und dieser befestigt werden. Dazu das erste Loch anzeichnen, um...

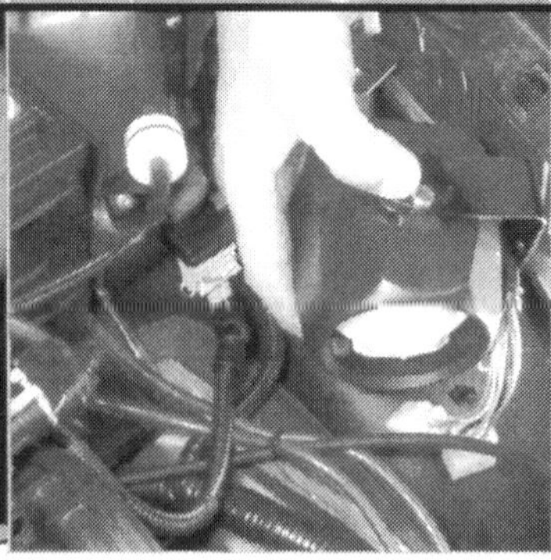

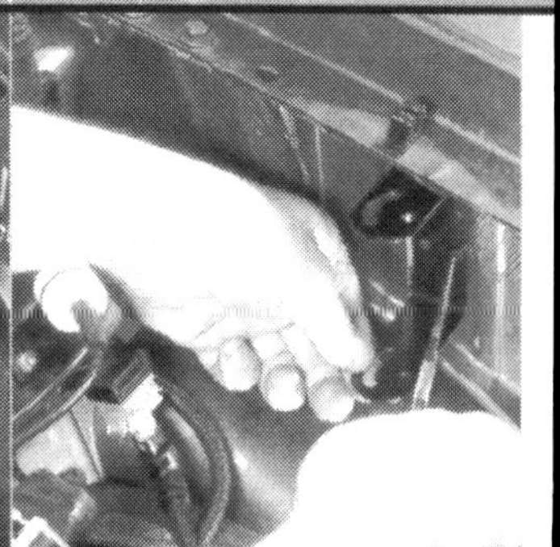

04 …festzustellen, dass hier kein Platz ist, um eine Bohrmaschine anzusetzen. Also muss erst einmal Platz geschaffen werden.

05 Dazu bauen wir die Sekundärluftpumpe aus. Es ist immer besser, etwas mehr zu schrauben, als die Löcher völlig zu verpfuschen.

06 Das sieht doch schon wesentlich besser aus! Immer erst ein Loch bohren, denn Halter ansetzen und dann das zweite markieren.

07 Dann passen garantiert auch alle Schrauben und geben am Ende einen sicheren Halt.

08 Dann kann die Sirene vormontiert werden. Die Schrauben noch nicht ganz anziehen – so kommt man besser an die Anschlüsse.

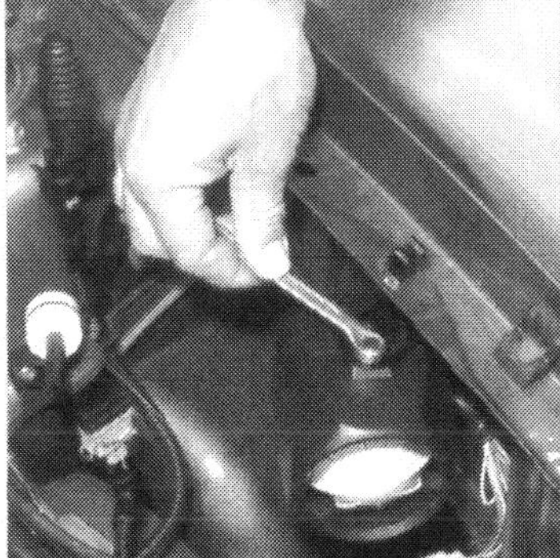

09 Als nächstes überlegen wir, wo die Alarmanlage ihren Strom bekommen soll. Direkt an den Pluspol wollen wir nicht und durch die Spritzwand müssen wir ohnehin. Also schauen wir doch mal, wo die vielen Kabel unter der Batterie hinführen.

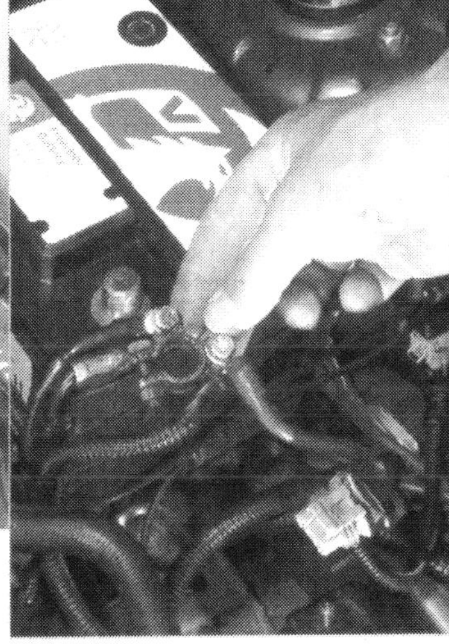

10 Der zweite Pol ist schnell gelöst und die Batterie ganz ausgebaut. Ganz schön schwer und unhandlich, so eine Batterie.

11 Auch der Batteriehalter muss noch weichen, bevor wir freie Sicht auf die Kabeldurchführungen haben. Eine ganze Menge Arbeit bis hier, doch beim Kabelbaum sollte es keine Kompromisse geben.

Achtung!

Wenn es nötig ist, Löcher in die Spritzwand zu bohren, sollte man sich vorher anschauen, wo der Wärmetauscher der Heizung sitzt (meistens in der Mitte, relativ weit unten). Wer hier nämlich ein Loch reinbohrt, wird bald ziemlich traurig sein.

12 Hier führt ein dickes Kabel in den Innenraum! Damit unsere neuen Kabel mit durch die Öffnung passen, helfen wir mit dem Messer etwas nach.

13 Und schon sind wir mit unserem Kabelbaum im Innenraum. Damit es später keine nassen Füße gibt, sollte die Durchführung mit etwas Silikon abgedichtet werden. Ein guter Trick ist es, die Kabel nur nach oben laufen zu lassen und nie nach unten. So kann sich kein Wasser an den einzelnen Leitungen entlanghangeln.

14 Jetzt geht es ans Verkabeln. Wir wollen Plus und Minus direkt am Sicherungskasten anschließen. Dazu nehmen wir den Deckel ab, lösen zwei Schrauben und ziehen den Kasten ein Stück heraus. Manchmal sind sogar noch einige Steckplätze frei, die dann individuell belegt werden können. Natürlich muss vorher die Batterie angeschlossen werden.

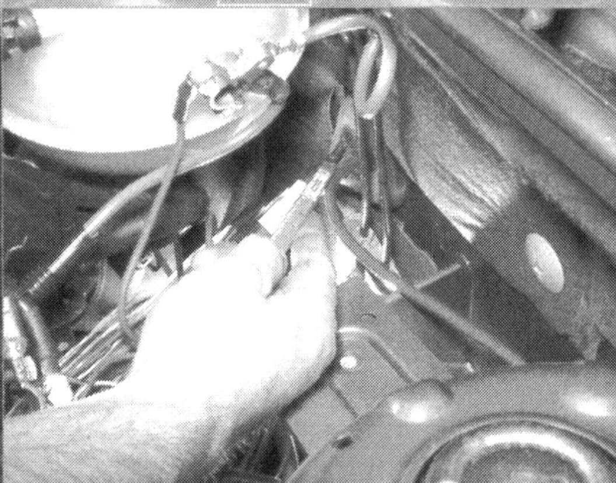

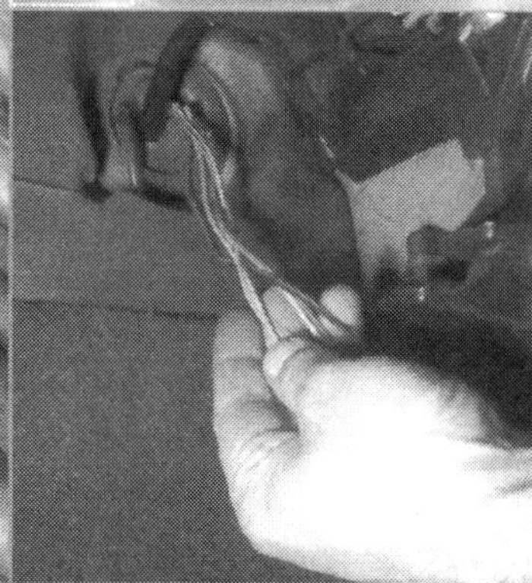

19 Die meisten Anlagen benutzen auch die Blinker als Signale. Die beste Möglichkeit, an diesen Stromkreis zu gelangen, ist sicher in der Nähe des Blinkerhebels an der Lenksäule. Zumindest beim Corsa.

20 Hinter dem Lenkrad sind noch einmal zwei Schrauben versteckt, die nur erreichbar sind, wenn das Lenkrad um 90 Grad gedreht wird. Erst auf die eine, dann auf die andere Seite.

21 Mit ein wenig Überzeugungsarbeit lässt sich jetzt die untere Abdeckung der Lenksäule entfernen.

15 Jetzt geht es ans Verkabeln. Wir wollen Plus und Minus direkt am Sicherungskasten anschließen. Dazu nehmen wir den Deckel ab, lösen zwei Schrauben und ziehen den Kasten ein Stück heraus. Manchmal sind sogar noch einige Steckplätze frei, die dann individuell belegt werden können. Natürlich muss vorher die Batterie angeschlossen werden.

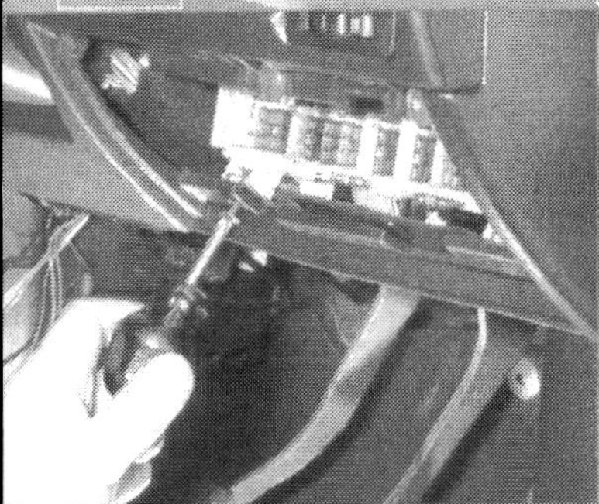

16 Um Zündungsplus zu finden, wird die Prüflampe an einen guten Massepunkt angeschlossen und die jeweilige Sicherung gezogen. Dann die Prüflampe vorsichtig einführen. Durch Ein- und Ausschalten der Zündung mehrmals prüfen, in welcher Schlüsselstellung die Lampe brennt.

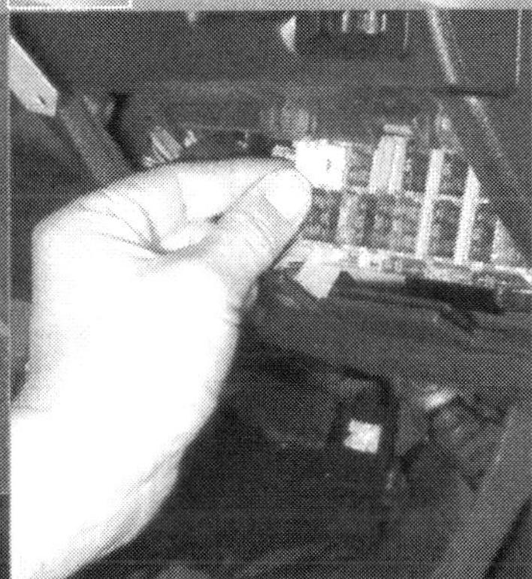

17 Die meisten Alarmanlagen nutzen den Stromkreislauf der Innenraumbeleuchtung. Um an die Kabel der Türkontaktschalter zu kommen, lösen wir die kleine Schraube und ziehen den Schalter aus der A-Säule.

18 Jetzt ziehen wir die Kabel ab und versuchen herauszufinden, welches Kabel das Masse- und welches das Pluskabel ist. Bei falscher Polung zeigt ein Multimeter ein Minuszeichen. Je nach Hersteller der Alarmanlage brauchen wir das eine oder das andere...

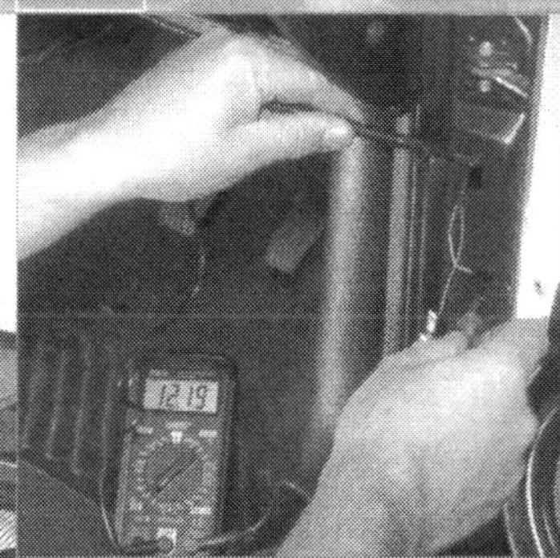

22 Der Blinkerschalter ist nur eingeclipst und lässt sich leicht entfernen.

23 Jetzt schalten wir den Blinker ein und stellen fest, welches Kabel für welche Seite zuständig ist.

24 Die beste und dauerhafteste Lösung ist, die neuen Kabel an die entsprechenden Stromkreise anzulöten.

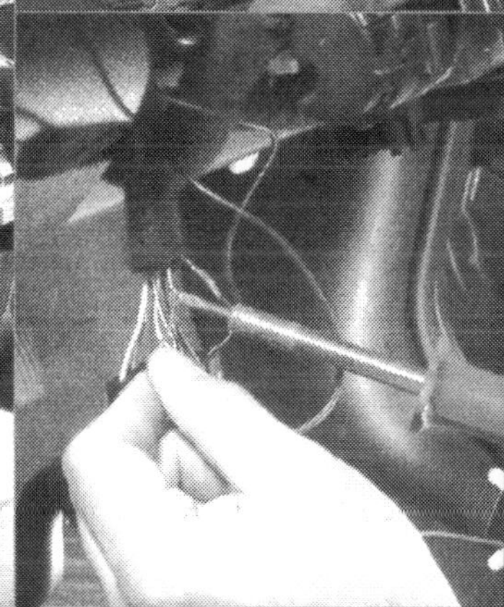

25 Natürlich ist dabei ein gewisses Geschick im Umgang mit dem Lötkolben von Vorteil.

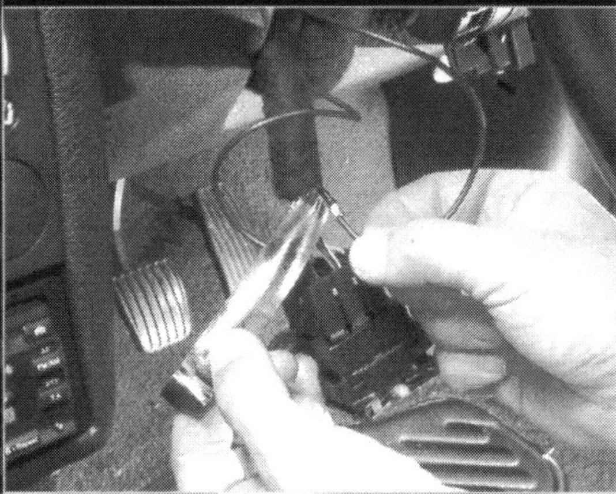

26 Immer daran denken: Die Verbindungsstellen müssen sauber isoliert werden. Kein Mensch will schließlich Fehlfunktionen oder sogar Brände wegen schlampig ausgeführter Anschlüsse.

27 Als Einbauort für die LED haben wir beim Corsa die Verkleidung der Heizung gewählt. Natürlich geht auch jeder andere Ort. Und jeder andere Ort ist wahrscheinlich leichter zu erreichen.

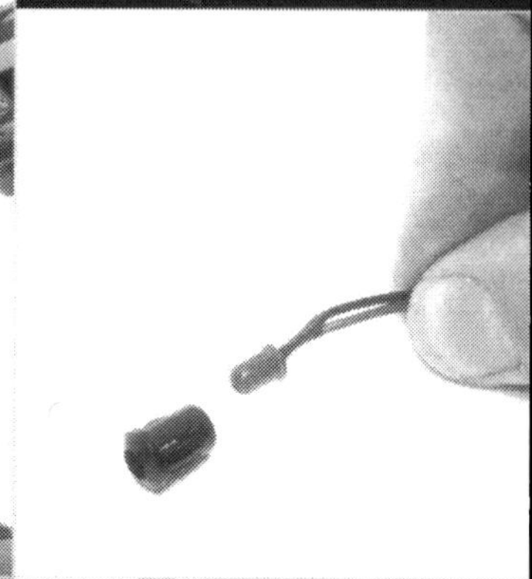

28 Die LED sitzt in einem kleinen Halter, der wiederum im frisch gebohrten Loch sitzt. Als erstes kommt aber die LED in den Halter...

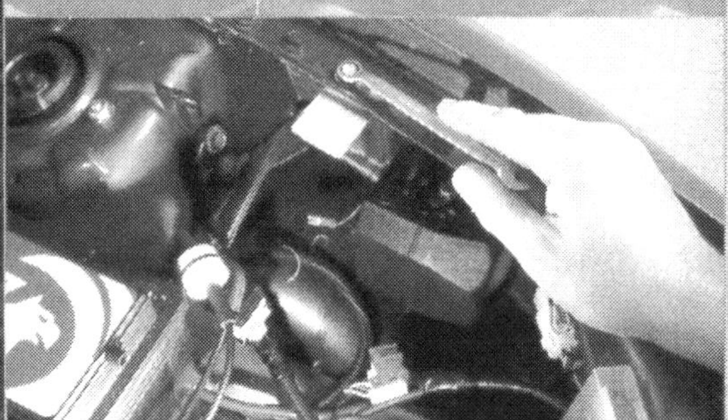

33 Zwei Schrauben sind besser als eine.

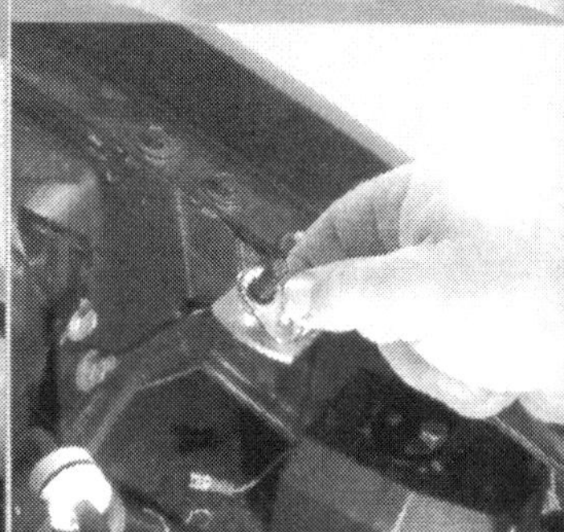

34 Dann noch ein Loch für den Kontaktgeber...

35 ...und noch ein kleines, um den Kontaktgeber zu sichern. Der Kofferraum kann übrigens auf die gleiche Art abgesichert werden.

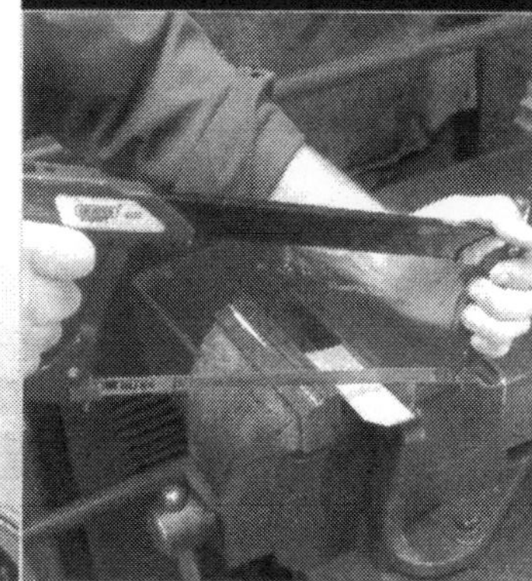

29 ...und dann der Halter mit LED in die Blende. Wegen des speziellen Einbauorts müssen wir die Anschlusskabel später noch verlängern, um an den Kabelbaum zu gelangen. Für´s erste reicht uns dieses Stück...

30 Ganz wichtig ist der Alarmgeber an der Motorhaube. Gelangt der Dieb ungehindert an den Motorraum, kann er unsere ganze Mühe zunichte machen. Der Kontakt sollte ganz in der Nähe der Batterie montiert sein, denn die ist natürlich das Ziel.

31 Als stabile Halterung für den Kontaktgeber nehmen wir ein Stück Alu, das in der richtigen Höhe angeschraubt oder genietet werden kann.

32 Das tut weh, lässt sich aber leider nicht vermeiden: Zwei schöne Löcher durch den Kotflügel zur Befestigung des Halters.

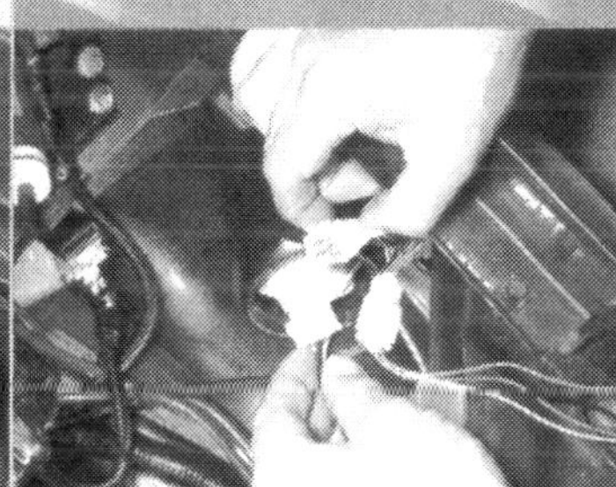

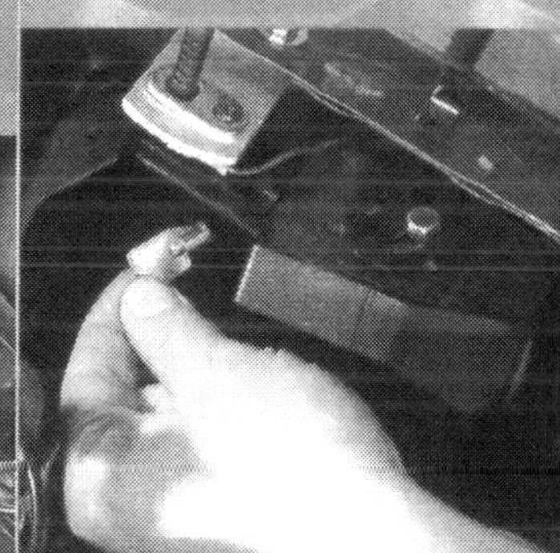

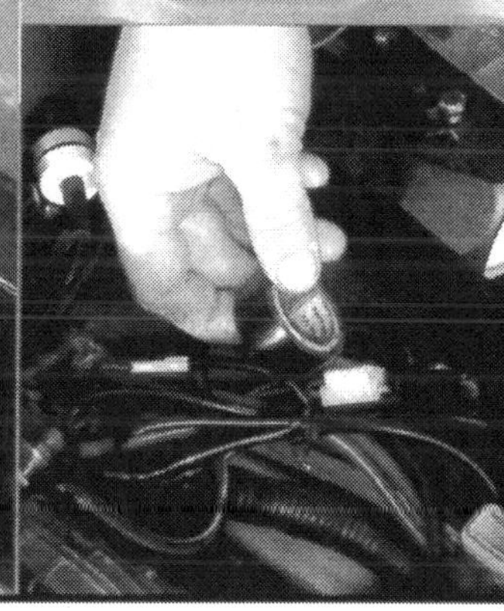

36 Jetzt fehlt nur noch die Verkabelung und die genaue Einstellung. Der Alarm sollte sofort beim Anheben der Haube losgehen. Dazu kann der Kunststoffstab abgeschnitten oder mit einer Blechschraube verlängert werden.

37 Sobald die restlichen Verbindungen hergestellt sind, können alle Sensoren getestet werden. Immer daran denken, dass die Anlage rund 30 Sekunden braucht, um erneut scharf zu werden.

38 Der Erschütterungssensor sollte mit Bedacht eingestellt werden. Steht das Auto an einer vielbefahrenen Straße? Soll der Alarm auch durch Fussball spielende Kinder ausgelöst werden? Wenn alles so weit passt, sollten die Kabel mit Isolierband und Kabelbinder so gut wie möglich aufgeräumt werden. Wir haben dabei noch die Sicherungen umwickelt, damit kein Dieb auf die Idee kommen kann, diese einfach zu entfernen.

Innenraum

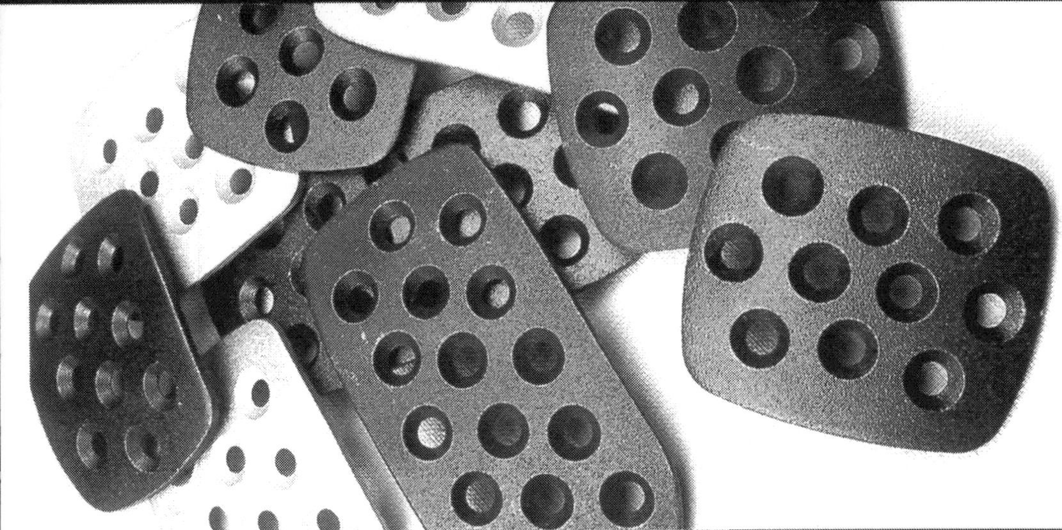

Endlich genug davon, in durchgesessenen Polstern zu sitzen, umgeben von einer langweiligen Plastiklandschaft? Dann wird es höchste Zeit für eine kleine Auffrischung!

Gerade im Innenraum gibt es sehr viele Möglichkeiten, etwas in Eigenregie zu ändern. Das Spektrum der Umbauten reicht dabei vom Ersatz des Schaltknaufs bis zu einer komplett neuen Innenausstattung. Der Phantasie sind dabei kaum Grenzen gesetzt, dem zur Verfügung stehenden Etat dagegen meistens schon.

Aber auch mit wenig Geld und einfachen Materialien lässt sich schon eine Menge erreichen. Ein Rennwagen-Look kostet zum Beispiel fast nichts, hier wird schließlich fast alles entfernt, was zum Fahren nicht unbedingt notwendig ist. Bessere Sitze oder Verkleidungsteile gibt es oft für kleines Geld auf dem Schrottplatz.

So wird aus einem unscheinbaren Basismodell ganz leicht ein individuelles, scharfes Geschoss.

Sport Lenkrad

Das Lenkrad ist aus Sicht des Fahrers das wichtigste Teil überhaupt. Stets im Blickfeld, wird damit schließlich bestimmt, wohin die Reise geht.

Allerdings sollte man sich bewusst sein, das Serienlenkräder nicht ohne Grund ziemlich groß geraten sind. Bei einem kleinen Lenkrad steigen ohne Servolenkung die Lenkkräfte dramatisch an, und von den Armaturen ist oft auch nur noch die Hälfte zu sehen.

Tipps & Tricks

Es gibt im Motorsportfachhandel auch Naben, mit denen das Lenkrad aufgesteckt wird. Nicht gerade StVZO-konform, aber natürlich ein prima Diebstahlschutz. Und das Ein- und Aussteigen geht auch leichter.

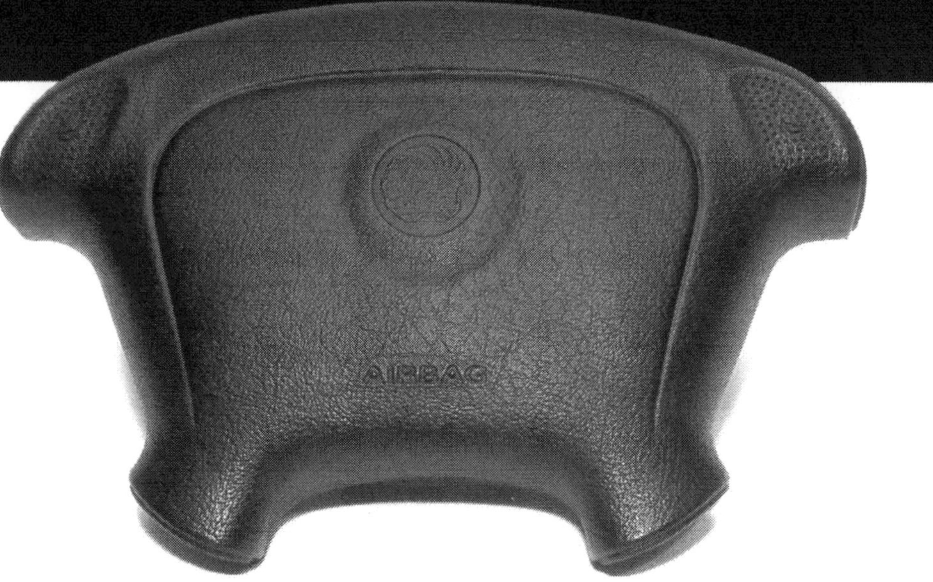

Die Sache mit dem Airbag

So ein Airbag ist an sich eine feine Sache und die lebensrettende Wirkung unumstritten. Bei neueren Autos ist der Airbag Bestandteil des so genannten Rückhaltesystems, zu dem auch Gurtstraffer und aktive Kopfstützen gehören. Dieser Umstand hat die Zubehörindustrie hart getroffen. Bis heute hat es kein Zulieferer geschafft, ein Nachrüst-Lenkrad mit Airbag zu einem vernünftigen Preis anzubieten.

Den Airbag stillzulegen oder auszubauen, ist an sich nicht das Problem. Allerdings wird dann die dazugehörige Kontrollleuchte nach jedem Motorstart aufleuchten. Und das gefällt den Herren von TÜV, Dekra oder wie sie sonst noch heißen überhaupt nicht.

Natürlich kann man auch die Warnleuchte ausbauen oder dem Kontrollsystem durch das Überbrücken der Anschlüsse mit einer dazwischengeschalteten 5-Ampere-Sicherung vorgaukeln, der Airbag sei noch vorhanden.

Damit begibt man sich jedoch auf sehr dünnes Eis, denn der Airbag ist in der Regel Bestandteil der Allgemeinen Betriebserlaubnis. Wird in diesem Bereich etwas geändert, so muss die Änderung in die Fahrzeugpapiere eingetragen werden. Am einfachsten geht das bei älteren Autos, bei denen der Airbag noch eine aufpreispflichtige Option war.

Warnhinweis

Airbags sind sehr teuer und auch sehr gefährlich bei unsachgemäßer Handhabung. Wegen der Zündpatrone unterliegen die Lebensretter sogar dem Sprengstoffgesetz. Also unbedingt die folgenden Warnhinweise beachten:

a *Vor irgendwelchen Arbeiten im Bereich des Airbags muss die Batterie abgeklemmt werden. Doch damit nicht genug, Das System ist auch nach abklemmen der Batterie noch für rund zehn Minuten einsatzbereit. Also erst einmal in Ruhe eine Tasse Kaffee trinken und nachdenken.*

b *Ein ausgebauter Airbag muss in Montagelage gelagert werden. Laut Gesetz sogar in einem Stahlschrank.*

c *Der Airbag reagiert auch auf Erschütterungen und kann dabei zünden. Oder aber er zündet nie mehr. Jedenfalls ist es keine gute Idee, das Lenkrad durch die Gegend zu werfen.*

d *Falls das Lenkrad irgendwann wieder eingebaut werden soll, muss es sicher, kühl, trocken und dunkel gelagert werden. Wie gesagt: am besten in einem Stahlschrank. Auf keinen Fall unter dem Bett!*

e *Einen Airbag loszuwerden ist gar nicht so einfach. Er unterliegt dem Sprengstoffgesetz und darf nur von autorisierten Personen oder Firmen entsorgt werden. Auskunft erteilt die örtliche Abfallwirtschaft.*

f *Airbags dürfen keinen Temperaturen über 90 Grad ausgesetzt werden. Normalerweise in unseren Breitengraden kein Problem. Doch Vorsicht in Lackierboxen oder bei direkter Sonneneinstrahlung!*

Sport-lenkrad einbauen

Das Problem am Serienlenkrad ist, das es für alle passen soll. Auch für Oma.

Für den Automobilhersteller ist das ganze eine feine Sache. Ein Lenkrad für alle und jede Abweichung von der Basisversion kostet richtig viel Geld. Aber wo bleibt denn dabei die Vielfalt?.

Obwohl heute die meisten Autos mit Airbag-Lenkrädern ausgestattet sind, gibt es einen Weg, ein individuelles Lenkrad nach eigenem Geschmack einzubauen. Wir zeigen hier am Beispiel eines Saxo, wie das geht.

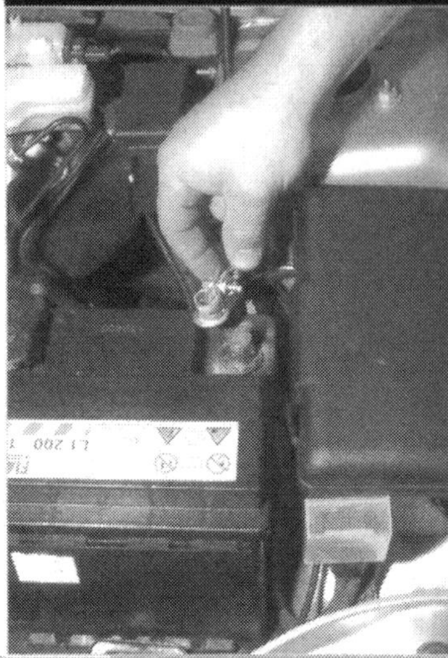

01 Die Vorderräder sollten so exakt wie möglich in Geradeausstellung stehen und während der ganzen Operation so bleiben. Dann die Batterie abklemmen und mindestens zehn Minuten gar nichts machen. Dann ist der Airbag normalerweise harmlos.

02 Jetzt suchen wir das Steuermodul. Beim Saxo ist es hinter der Mittelkonsole unter dem Teppich versteckt.

Achtung!
Wenn ein sicherheitsrelevantes Teil ausgebaut oder stillgelegt wird, sollte das natürlich auch die Versicherung wissen.

07 Jetzt kommt das Lenkrad selbst an die Reihe. Dazu die Torx-Schraube (T50 bei diesem Saxo) lösen und das Lenkrad abziehen.

08 Dabei darauf achten, dass die Räder immer noch gerade stehen. Als nächstes müssen wir nun den Rest des Auslösemechanismus entfernen.

09 Dazu die Abdeckungen oben und unten entfernen.

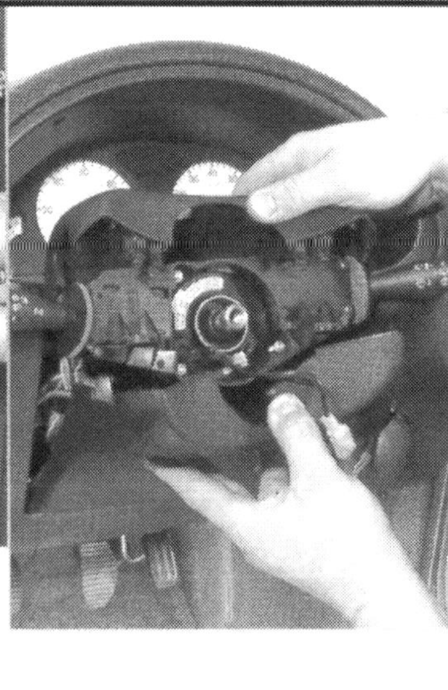

10 Das Verbindungskabel auch hier ausstecken und schön isoliert beiseite legen.

03 Ein mutiger Schnitt mit dem Teppichmesser und schon haben wir freien Zugang.

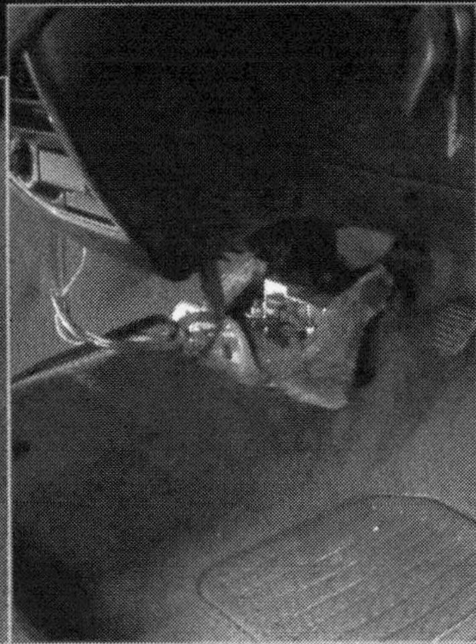

04 Stecker abziehen und gut isolieren. Einzelne Pole sollten auf gar keinen Fall Kontakt bekommen können.

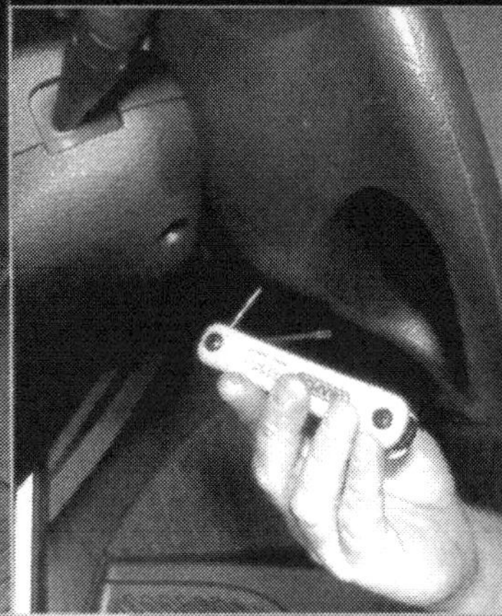

05 Dann die kleinen Halteschräubchen hinten am Lenkrad entfernen...

06 ...und vorsichtig den Airbag-Einsatz herausheben. Dabei den Stecker zum Zünder abziehen.

11 Die Kontaktplatte kann jetzt ganz entfernt werden.

12 Um der Airbag-Kontrollleuchte das Vorhandensein eines Luftsacks vorzutäuschen, kann man die beiden Kontakte am gelben Stecker mit einer Fünf-Ampère-Sicherung überbrücken.

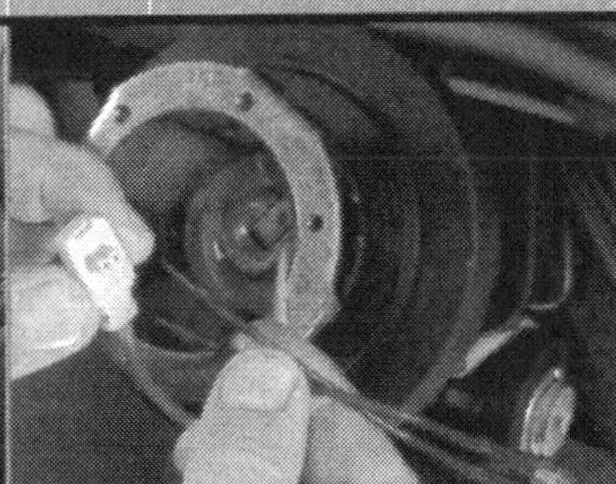

13 Wer den Sicherungs-Trick nicht mag, kann die Kontrolllampe ausschalten. Dazu müssen allerdings die Armaturen raus.

14 Also alle Schrauben entfernen und vorsichtig aus dem Cockpit heben.

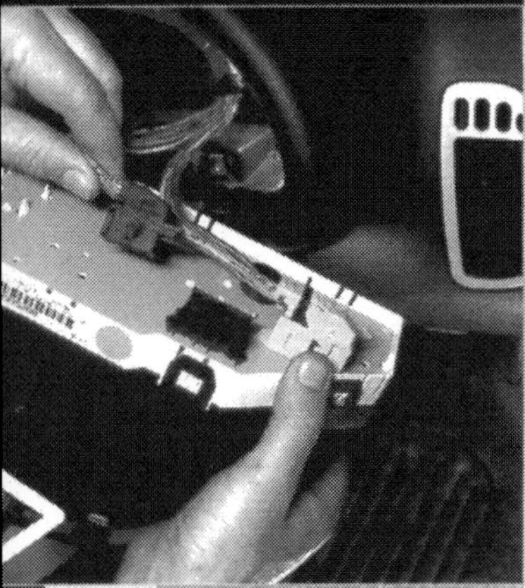

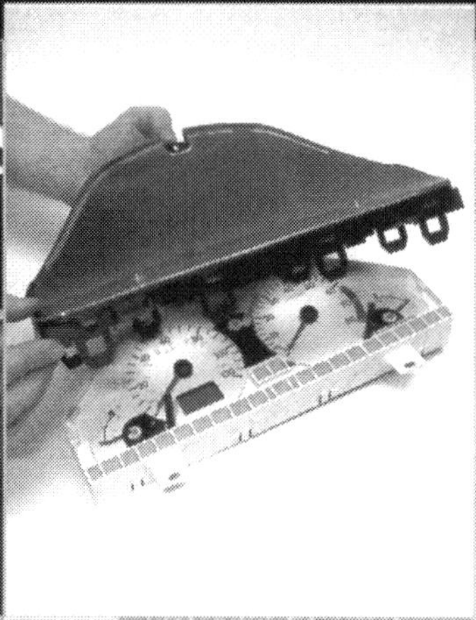

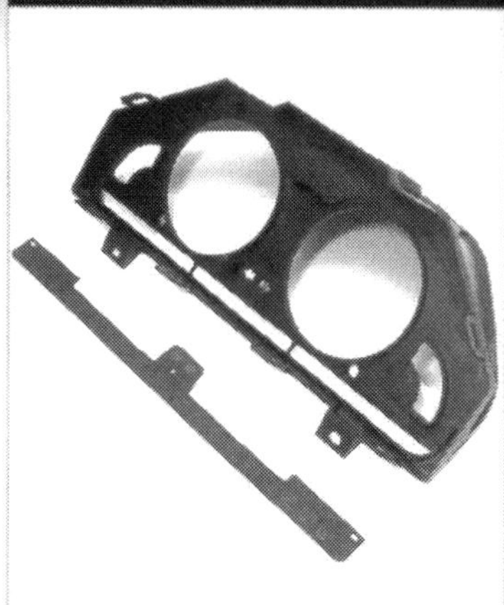

15 Die Stecker an der Rückseite der Platine vorsichtig ausstecken.

16 Ganz vorsichtig die Klammern rings um den Instrumenteneinsatz lösen und die beiden Teile trennen.

17 Jetzt ist auch der Plastikstreifen mit den Warnsymbolen zugänglich.

18 Von hinten sauber abkleben und das Ganze in umgekehrter Reihenfolge wieder zusammenbauen.

23 Jetzt das Lenkrad selbst an die Nabe ansetzen...

24 ...und mit den Inbus-Schrauben befestigen.

25 Wenn alles gerade sitzt, kommt der Sicherungsbolzen rein, am besten mit etwas Schraubensicherungslack.

26 Dann schön festziehen, am besten natürlich mit vorgegebenem Drehmoment.

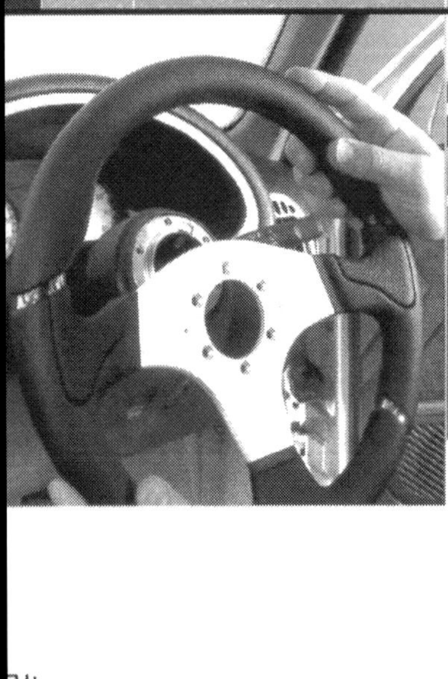

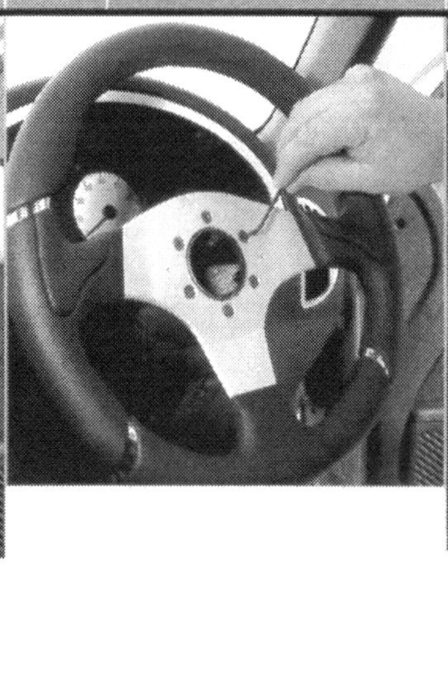

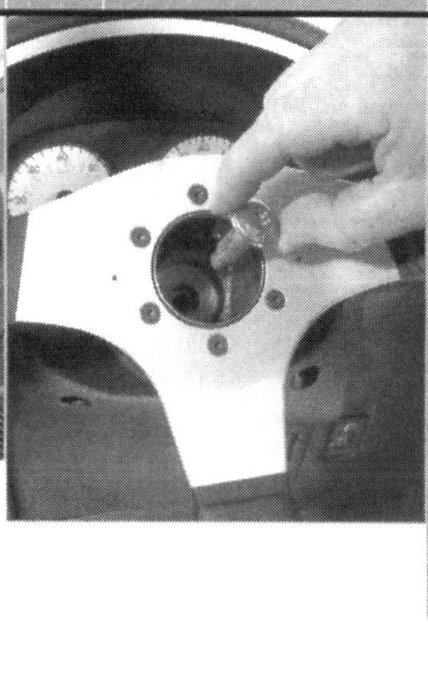

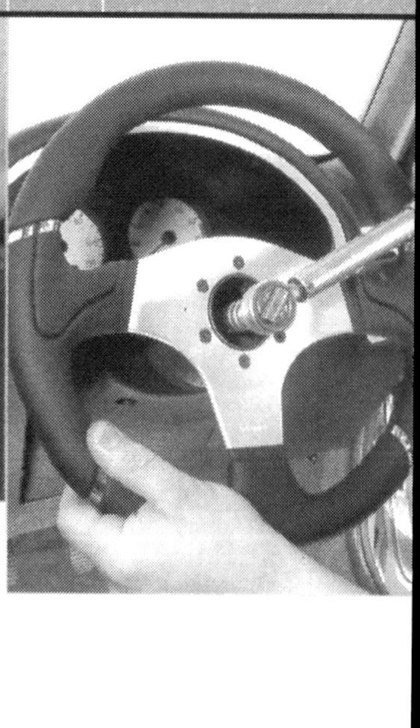

19 Wenn die Sache mit der Kontrollleuchte erledigt ist, kann auch die Lenksäulenverkleidung wieder montiert werden. Darauf achten, dass der Blinkerschalter in Aus-Stellung ist.

20 Beim Aufsetzen der Nabe kann es sonst häßlich knacken. Dann ist der Rücksteller abgebrochen.

21 Die Nabenabdeckung nicht vergessen...

22 ...und auch nicht den Metallring, der für die Masseverbindung des Hupenknopfs sorgt.

27 Jetzt noch der Vollständigkeit halber den Hupenknopf einstecken. Obwohl der Saxo die Hupe am Lenkstockhebel hat, wollen wir darauf keinesfalls verzichten.

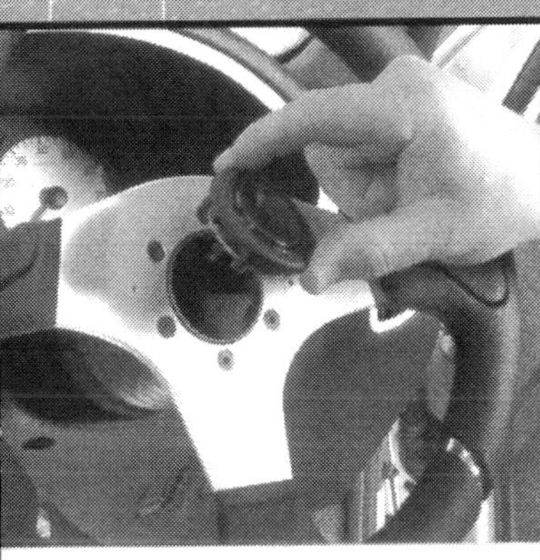

28 Wenn auch nach einer kurzen Probefahrt das Lenkrad noch schön geradeaus steht, kann der hübsche Momo-Zierring festgeschraubt werden. Fährt sich doch gleich ganz anders!

Sportlenkräder - bei Autos ohne Airbag

Wenn es das jeweilige Auto auch ohne Airbag gab, dann ist die ganze Geschichte nur halb so schwierig. Zur Not kann man dann auf die Serienteile der Basisversion zurückgreifen.

Schalthebel und Blenden

Wenn man bedenkt, wie oft die Hand zum Schalthebel greift oder auch zur Handbremse, dann lohnt es sich doch, hier ein wenig Geld und Mühe zu investieren.

01 Als erstes muss der alte Schaltknauf weg. Die meisten sind einfach aufgeschraubt.

02 Dann die Blende des Schaltsacks mit einem kleinen Schraubenzieher aushebeln.

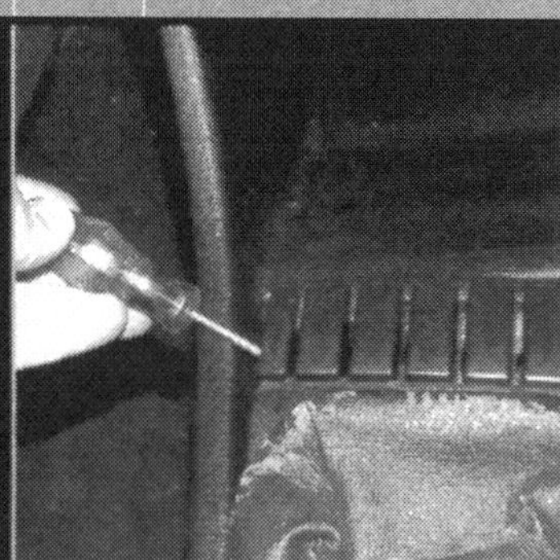

03 Na, das lohnt sich aber nun wirklich. Ab in die Tonne damit!

04 Halt! Den Rahmen brauchen wir ja noch! Nach einer gründlichen Reinigung kommt hier der neue Ledersack drüber.

05 Noch schicker wird das Ganze mit einer passenden Zierblende.

06 Dabei darauf achten, dass unten kein Leder raushängt.

07 Durch die Löcher des Rahmens werden nun Löcher gebohrt. Am besten immer gleich eine Schraube ansetzen – so bleibt alles schön gerade.

08 Nur leicht anziehen, schließlich müssen die Schrauben nichts halten.

09 Dann das Ganze über den Schalthebel schieben. Manche Schaltsäcke haben oben einen Kragen, der dann im Schaltknauf verschwindet.

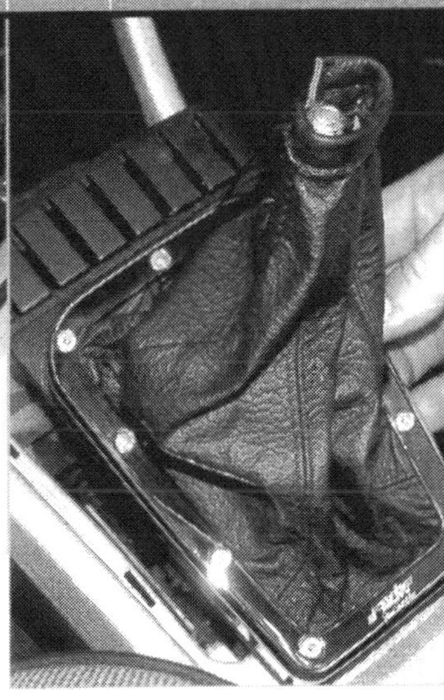

10 Bei diesem Momo-Schalthebel wird der Knauf einfach aufgesteckt. Dazu eine möglichst stramm sitzende Hülse auswählen.

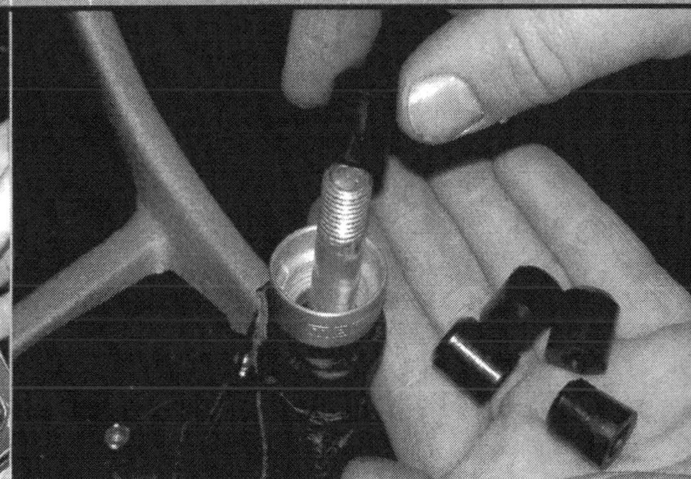

11 Dann den Knauf aufstecken und mit der kleinen Inbusschraube festklemmen.

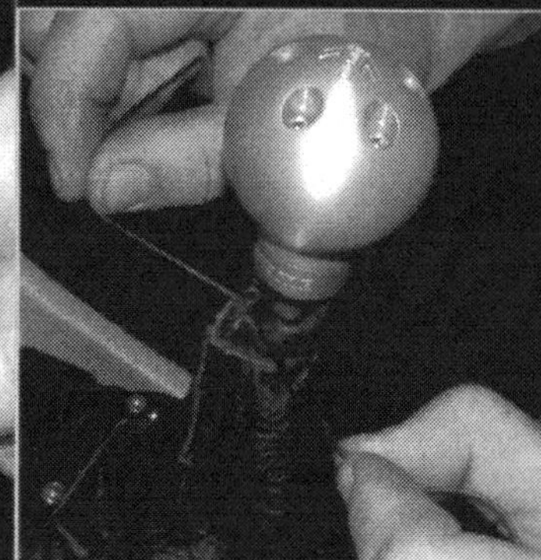

12 Dann den Schaltsack hochziehen und sauber verschnüren – fertig!

13 Dieser Knauf ist noch einfacher zu montieren.

14 Einfach die Schraube lösen, aufstecken und wieder anziehen.

15 Noch ein Knauf, diesmal ein sehr schlankes Exemplar von Raid. Die Montage erfolgt auf genau die gleiche Weise wie beim Momo-Knauf. Zum Schluss wird die Chromblende über die Verschraubung geschoben.

Handbrems Hebel

01 Als Erstes haken wir die hintere Plastikblende aus.

02 Der Griff wird von unten mit einem kleinen Schraubenzieher ausgehakt...

03 . . . und dann einfach abgezogen. Manche müssen aber auch abgeschnitten werden.

04 Unter der Blende sitzt noch eine kleine Schraube...

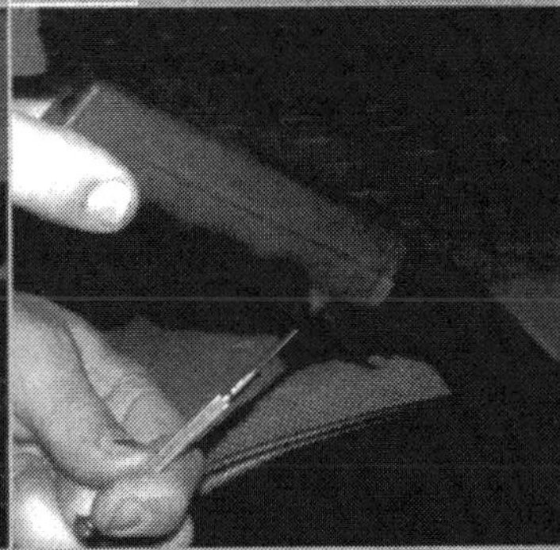

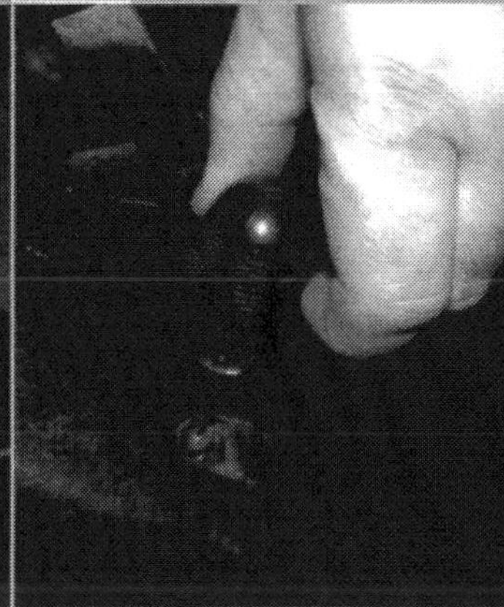

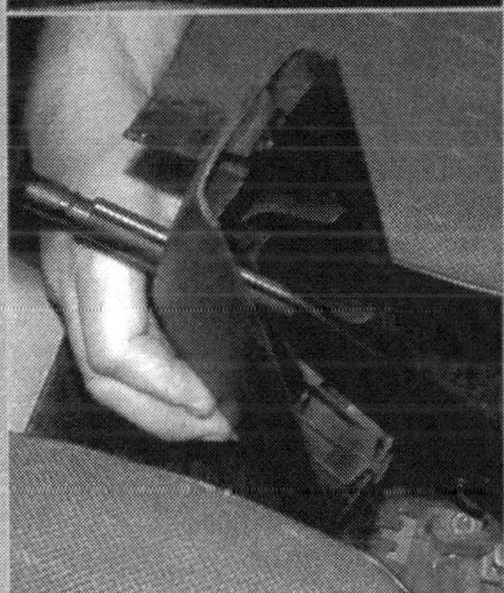

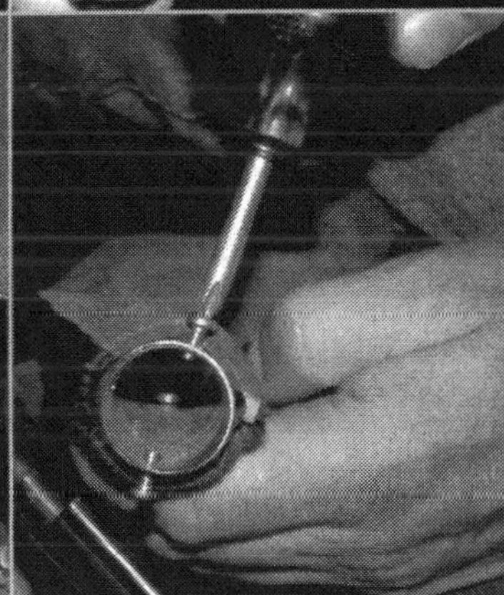

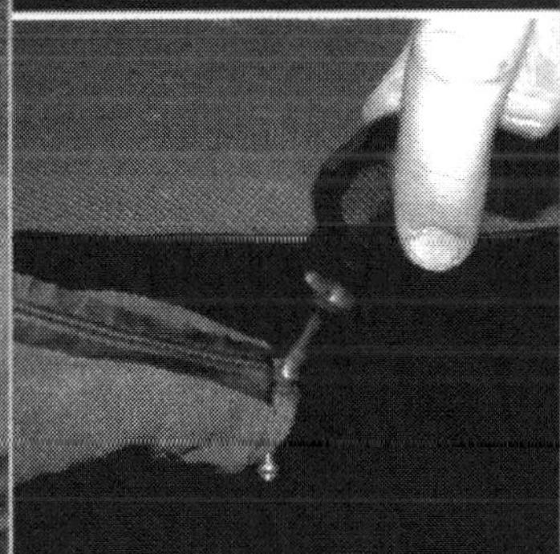

05 ...die das hintere Plastikteil hält.

06 Dieser Raid- Handbremsgriff mit Verkleidungssack wird mit drei Blechschrauben an den Handbremshebel festgeklemmt.

07 Dazu den Sack "auf links" drehen, die Schrauben anziehen und dann den Sack drüberkrempeln.

08 So sieht das aus, wenn die untere Blende montiert und der neue Griff aufgeschoben ist.

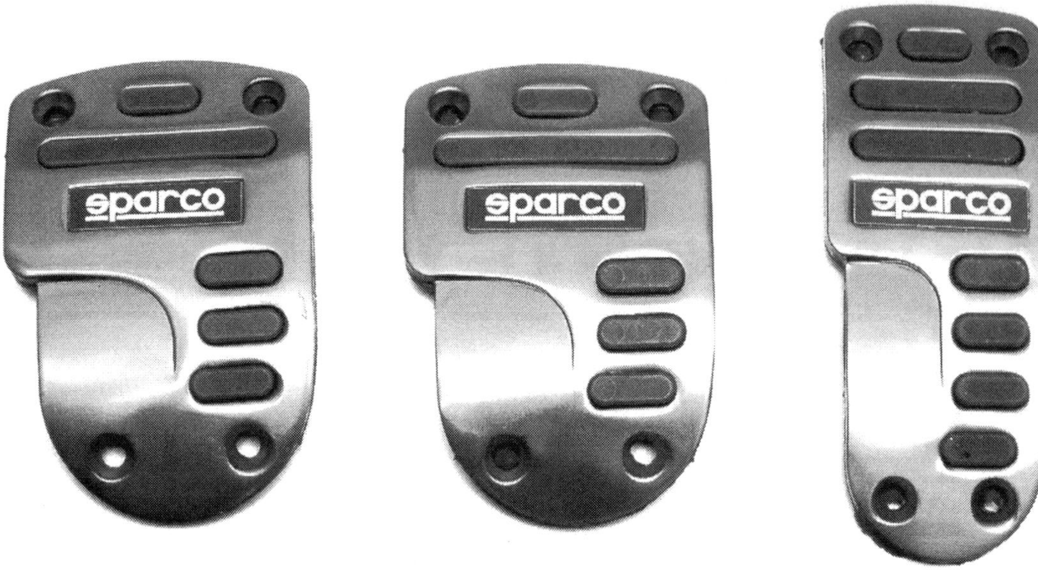

Alu Pedale

Alu-Pedalplatten sind extrem cool, vor allem in Verbindung mit passenden Bodenplatten.

Bei der Auswahl sollte man sich allerdings ein wenig Zeit lassen, schließlich gibt es sehr viele Designvarianten. Manche können bei der Montage echte Schwierigkeiten bereiten.

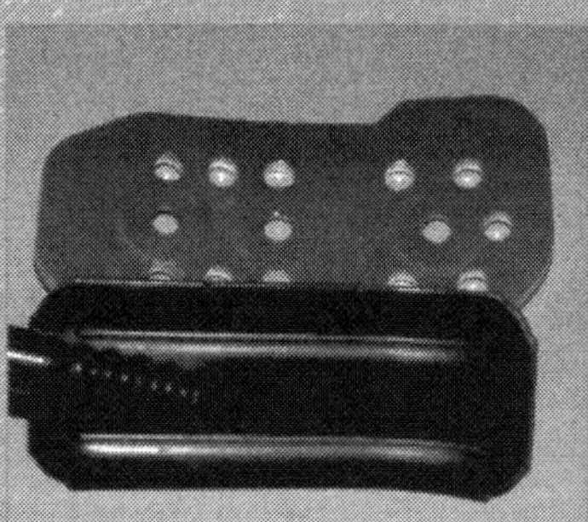

01 Zunächst sollte man sich genau überlegen, wo die Schrauben sitzen sollen. Hier haben wir das Gaspedal ausgebaut, um zu zeigen, wo das Problem liegt.

02 Die ollen Pedalgummis können ruhig in den Müll.

03 Bei der Montage sollte man einen Holzklotz hinter das Pedal klemmen. Erst ein Loch bohren, die Schraube anziehen, dann das nächste Loch bohren.

04 Bevor das Pedal endgültig angeschraubt wird, müssen die Pedalgummis eingesetzt werden. Das geht am besten mit einem kleinen Schraubenzieher.

05 Jetzt kann das Pedal richtig fest angeschraubt werden.

06 Unbedingt die Freigängigkeit aller Pedale ausprobieren! Dabei auch Bremse und Kupplung gleichzeitig treten.

Das Gaspedal darf sich keinesfalls am Teppich verhaken und alle Schrauben müssen stets fest sitzen. Von Zeit zu Zeit kontrollieren!

Praxistipp

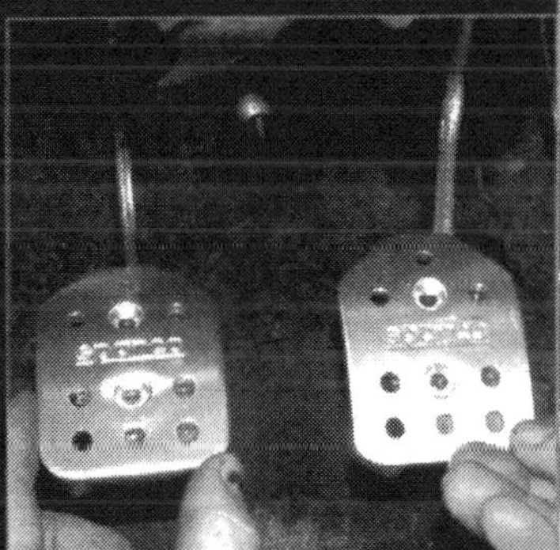

01 Bei diesen Pedal-Platten hätten die vorgesehenen Schraubverbindungen direkt im Gestänge gesessen – das geht so natürlich nicht. Auch die Option, die Pedalplatten nach links oder rechts zu versetzen, ist problematisch. Dann kann es passieren, dass zwei Pedale gleichzeitg getreten werden.

02 Wir haben deshalb je zwei Gummi-Nippel an Kupplungs- und Bremspedal entfernt und deren Bohrungen mit einem Senkbohrer für die Inbusschrauben passend gemacht.

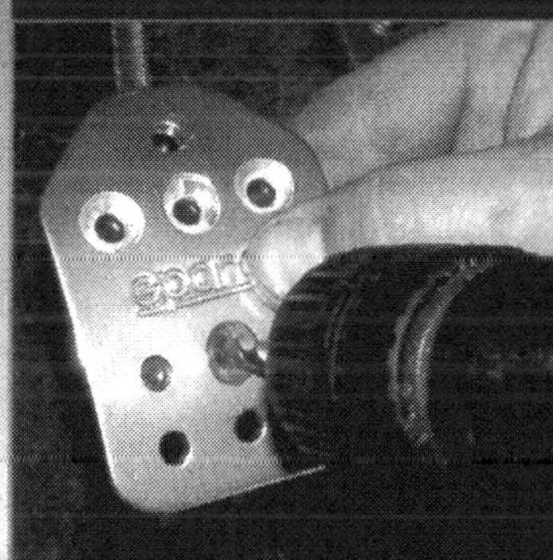

03 Leider fehlte jetzt pro Pedal eine Schraube, diese muss man im Schraubenhandel nachkaufen.

04 Mit drei Schrauben pro Pedal sitzen die Platten endlich bombenfest und dazu mittig.

Bodenmatten im Alulook

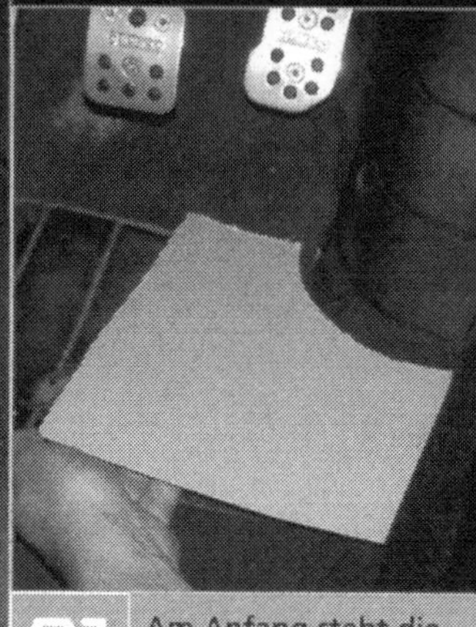

01 Am Anfang steht die Schablone aus Pappe.

Praxistipp
Auch eine alte Fussmatte kann natürlich als Muster herhalten. Sitzt nicht perfekt, aber immerhin ein erster Schritt.

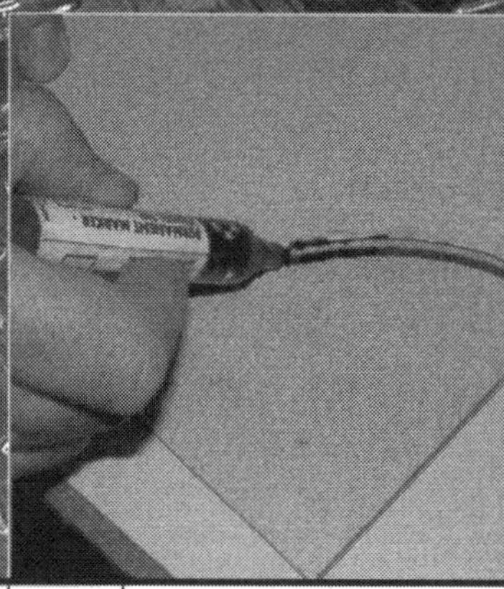

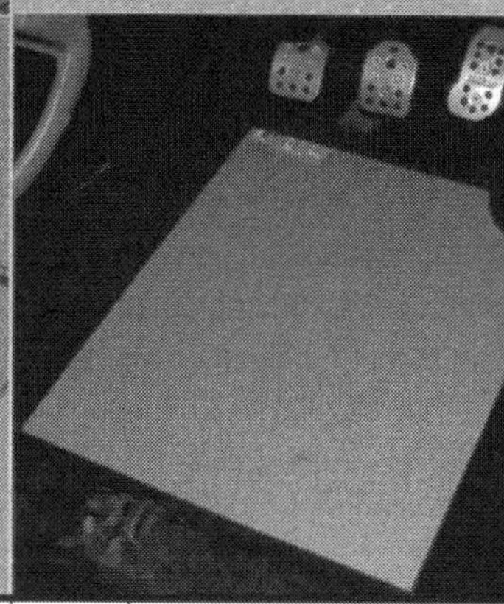

Wenn der alte Teppich schmuddelig oder durchgescheuert ist, empfiehlt sich ein neuer Belag. Sehr cool sind Bodenmatten im Riffel-Alulook.Dabei ist längst nicht alles Metall, was hier so glänzt...

02 Die Rundungen der Pappe werden dann auf ein Stück Sperrholz oder Kunststoff übertragen. Warum, werdet ihr euch jetzt fragen. Ganz einfach: Damit könnt ihr extrem dünnes Blech oder sogar Blech-Imitate aus Kunststoff verwenden. Das echte, dicke Riffelalu ist nämlich nur sehr schwer zu verarbeiten.

03 Die Unterkonstruktion wird nur für den ebenen Teil des Bodens benutzt. Dort, wo die Füße stehen.

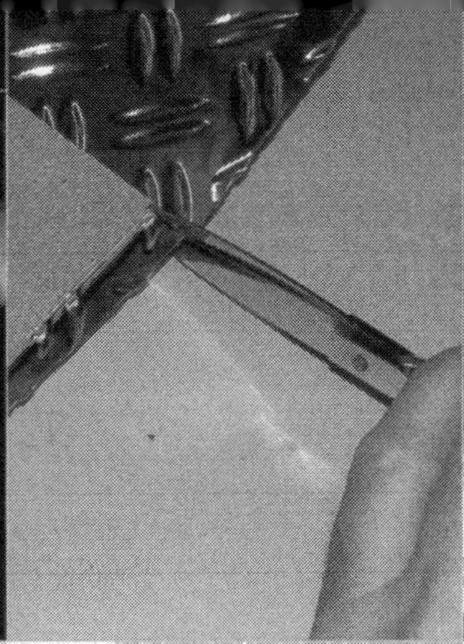

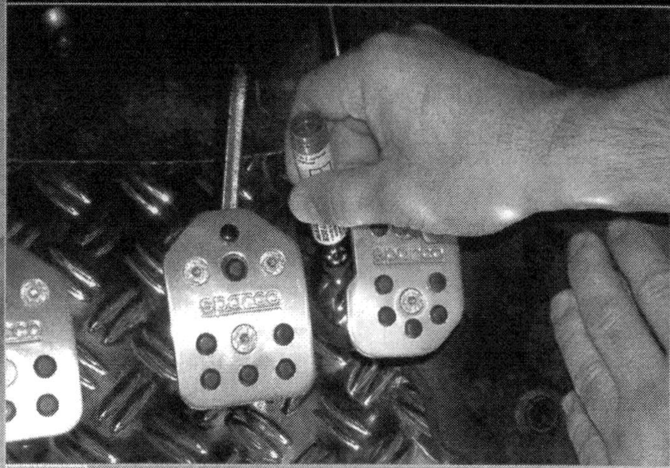

04 Nun geht es an das Anpassen der Metall-Folie, ...

05 ...die in diesem Fall aus Kunststoff ist und sich mit einer normalen Schere schneiden lässt!

06 Schwierige Stellen immer erst am lebenden Objekt anzeichen und dann Stück für Stück schneiden.

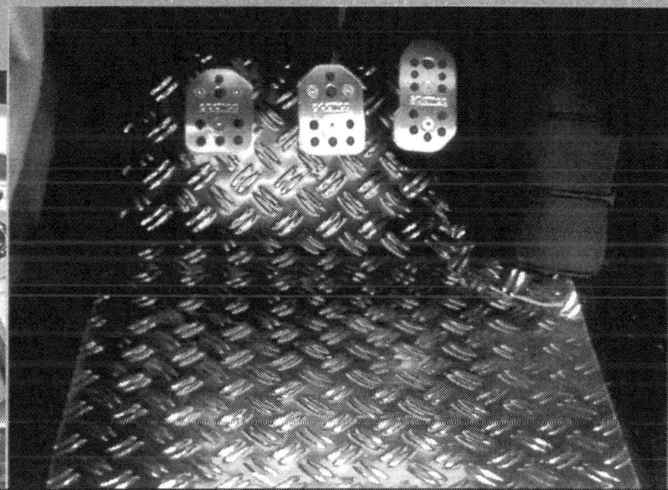

07 Nun wird die glänzende Oberfläche mit der stabilen Platte verbunden. Wir haben dafür reichlich Sprühkleber verwendet...

08 … und dann alles zum Trockenen mit einem schönen Radsatz beschwert. Wenn schon, denn schon...

09 Nicht schlecht, oder? Und viel billiger und leichter als ein echtes Blech aus Riffel-Alu.

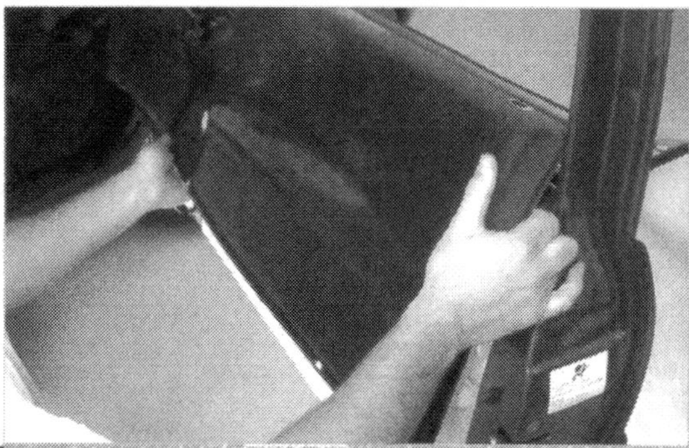

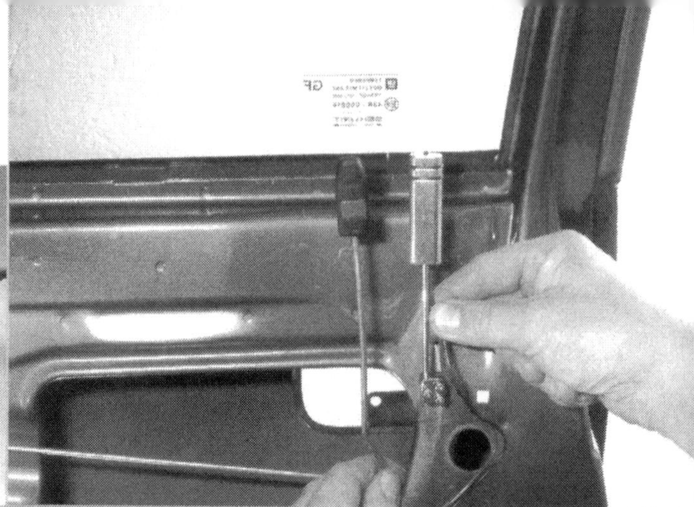

01 Die Türverkleidung muss natürlich ab.

02 Lieber dreimal anhalten als einmal zu schnell gesägt. Eventuell muss die Öffnung in der Türverkleidung nachgearbeitet werden.

Tür-Knöpfe

Zunächst den Türknopf mit der Schelle provisorisch am alten Gestänge befestigen und alle Stellungen durchprobieren. Bleibt die Schelle auch nirgends hängen? Das könnte später klappern.

03

Wenn alles passt, die Position der Schelle und die Schnittstelle anzeichnen...

04

05 ... und dann erst die Säge schwingen!

Jetzt kann der neue Knopf fest montiert und dann die Türverkleidung wieder montiert werden.

06

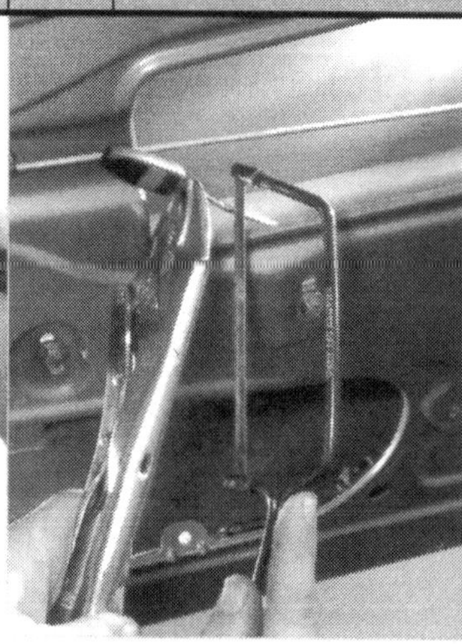

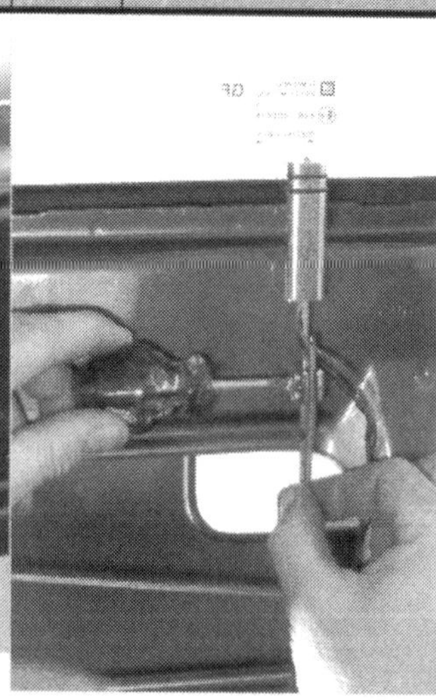

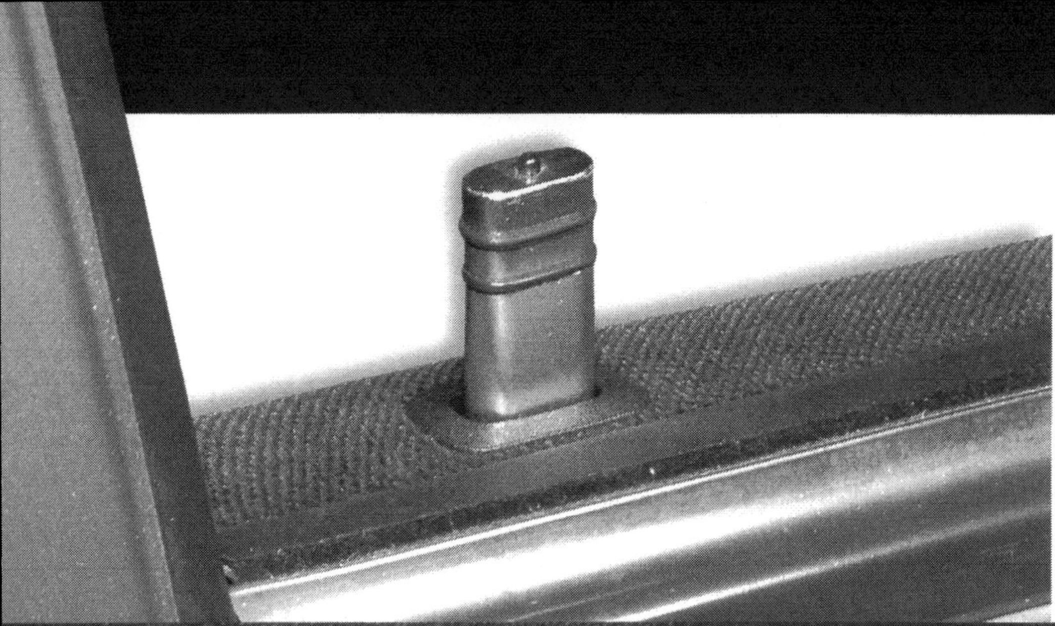

Bei vielen neuen Autos blinken die Türknöpfe, sobald die Türen verriegelt sind. Das lässt sich natürlich auch nachrüsten.

Blinkende Türknöpfe

Unser neuer Türknopf kann noch viel mehr...

Wer gut aufgepasst hat, hat es schon gesehen: Unser neuer Türknopf hat zwei Kabel und eine LED am oberen Ende. Die soll aber nur blinken, wenn die Tür abgeschlossen und die Zündung aus ist. Alles andere wäre beim Fahren nicht nur sehr störend, sondern sogar verboten. Doch wie soll das gehen? Der Trick ist, an das eine Ende Zündungsplus anzulegen und an das andere Ende Dauerplus. Wenn die Zündung an ist, fließt kein Strom mehr durch die LED, denn an beiden Seiten liegen dann ja 12 Volt an.

Damit die LED nur leuchtet, wenn die Tür geschlossen und die Zündung ausgeschaltet ist, haben wir das Dauerplus vom Türkontaktschalter abgenommen. Das Zündungsplus kann dagegen mit etwas Glück innerhalb der Tür vom elektrischen Fensterheber oder vom elektrischen Spiegel abgenommen werden, die ja nur funktionieren müssen, wenn die Zündung an ist.

Das Problem an modernen Autos ist, dass es sehr schwierig ist, ein oder mehrere zusätzliche Kabel vom Innenraum in die Tür zu leiten. Oft gibt es hier nur große Stecker mit eingeschweißten Kabelbäumen. Vielleicht gibt es aber am Stecker noch freie Anschlüsse – was zweifellos die eleganteste Lösung wäre.

Die radikalste Methode ist dagegen, zwei neue, gegenüberliegende Löcher in Tür und A-Säule zu bohren – was aber eigentlich auch nur richtig funktioniert, wenn die Tür ausgebaut ist. Die Löcher müssen auf jeden Fall mit Kabeldurchführungen und Silikon gut abgedichtet werden.

Keine ganz einfache Geschichte also. Wir meinen aber: der Aufwand lohnt sich. Der eine oder andere Dieb wird sich am Kopf kratzen und dreimal überlegen, ob er ein Auto anfasst, in dem es überall blinkt. Abgesehen davon ist es im Dunkeln an der Stellung der blinkenden LED leichter zu erkennen, ob die Tür abgeschlossen ist oder nicht.

Innenraum

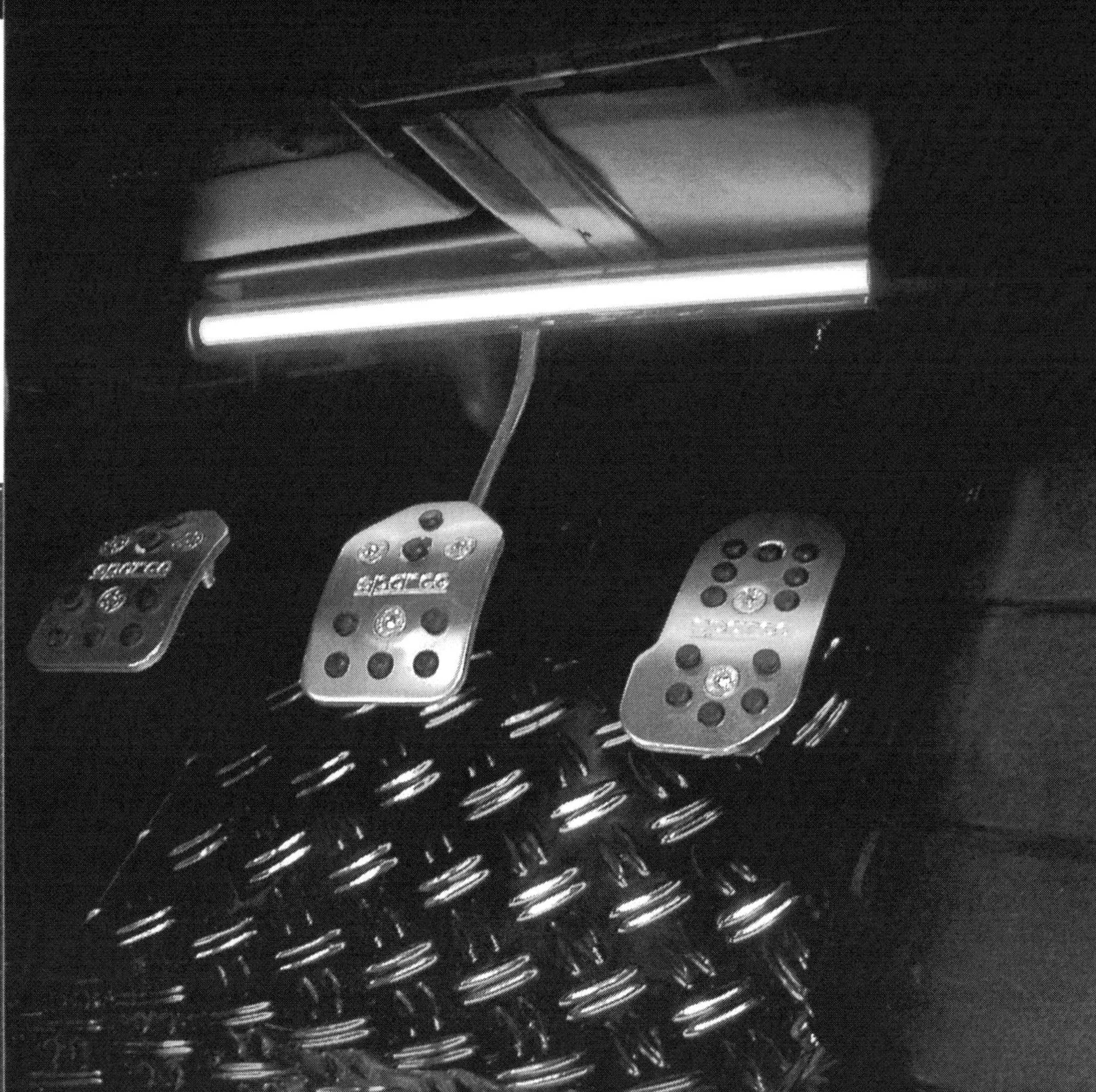

Neon Leuchten

Diffuses Neonlicht war schon immer der Knaller, doch spätestens seit "The Fast and The Furious" liegen die Röhren voll im Trend. Im Umgang mit den Leuchten gibt es jedoch einiges zu beachten.

Achtung!

Zunächst einmal muss klar sein, dass der Betrieb von solchen Beleuchtungen außen am Auto im Bereich der StVZO total verboten ist. Auch im Innenraum werden solche Lichter nicht gern gesehen, die Blendgefahr bei Nacht ist auch wirklich nicht ohne. Wenn wir hier den Einbau beschreiben, dann beziehen wir uns nur auf Showcars, die nicht im öffentlichen Straßenverkehr bewegt werden.

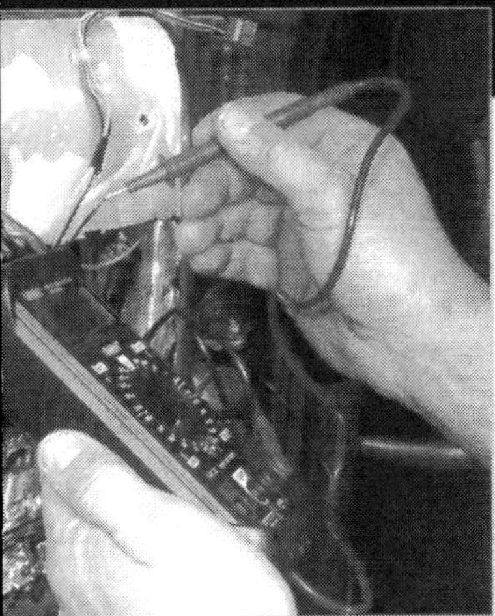

01 Im Prinzip ist der Anschluss ganz einfach: Plus und Masse suchen und am besten noch einen Schalter dazwischen setzen. Bei diesem Corsa wurden wir an der Spiegelverstellung fündig.

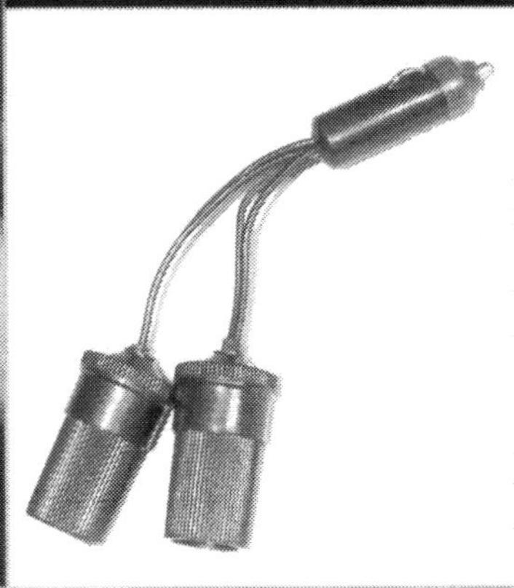

02 Für den Betrieb der Röhren sind Starter nötig, die einen Zigarettenanzünder-Anschluss haben. Also haben wir uns einen Stromverteiler besorgt, ...

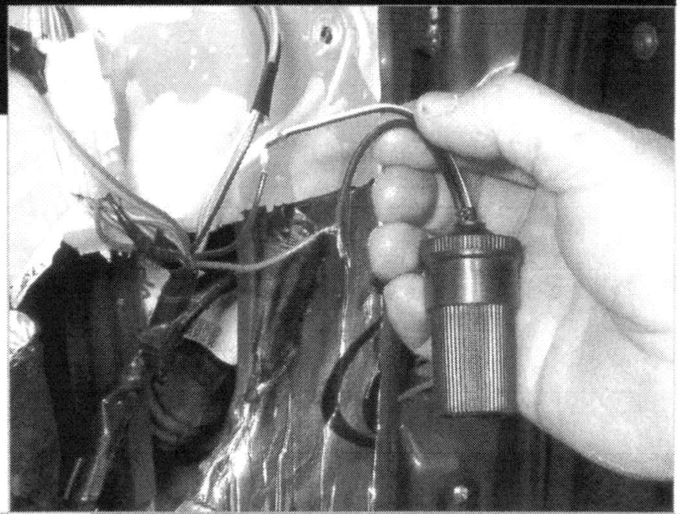

03 ...den wir dann in die Stromversorgung in der Tür eingelötet haben.

04 Hinter der Lautsprecher-Abdeckung sitzen nämlich zwei Röhrchen, die den Lautsprecher mit seiner silbernen Membran beleuchten sollen.

05 Jetzt nur noch den Starter für die Röhren einstecken, ...

06 ...und schon ist der Lautsprecher perfekt in Szene gesetzt.

Die meisten Cockpits sind ab Werk in tristem schwarz oder grau gehalten – das ist nicht unbedingt das, was man haben will. Dabei gibt es fast unbegrenzte Möglichkeiten, mehr Pep in den Innenraum zu bringen. Bis hin zum coolen Carbon-Look.

Zierteile färben

01 Wenn Kunststoffblenden lackiert werden sollen, müssen die Teile völlig fett- und silikonfrei sein. Die Wahl eines geigneten Mittels ist dabei nicht einfach. Ist das Mittel zu agressiv, wird der Kunststoff angelöst. Ist es zu sanft, bleiben Schmutzreste übrig und der Lack kann nicht richtig haften. Silikonentferner funktioniert meistens, doch sollte man diesen zunächst an einer unauffälligen Stelle ausprobieren.

02 Dann die Stellen, die nicht lackiert werden sollen sorgfältig abkleben. Wer sich hier nicht genug Zeit nimmt, kann später noch einmal von vorn beginnen. Darauf achten, dass die Umgebung und auch das Material zum Abkleben nicht staubig ist.

03 Jetzt kommt die erste Lage Grundierung drauf. Diese ist nötig, damit der Decklack später richtig gut haftet. Gut trocknen lassen!

04 Dann folgt eine erste Lage Decklack. Dazu die Dose sehr weit weg halten und den Sprühnebel eher auf die Blende fallen lassen, als direkt draufzuhalten. So gibt es keine Nasen und Läufer. Bei diesem Silberspray waren vier Durchgänge nötig, jeweils mit ein paar Minuten Trocknungszeit dazwischen. Erst dann strahlte die Blende in neuem Glanz.

05 Wenn der Decklack gut getrocknet ist, folgt zum Abschluss noch eine dünne Lage Klarlack. Zuerst dachten wir, das bringt zusätzlichen Glanz – doch dem war nicht so. Der Klarlack schützt lediglich den Decklack vor mechanischer Beanspruchung.

06 Die abgeklebten Stellen werden am besten freigelegt, wenn der Lack noch leicht klebrig ist. Sobald alles durchgetrocknet ist, kann es passieren, dass ein Teil des Lackes mit abgerissen wird. Zur Montage muss natürlich alles knochentrocken sein.

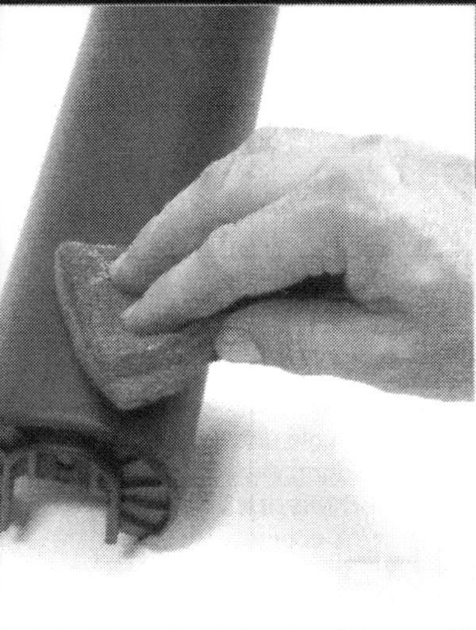

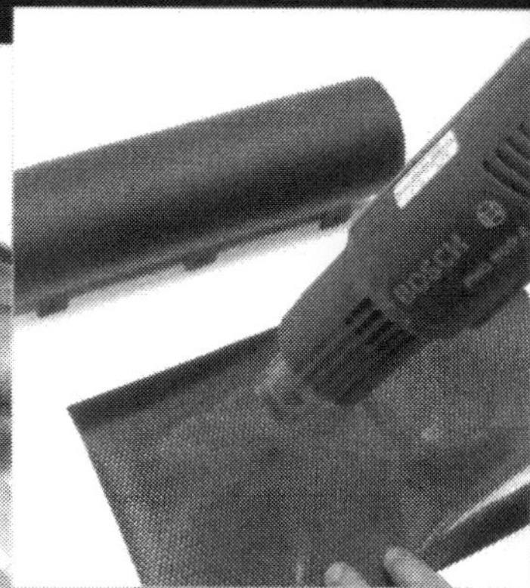

01 Auch hier muss das Teil gründlich gereinigt werden. Besonders schwierig ist das bei strukturierten Oberflächen. Sobald hier noch Schmutz oder Fett in den Vertiefungen sitzt, haftet die Folie nur auf den Erhebungen - und fällt bald wieder ab.

02 Bei Meterware sollten man die Folie großzügig zuschneiden. Dabei ruhig ein paar Zentimeter überstehen lassen. So kann die Folie um die Kanten umgeschlagen werden und hält nachher viel besser.

03 Das Teil und die Folie vorsichtig anwärmen. Beides sollte gut handwarm sein. Dann die Schutzfolie abziehen und aufpassen, dass die Folie nicht zusammenklebt.

04 Beim Ansetzen der Folie an einer Ecke beginnen und sich in geraden Linien vorarbeiten. Ein paar Luftblasen werden sich nicht vermeiden lassen. Bei großen Blasen oder gar Falten die Folie lieber noch einmal ein Stück abziehen.

Folien aufkleben

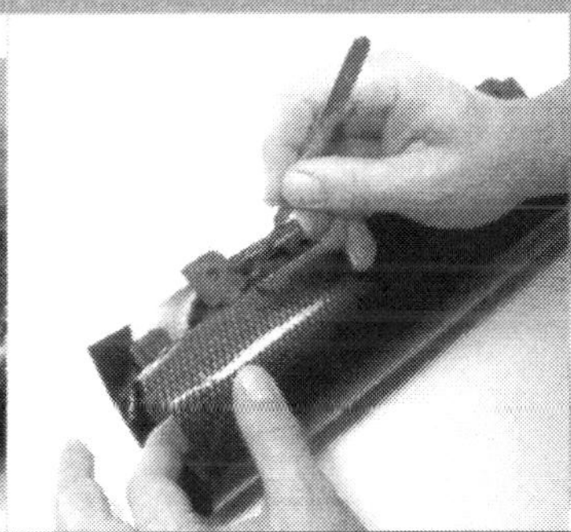

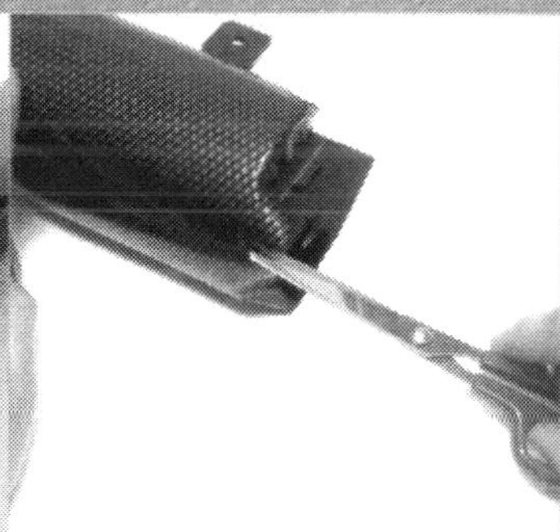

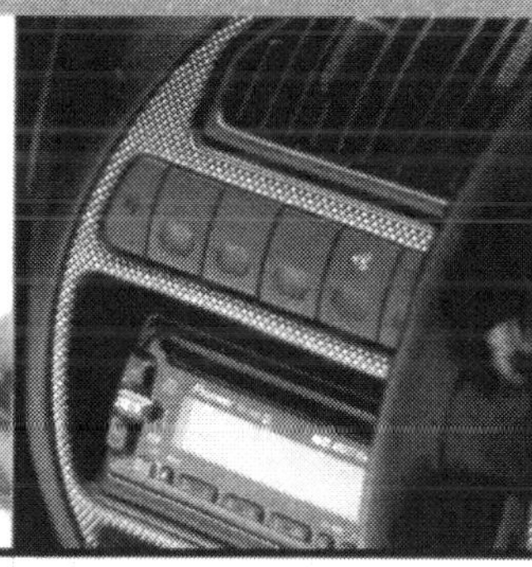

05 Mit einem Plastikspachtel wird die Folie dann fest angedrückt. Kleine Luftblasen mit einer Nadel anstechen und glattstreichen.

06 Wenn die Folie überall gut haftet, können die überstehenden Teile mit einem scharfen Messer abgeschnitten werden. Das Messer muss aber wirklich scharf sein, sonst wirft die Folie Falten.

07 Besonders schwierig sind die Rundungen. Dazu die Folie nochmals erwärmen und gut andrücken. Manchmal geht es nicht ohne ein paar kleine Schnitte.

Fertige Blenden

Für viele Autos gibt es bereits vorgefertigte Blenden. Natürlich sind diese viel teurer als die Folie, dafür aber in ein paar Minuten montiert.

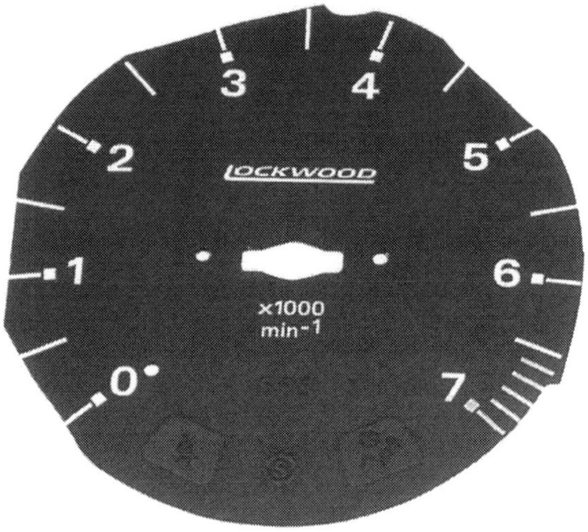

Innenraum

Farbige **Ziffern-Blätter**

Es soll ja Leute geben, die nie auf den Tacho schauen. Schade eigentlich, denn so ein Tacho kann richtig hübsch aussehen.

01 Der Instrumenteneinsatz muss raus. Bei unserem Corsa ist es zum Glück nicht nötig, das Lenkrad zu entfernen. Bei anderen Autos sieht die Sache unter Umständen ganz anders aus.

02 Mit ein bisschen Überredung und nach dem Lösen einer Schraube lässt sich die untere Lenksäulenverkleidung entfernen. Um das Zündschloss sitzt eine Blende, die ebenfalls weg muss.

03 Die Blende ist unten mit je einer Schraube rechts und links befestigt...

04 . . . und oben mit einer einzelnen Schraube in der Mitte.

05 Dann lässt sich zumindest schon einmal die Blende entfernen.

06 Dann liegen die Schrauben des Instrumenteneinsatzes frei. Das Lenkrad ist jetzt doch ein wenig im Weg. Macht aber nichts, nehmen wir halt den kurzen Schraubendreher.

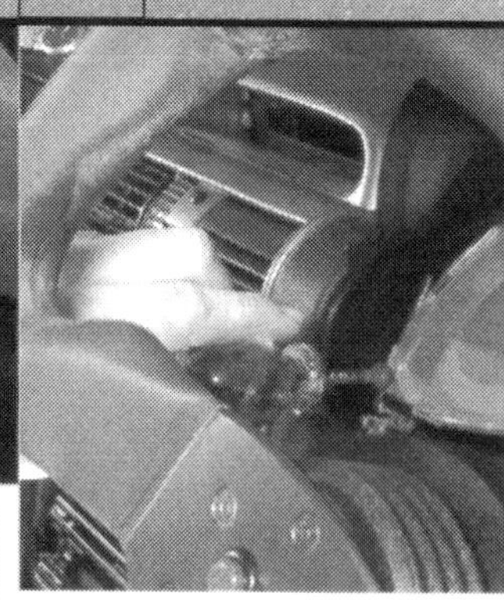

Praxistipp

Die neuen Scheiben genau vergleichen, bevor irgendetwas auseinander gebaut wird. Es gibt unzählige Varianten! Wenn der Zulieferer nicht genau die Einteilung und die Markierungen beschreibt, ist gesundes Misstrauen angebracht.

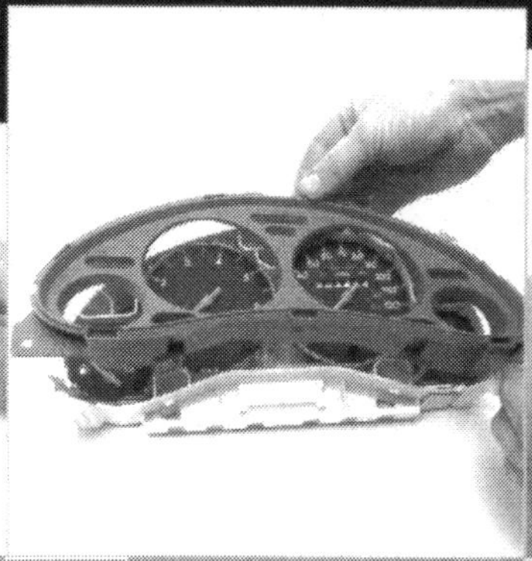

07 Mit etwas Glück lässt sich das Cockpit jetzt herausziehen. Wenn nicht, dann liegt das eventuell an der Tachowelle. In diesem Fall die Tachowelle am Getriebe lösen und dann nochmal versuchen. Am Cockpit selbst ist die Welle nur mit einer Klammer gesichert.

08 Endlich! Die Scheibe lässt sich einfach abheben.

09 Auch das Gehäuse ist nur aufgesteckt.

10 Jetzt vorsichtig die Nadel hochhalten und den unteren Anschlag herausziehen.

11 In der Mitte sitzen zwei winzige Schrauben, die das Ziffernblatt halten. Gut weglegen, es kommen noch eine Menge dazu.

12 Um ganz sicher zu gehen, halten wir unsere neuen Scheiben mal daneben. Scheint zu passen!

13 Damit wir die Drehzahlmessernadel nicht abziehen müssen, schneiden wir lieber das alte Ziffernblatt auseinander.

14 Bei den kleinen Uhren lassen sich die Nadeln leicht abziehen und die Blätter sind nur eingesteckt.

15 Wer schon immer wissen wollte, wie Instrumente im Inneren aussehen, hat jetzt Gelegenheit dazu.

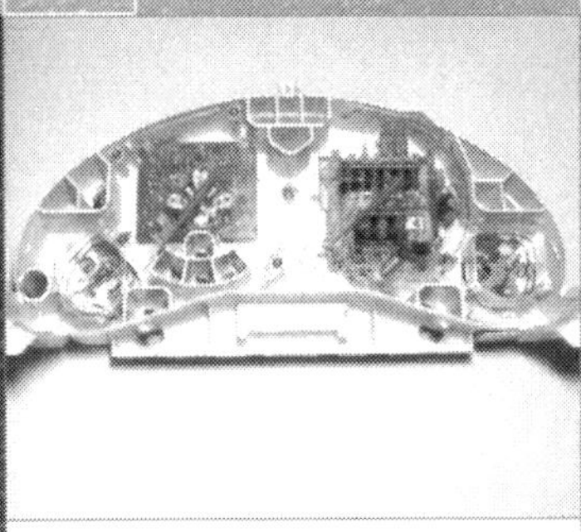

16 Da die Tachoblenden ein größeres Loch in der Mitte haben, um über die Nadeln zu passen, müssen in der Mitte zwei kleine Abdeckungen angeschraubt werden. Sonst ist nachher die ganze Mechanik zu sehen.

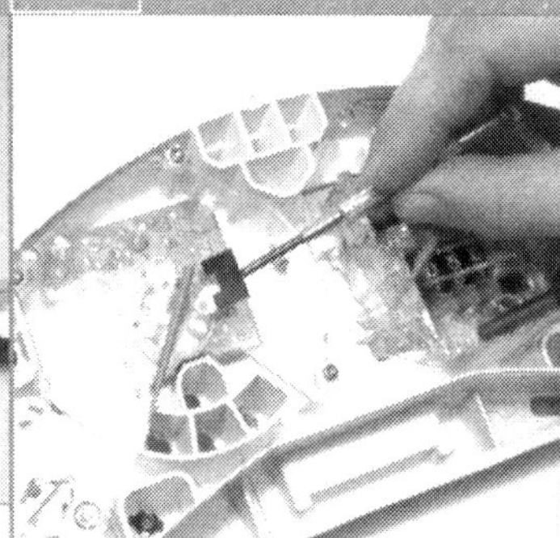

17 Die zwei kleinen Blenden sollten die Fuge ganz schließen. Zur Not hilft ein Tupfer schwarze Farbe.

18 Jetzt können die Schutzaufkleber abgezogen werden.

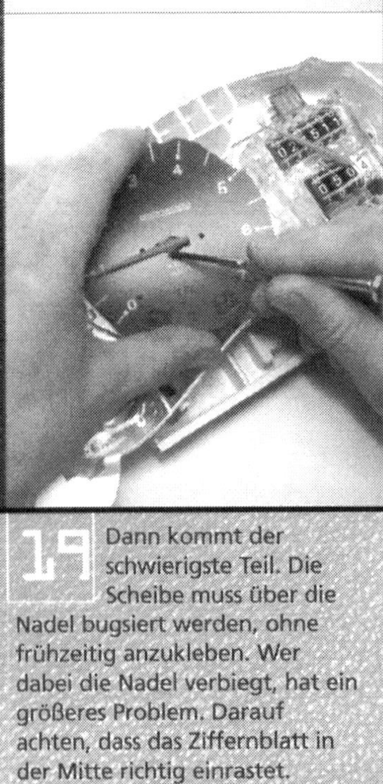

19 Dann kommt der schwierigste Teil. Die Scheibe muss über die Nadel bugsiert werden, ohne frühzeitig anzukleben. Wer dabei die Nadel verbiegt, hat ein größeres Problem. Darauf achten, dass das Ziffernblatt in der Mitte richtig einrastet.

20 Dann die Scheibe drehen, bis die zwei kleinen Schrauben eingedreht werden können.

21 Den Endanschlag der Drehzahlmessernadel nicht vergessen!

22 Die Ziffernblätter müssen am Rand unter die Haltenasen. Dazu haben wir mit zwei Schraubenziehern den Clip etwas weggehalten und das Blatt leicht angehoben.

23 Mit einem Tuch schön vorsichtig andrücken und säubern. Das erste Instrument ist fertig!

24 Beim Tacho ist das Einfädeln noch etwas schwieriger wegen des Rückstellknopfes für den Tageskilometerzähler, ...

25 ...aber nicht unmöglich.

26 Auch hier in die Clips einrasten...

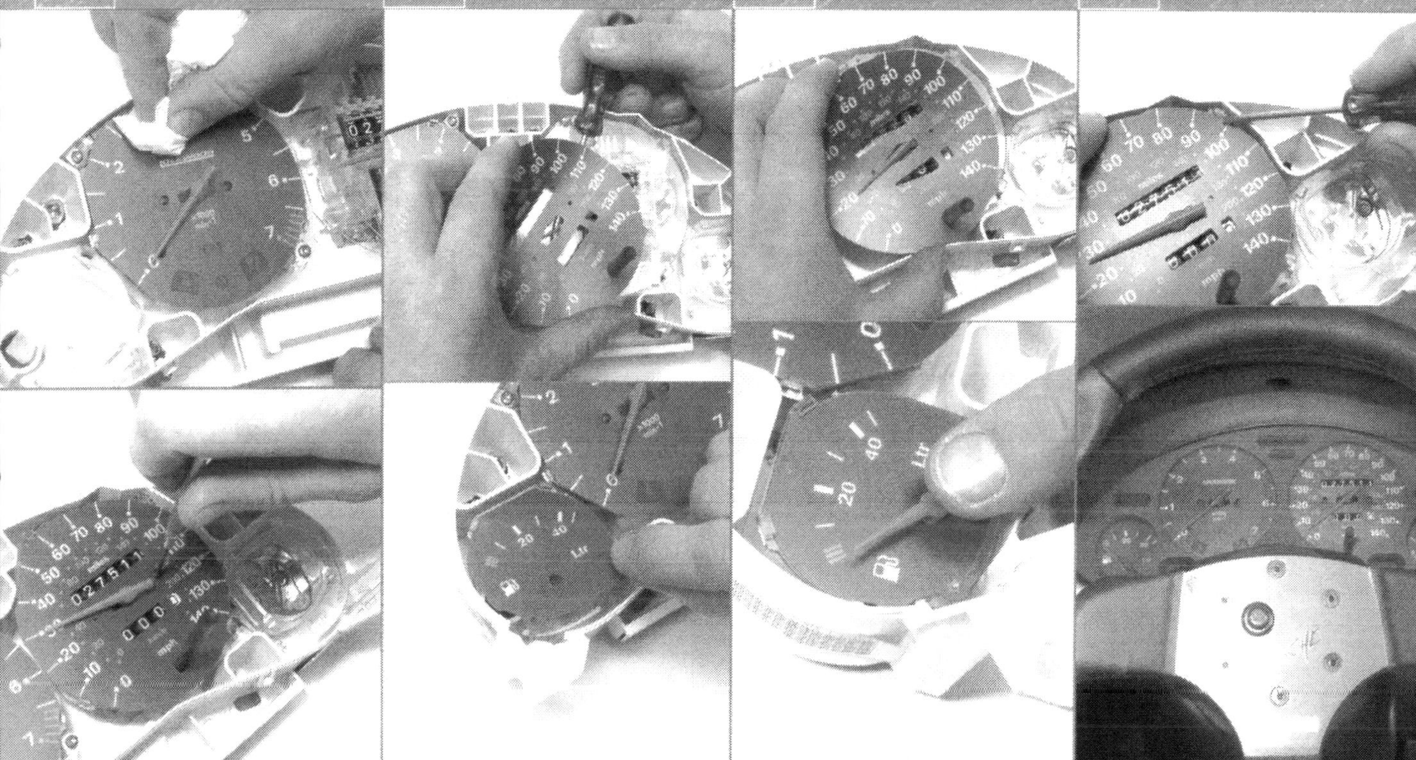

27 ...und dann erst die Schrauben ansetzen.

28 Die kleinen Instrumente gehen umso leichter. Oben einrasten und unten auf die kleinen Stifte stecken.

29 Die Nadeln vorsichtig aufsetzen...fertig!

30 So sieht das Ganze dann hoffentlich am Ende aus!

Hosenträger Gurte

01 Unter der Kappe sitzt die Befestigung der Gurtschiene.

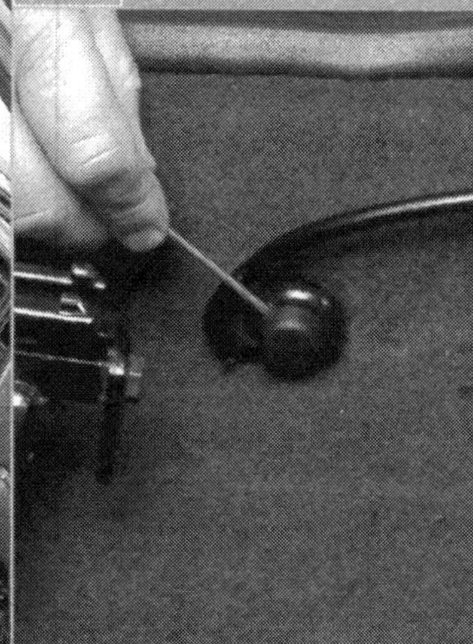

06 Um an den Aufroller zu kommen, ...

Das Hauptproblem beim Einbau von Vierpunktgurten ist die Befestigung. Die Schultergurte müssen relativ gerade nach hinten verlaufen und versperren damit die hinteren Sitzplätze.

Eines ist klar: Wenn man noch Menschen auf den Rücksitzen mitnehmen will, müssen da hinten auch noch Gurte sein. Jetzt gibt es zwei Möglichkeiten: Entweder man benutzt einen trennbaren Vierpunktgurt und belegt alle Gurtbefestigungen doppelt, oder man entscheidet sich für einen reinen Zweisitzer. Dann kann der Raum hinter den Sitzen für den Einbau eines Überrollkäfigs, eines Soundboards oder für andere Dinge genutzt werden. Oder es bleibt alles leer, was nebenbei bemerkt eine erhebliche Gewichtsersparnis bringt.

Niemals eigene Gurtbefestigungen basteln! Nur die serienmäßigen Aufnahmepunkte und Schrauben können den extremen Belastungen bei einem Unfall standhalten. Diese Punkte sind entsprechend verstärkt und dürfen nicht modifiziert werden. Auch eine hintere Domstrebe halten wir nicht für stabil genug, vor allem nicht, wenn diese aus Aluminium ist. Im schlimmsten Fall verbiegt sich die Strebe oder bricht sogar – was die im Grunde sehr sicheren Vierpunktgurte wertlos macht. Im übrigen sind nur Gurte mit ECE-Zulassung erlaubt!

02 Die Schraube entfernen...

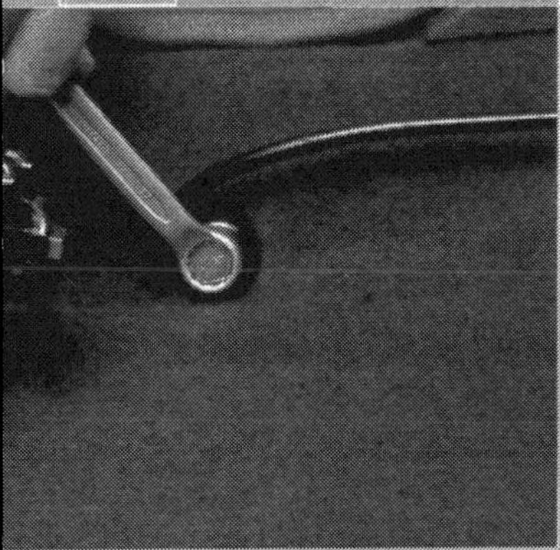

03 ...und dann die Laufschiene des Gurtes aus der Verankerung ziehen.

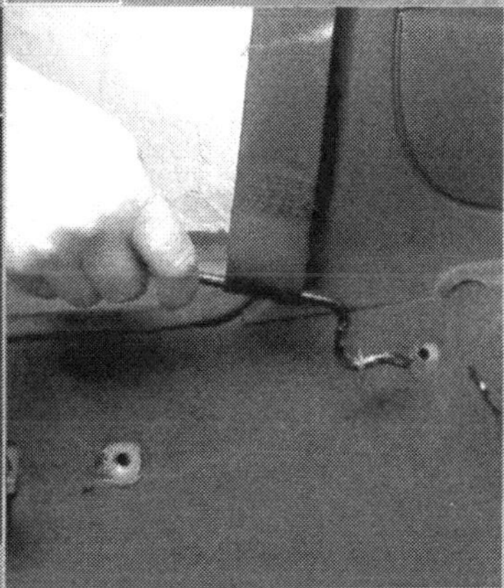

04 Oben genau das gleiche Spiel. Kappe entfernen...

05 ...und Schraube rausdrehen.

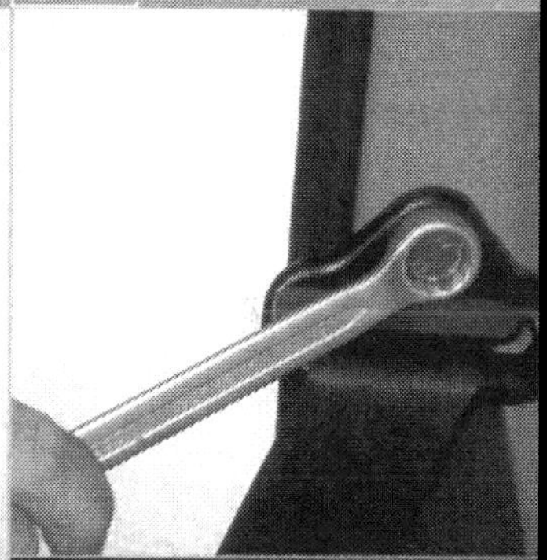

07 ... muss die hintere Seitenverkleidung ab.

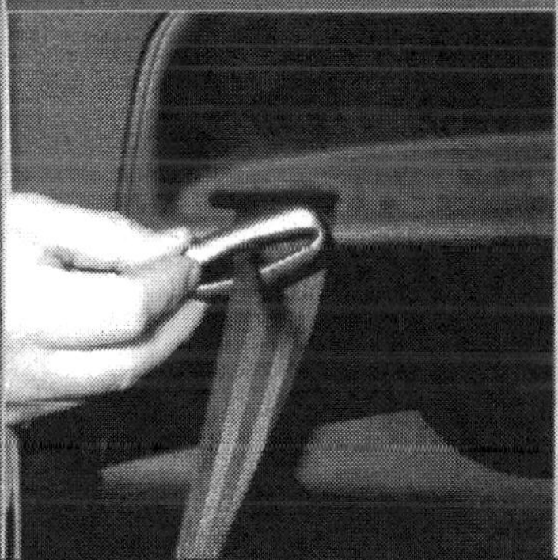

08 Das lose Gurtende wird durch die Verkleidung gesteckt, ...

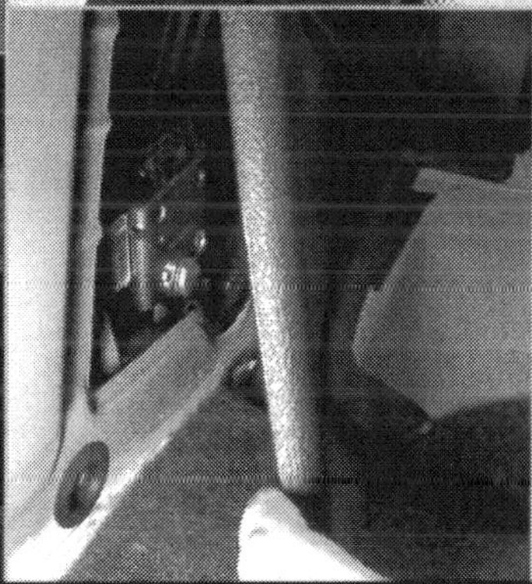

09 ...und nach dem Lösen des Aufroll-Mechanismus kann der ganze Gurt herausgenommen werden.

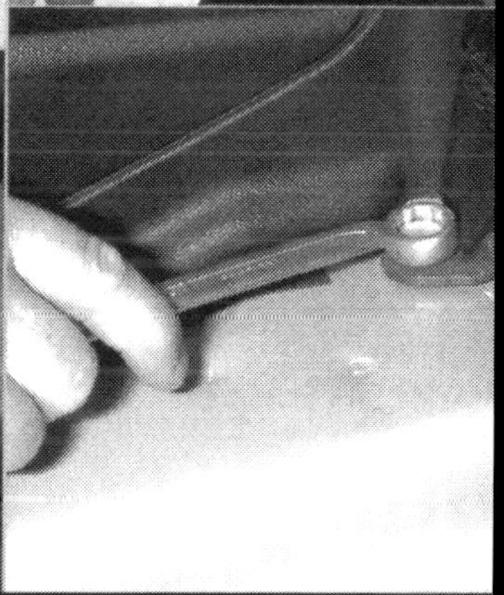

10 Um an den Befestigungspunkt der hinteren Gurte zu kommen, baut man am besten die Rückbank aus.

Achtung

Gurtschrauben sind keine gewöhnliche Schrauben! Das Gewinde ist feiner und die Zugfestigkeit höher als bei normalen Schrauben. Niemals eine andere Schraube in die Gewinde eindrehen! Da die meisten Hersteller sich auf eine Schraubengröße geeinigt haben, ist es leicht, Ersatz zu finden.

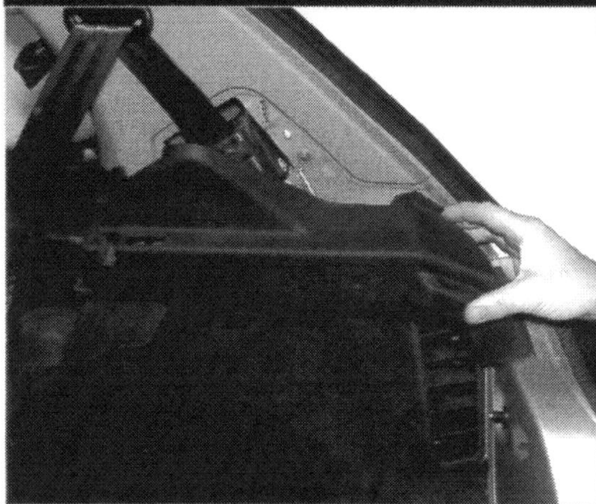

11 Der Aufroller für die hinteren Gurte befindet sich in unserem Fall hinter den Seitenverkleidungen.

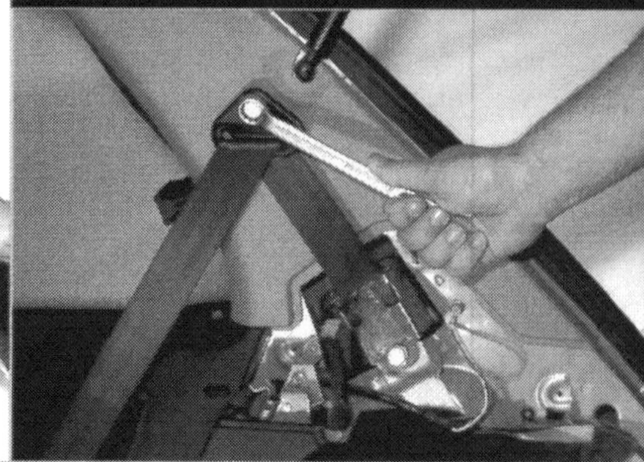

12 Nachdem Umlenkbügel und Aufroller enfernt sind, sollte die obere Schraube wieder eingedreht werden.

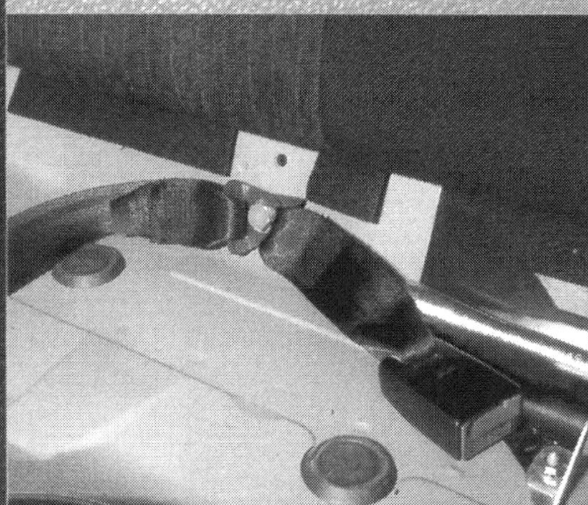

13 Auch die Gurtschlösser können weg.

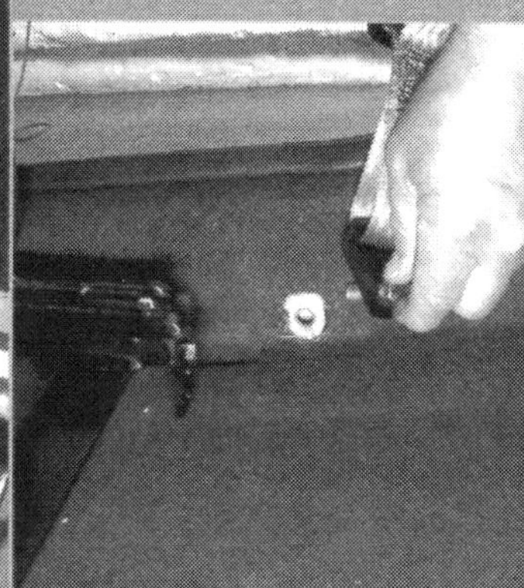

14 Der eine Teil des neuen Gurtes wird am Schweller verschraubt, der andere Teil an die Sitzkonsole.

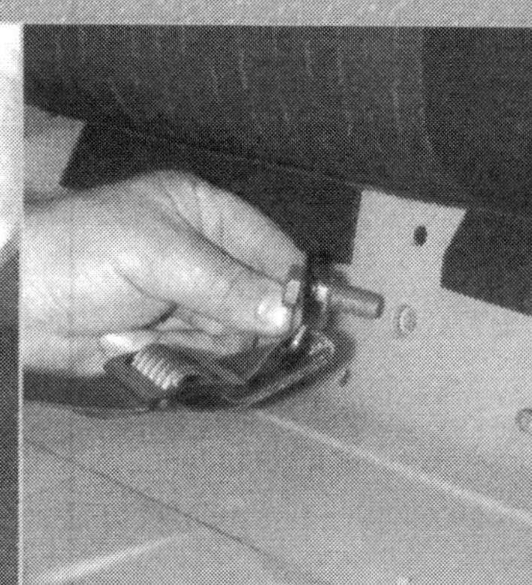

15 Die Schultergurte werden hinten befestigt und dann mit Hilfe der Schlaufen die Länge eingestellt.

Perfekt Sitzen **mit Stil**

Was nützt das beste Sportfahrwerk, wenn die Körper in jeder Kurve haltlos durch die Gegend rutschen? Das beste Mittel dagegen sind Sportsitze, die den Innenraum auch deutlich aufwerten. Die Auswahl ist riesig. Vom Komfortsitz bis zur Rennschale ist für jeden Anspruch etwas dabei. Ob mit Leder oder Stoffbezug, ob rot, schwarz oder blau – der Phantasie und dem persönlichen Geschmack sind kaum Grenzen gesetzt. Die setzt eher schon der Geldbeutel.

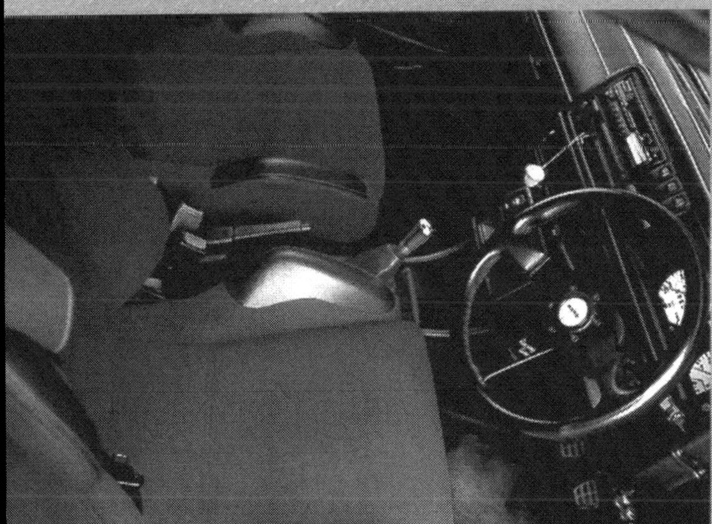

Sitze sind die teuersten Posten im Innenraum. Umso genauer sollte man sich überlegen, was man haben will. Wird das Auto ein reiner Zweisitzer? Wird es auch auf der Rennstrecke bewegt oder muss es alltagstauglich bleiben? Wer hinten noch Leute mitnehmen will, muss Sitze nehmen, deren Lehnen sich nach vorne klappen lassen. Klappbare Sitze sind aber teurer als starre Sitzschalen, die zudem Probleme bei der Eintragung nach sich ziehen können. Denn die Lehne muss in einem Winkel von 15 Grad verstellbar sein.

Eine Alternative zu den teuren Sportsitzen sind immer auch die Sportsitze aus der Modellpalette des jeweiligen Herstellers. Für unseren Corsa käme zum Beispiel eine gebrauchte GSi-Ausstattung in Frage. Das käme zwar wesentlich billiger, als alles neu zu kaufen - sähe dann aber doch wieder nach Serienauto aus. Eine andere Möglichkeit ist, auf andere Modellreihen oder sogar andere Hersteller auszuweichen. So passt ein lederbezogener Sportsitz aus einem Calibra ziemlich gut in den Corsa. Vielleicht aber auch ein Recaro aus einem Golf GTI? Probieren geht hier über studieren, einen guten Hinweis bieten die Konsolenhersteller. Wenn eine Zubehörkonsole in verschiedene Modelle passt, dann sind in der Regel auch die Seriensitze untereinander tauschbar.

Vordersitze **ausbauen**

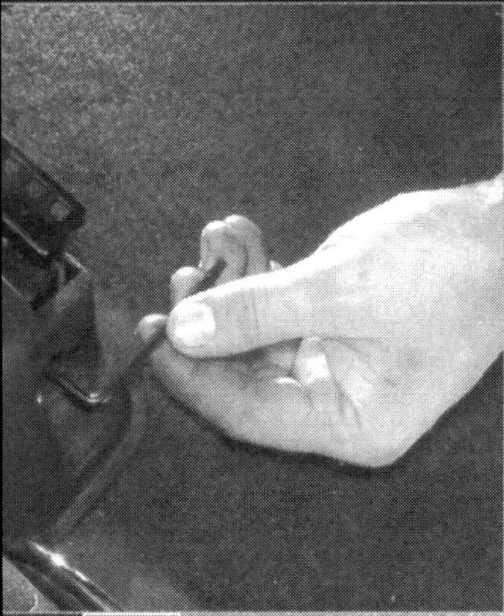

01 Solange keine Gurtstraffer verbaut sind, ist der Ausbau recht einfach. Hat das Auto einen Airbag, sind jedoch meist auch die garstigen Zündpatronen verbaut, die im Falle eines Unfalls die Gurte strammziehen. Unser Corsa hat jedenfalls Gurtstrammer.

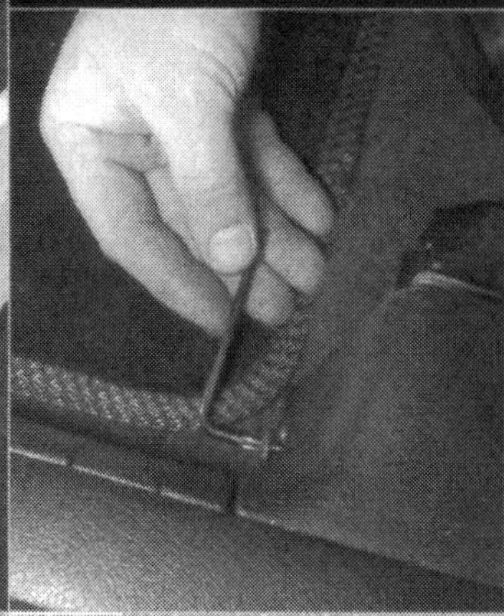

02 Um das Teil freizulegen, müssen vorn und hinten zwei Torx-Schrauben entfernt werden.

03 Aha, hier sitzt das Ding also. Noch eben zwei weitere Schrauben ausdrehen, ...

04 ...und schon kann die Abdeckung entfernt werden.

05 Netterweise hat der Hersteller schon eine kleine Plastiksicherung angehängt, die das Teil sichert. Trotzdem ist hier Vorsicht geboten. Die vorgespannnte Feder im Inneren hat enorme Kratt.

06 Hinter dem Sitz befindet sich eine große Torx-Schraube, die auf der äußeren Seite Sitz und Spanner hält.

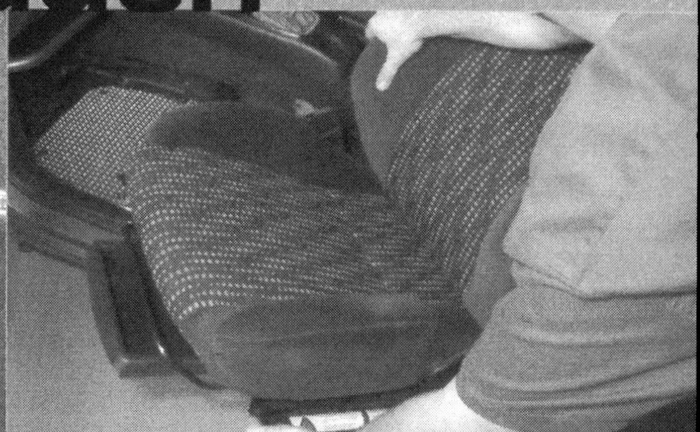

07 Vorne sind die Sitze nur eingehängt. Also einfach nach vorne schieben und dann herausnehmen. Jetzt wäre der ideale Moment, um auch gleich hinten auszuräumen.

Schalen-Sitze einbauen

In Schalensitzen sollte man unbedingt vor dem Kauf probesitzen. Je sportlicher die Kontur, umso unbequemer kann die Geschichte auf Dauer werden. Aber auch in das Auto müssen die Schalen passen. Also vorher gründlich Maß nehmen! Ganz wichtig ist auch die passende Konsole. Wer hier improvisiert, riskiert sein Leben.

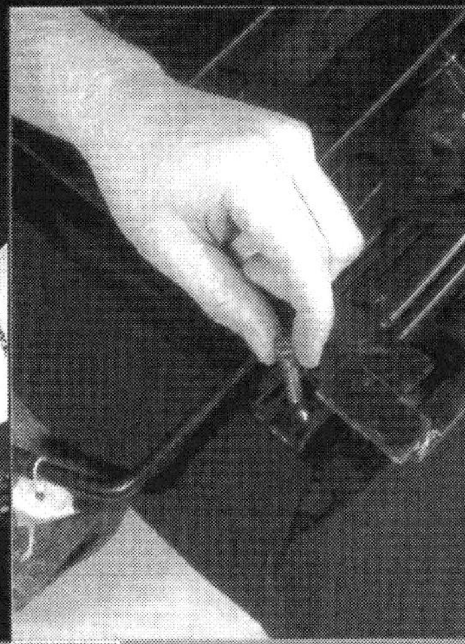

01 Als Erstes wird die Konsole am Sitz befestigt. Hier gab es einige Probleme, da die Löcher nicht ganz übereinstimmten. Irgendjemand hatte die Konsole wohl fallen lassen und dabei eine Strebe verbogen. Zur Befestigung sollte man hochwertige Schrauben (8.8 oder besser noch 10.9) verwenden.

02 Dann wird die Konsole samt Sitz vorne eingehängt, nach hinten geschoben ...hoffentlich passen wenigstens hier die Löcher.

03 Passt! Auch hier wieder hochwertige Schrauben verwenden, die im übrigen nicht mit aller Kraft angeknallt werden müssen.

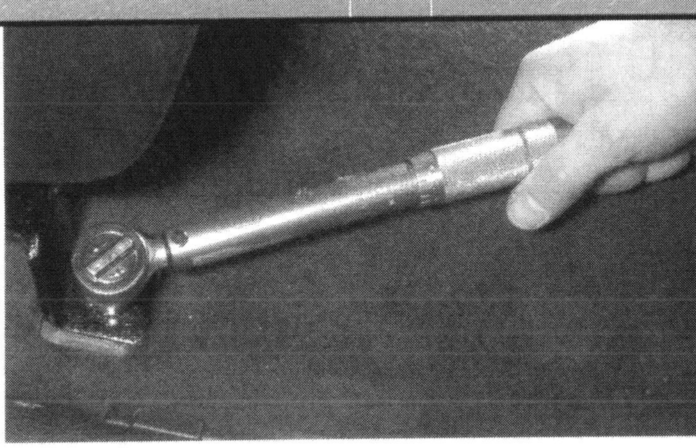

04 So sieht das dann in Verbindung mit Vierpunktgurten aus. Riecht schon sehr nach neuer Bestzeit.

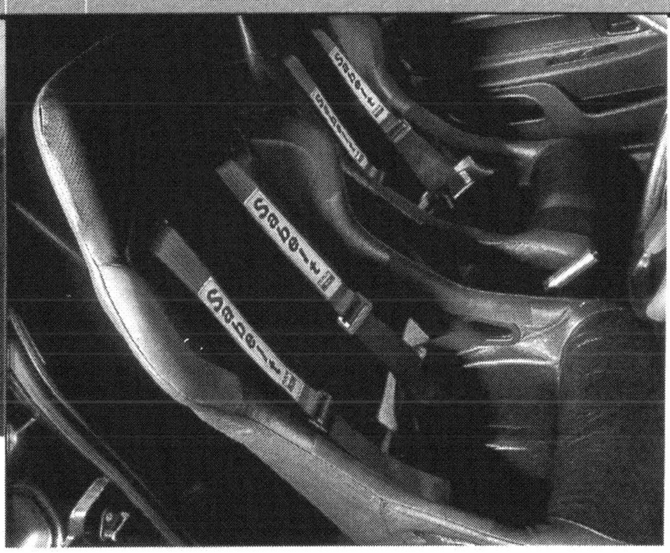

Innenraum

Starter Knopf

Für das echte Rennwagen-Feeling ist dieser Knopf einfach ein Muss.

Allerdings hat die Sache auch einen Haken: Beim Anlassen fließen ziemlich hohe Ströme. Damit die Einbauaktion nicht in einem fatalen Kabelbrand endet, sollte man sich schon ein wenig mit Elektrik auskennen. Wer sich unsicher ist, sollte einen Fachmann zu Rate ziehen.

01 Als erstes unbedingt die BATTERIE ABKLEMMEN! In diesem Fall ist das besonders wichtig. Und bitte auch daran denken, das wir hier an einem Corsa arbeiten. Die Kabelfarben müssen also nicht die selben sein.

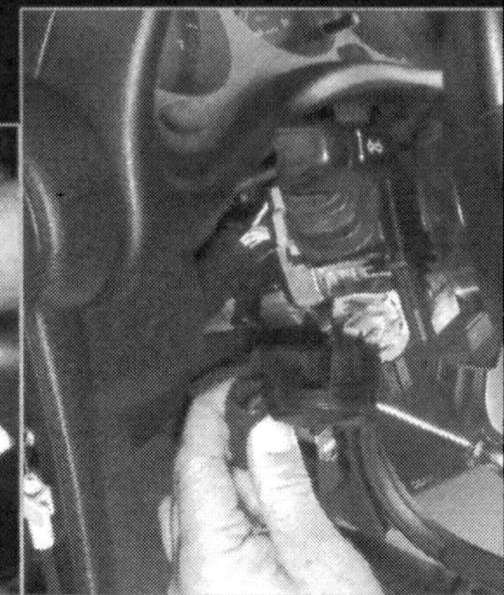

02 Die Lenksäulenverkleidung muss mal wieder ab. Wer schon farbige Tachoscheiben verbaut hat, weiß ja, wie das geht.

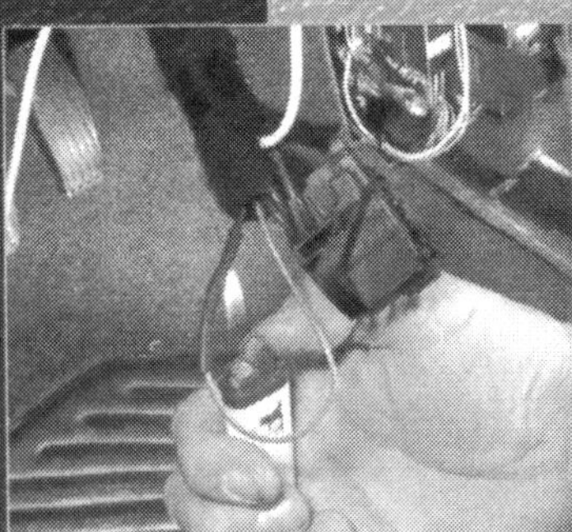

07 Das Ganze wird mit einem Schrumpfschlauch schön isoliert.

08 Für die Zuleitung zum Starterknopf zweigen wir Strom vom dicken schwarzen Kabel ab. Dazu entfernen wir ein Stück Isolierung und löten die Zuleitung an. Das ist nicht ganz einfach, da so ein dickes Kabel jede Menge Wärme aufnimmt.

09 Jetzt kann der Stecker wieder zusammengesetzt werden...

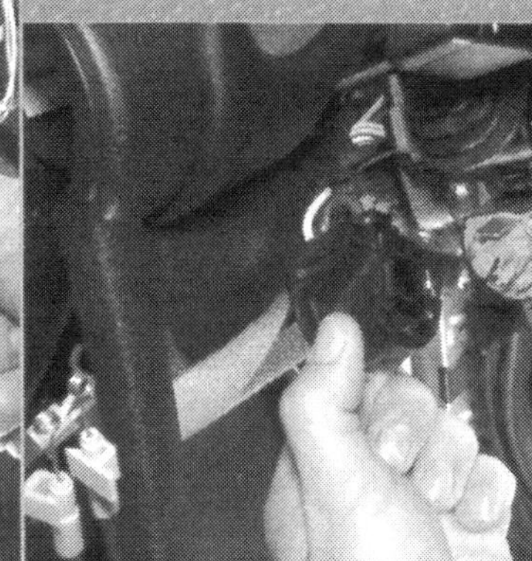

10 ...und zurück an das Zündschloss.

03 Unser Ziel ist der große Stecker, der zum Zündschloss führt.

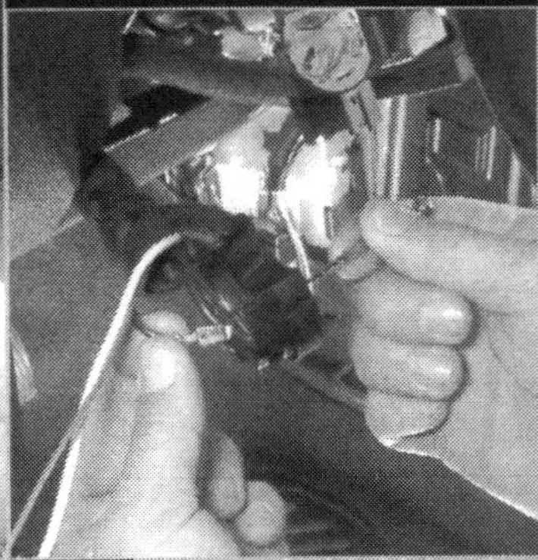

04 Ab jetzt ist ein Schaltplan von Nutzen (zum Beispiel aus der Reparaturanleitung). Bei unserem Corsa führt das rot/schwarze Kabel zum Anlasser-Magnetschalter. Außerdem gibt es zwei DICKE schwarze Kabel, von denen wir eines als Stromversorgung für das neue Relais nutzen wollen.

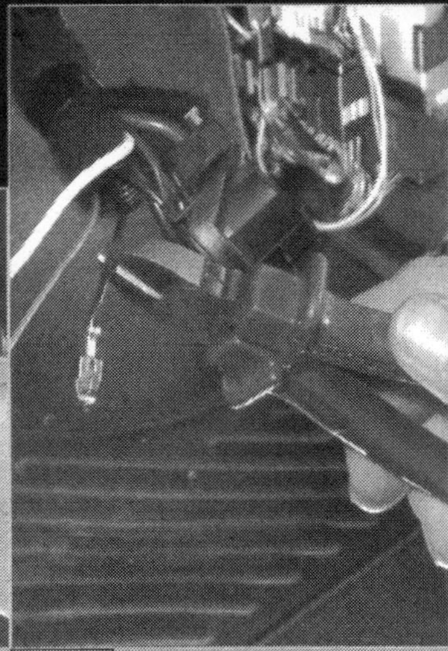

05 Den Stecker vom rot/schwarzen Kabel schneiden wir ab...

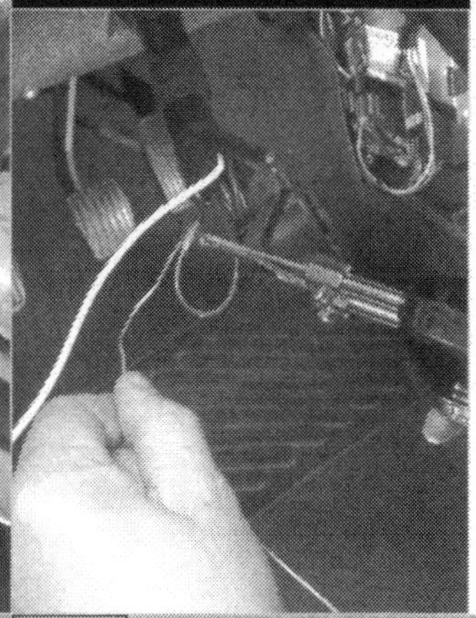

06 ...und löten es mit dem entsprechenden Kabel, das zum Relais führt, zusammen. Der Schaltplan muss dem Einbausatz beiliegen. In unserem Fall war es das Blaue.

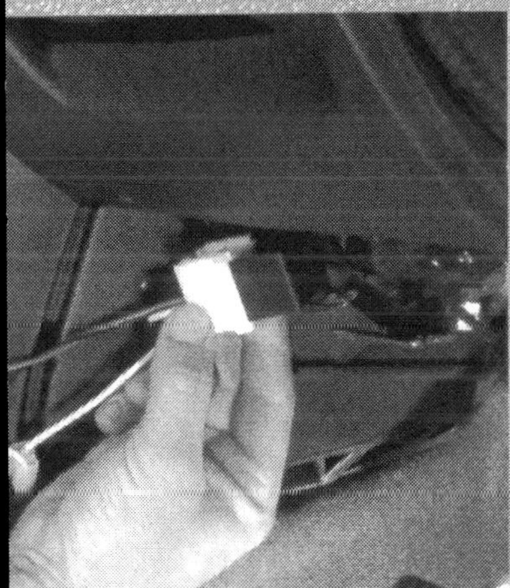

11 Zum Einbausatz gehört auch ein Relais und ein Sicherungshalter. Der Relaishalter kommt unten an das Armaturenbrett...

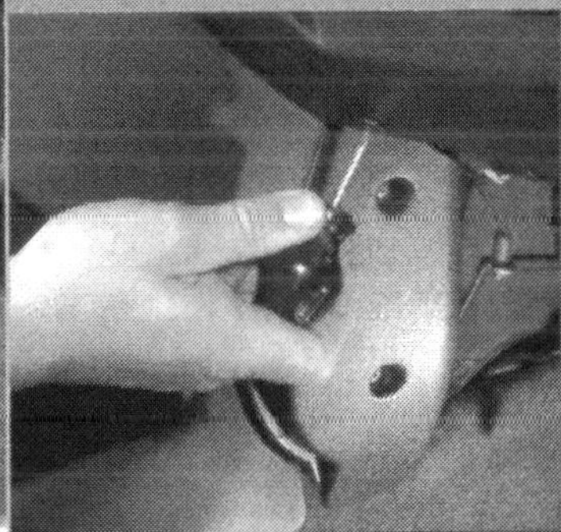

12 ... und wird mit einer kleinen Blechschraube befestigt.

13 Die dazugehörige Sicherung verstecken wir unter der Lenksäulenverkleidung.

14 Am Schalter selbst brauchen wir jetzt noch Masse. Die Plusleitung kommt ja vom Relais. Braun ist normalerweise die Farbe für Masseleitungen und im Armaturenbrett fand sich noch ein verwaister Stecker mit einem solchen braunem Kabel.

15 Also nichts wie ran damit an den Starterknopf. Sobald auch das schwarze Kabel vom Relais angeschlossen ist, können wir einen Test wagen. Batterie anklemmen, Zündung an und drücken!

16 Doch wohin jetzt mit dem Knopf? Wir entschieden uns für die Blende des Umluftreglers.

17 Dazu ziehen wir den Knopf ab und hebeln die Blende mit einem kleinen Schraubenzieher aus.

18 Mit einem Antennenbohrer bekommt die Blende jetzt ihr Loch.

19 In Stufen bohren, bis der Knopf saugend passt.

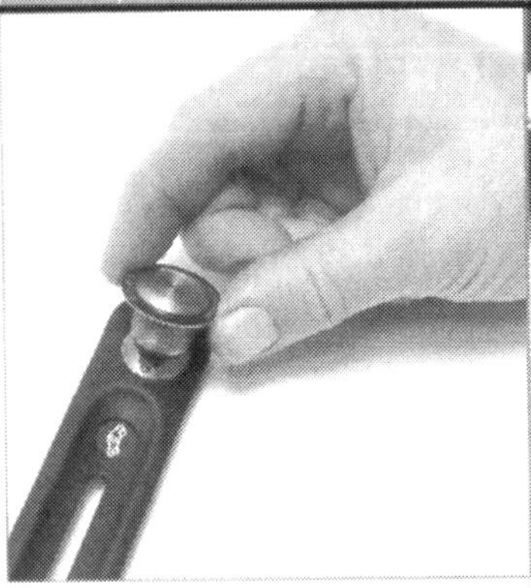

20 Dann wird der Knopf mit der Mutter von hinten gekontert...

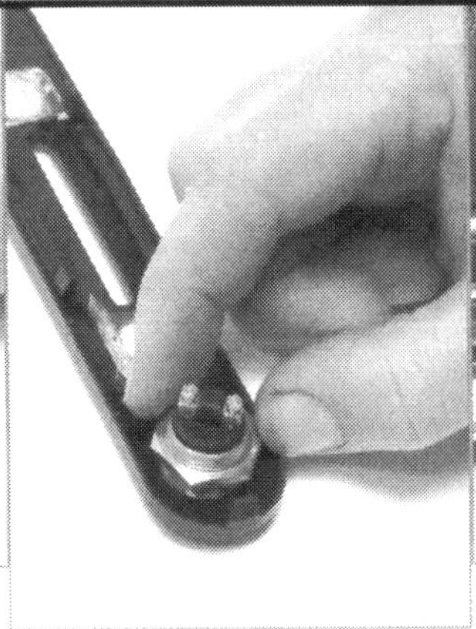

21 ...und die Leitungen wieder angeschlossen.

22 Blende einsetzen und fertig!

Zusatz instrumente

Besonders stilsicher sind Zusatzinstrumente an der A-Säule untergebracht. Fast jeder Nissan Skyline in Japan oder USA fährt damit spazieren. Wir versuchen den Anbau bei einem Sierra Cosworth und ersparen uns damit aufwändige Schnitzereien am Armaturenbrett. Außerdem sind damit die Instrumente immer im Blick.

01 Zunächst sollte man sich die mitgelieferten Einbauanleitungen gut durchlesen. Dann geht es an die Bestandsaufnahme: Sind alle Teile vorhanden? Habe ich genug Werkzeug und Zubehör?

02 Dann entfernen wir die serienmäßige Verkleidung. Diese hier ist geschraubt, aber es gibt auch gesteckte Ausführungen. Vorsicht! Manchmal laufen dahinter Kabel durch! Also mit Verstand herangehen.

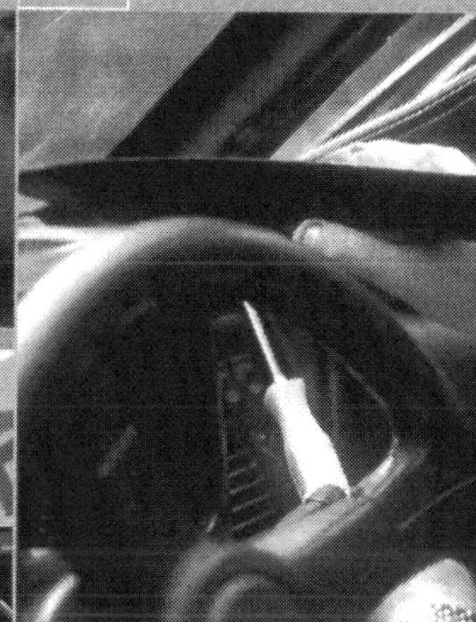

03 Dann probieren wir die Passform des Halters aus. Dieser von Nomad passt recht gut, andere müssen etwas nachgearbeitet werden.

04 Dieser Universal-Halter für ein Einzelinstrument muss zum Beispiel mit dem Messer individuell angepasst werden.

Was man dazu braucht und wie lang es dauert

- Wagenheber und Unterstellböcke
- Verschiedene Schraubenzieher
- 8-, 13- und 14-mm-Schlüssel und einen verstellbaren "Engländer"
- Abisolier- und Quetschverbinderzange
- Teppichmesser
- Eine Auswahl von Kabelverbindern

Man sollte sich einen ganzen Tag Zeit nehmen. Kompliziert ist die Arbeit nicht, aber doch etwas fummelig.

Selbst wenn schon eine Ladedruck- oder Öltemperaturanzeige serienmäßig an Bord ist – es gibt noch jede Menge andere Anzeigen wie: Benzindruck, Batteriespannung oder sogar Lambdawert.

Natürlich müssen nicht drei Anzeigen an die A-Säule. Es gibt auch Halter für zwei oder auch nur ein Instrument.

1A 2 2A

05 Diese zwei Herren suchen den Öldruckschalter. Der ist meist in der Nähe des Ölfilters seitlich am Motorblock zu finden.

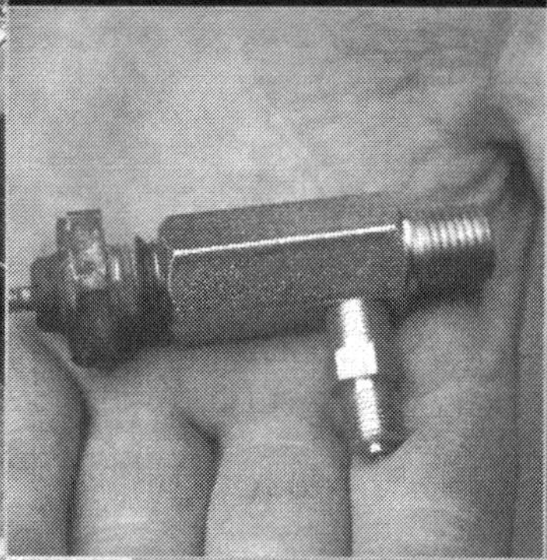

06 Der Öldruck wird durch ein Plastikröhrchen an das neue Instrument übertragen. Dazu brauchen wir diesen Adapter. Obendrauf sitzt der Original-Öldruckschalter. Das ganze Ding kommt jetzt in den Block.

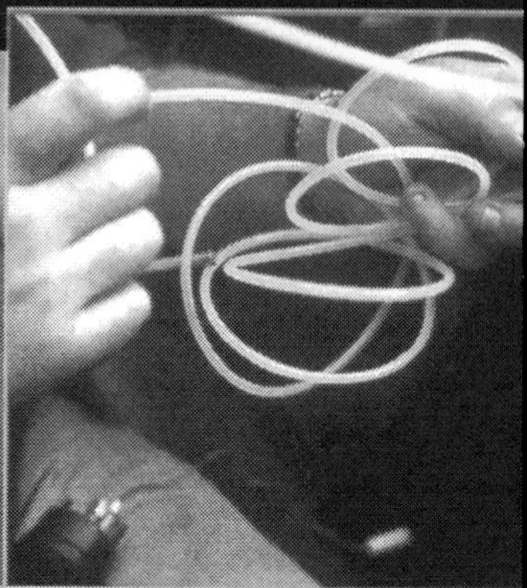

07 Die Leitung selbst darf keine Knicke haben. Mit einer kleinen Dichtung wird das Röhrchen an den Adapter angeschlossen.

12 Jetzt müssen die Leitungen noch in die äußere Ecke des Armaturenbretts geführt werden. Zum Verzweifeln, ...

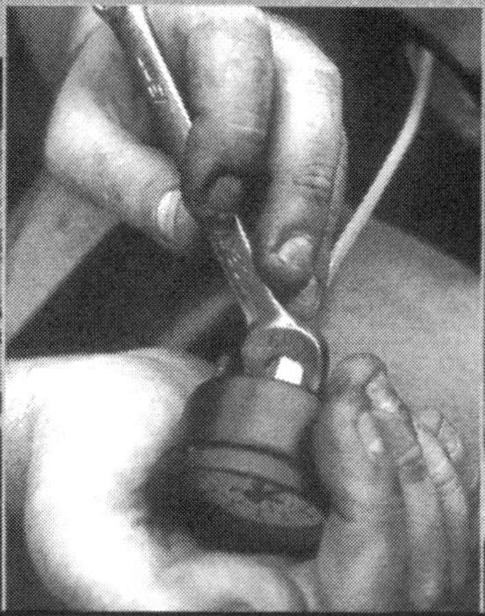

13 ...aber zum Schluss doch geschafft. Die Öldruckleitung wird nur ganz leicht am Instrument befestigt und dann der Motor zum Entlüften kurz gestartet. Sobald das Öl aus der Verbindungstelle tritt, kann der Anschluss festgezogen werden.

14 Auch die Ladedruckleitung ist inzwischen angekommen, so dass beide Uhren schon an ihrem Platz sitzen.

08 Die Messleitung für den Ladedruck wird mit einem T-Stück an das Ladedruck-Regelsystem angeschlossen. Cossies haben zwei Leitungen. Den zum MAP-Sensor sollte man NICHT nehmen.

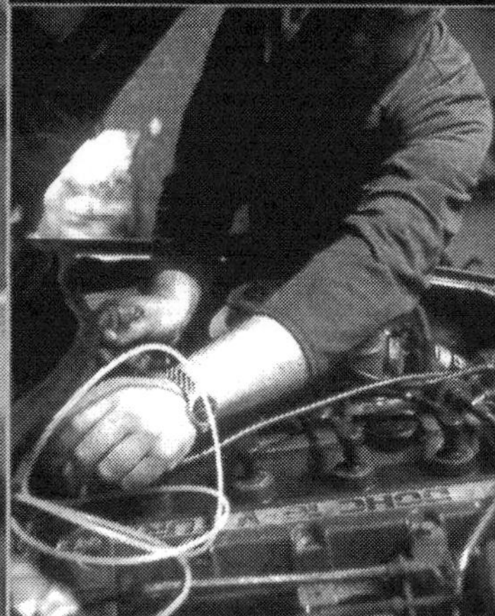

09 Jetzt versuchen wir, die zwei Leitungen möglichst geschützt und ohne Knicke in den Innenraum zu bekommen. Die Durchführung für die Tachowelle scheint ideal – muss aber ein wenig erweitert werden.

10 Den Cockpiteinsatz nehmen wir heraus, um zu sehen, wo unsere beiden Leitungen ankommen.

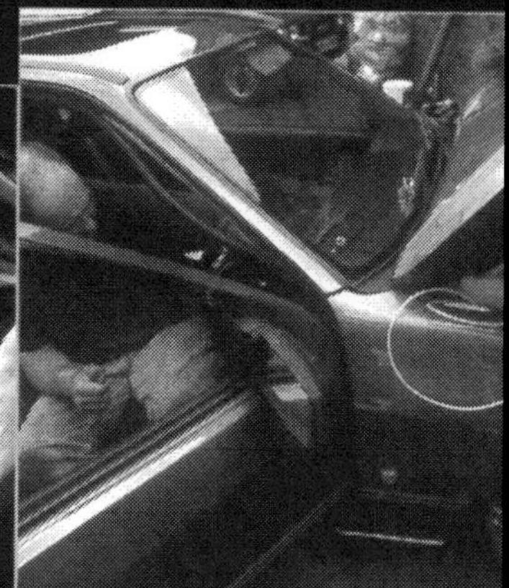

11 Einer schiebt von außen, der andere zieht und guckt von innen – wobei ein wenig Silikonspray die Sache ungemein erleichtert.

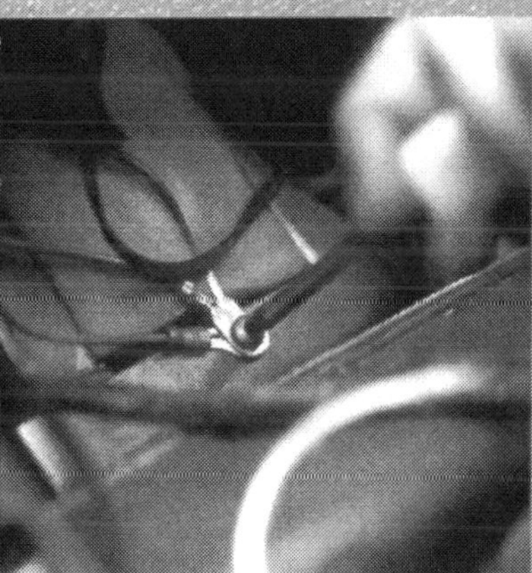

15 Die Masseleitungen der Instrumente haben wir direkt ans nackte Blech geschraubt.

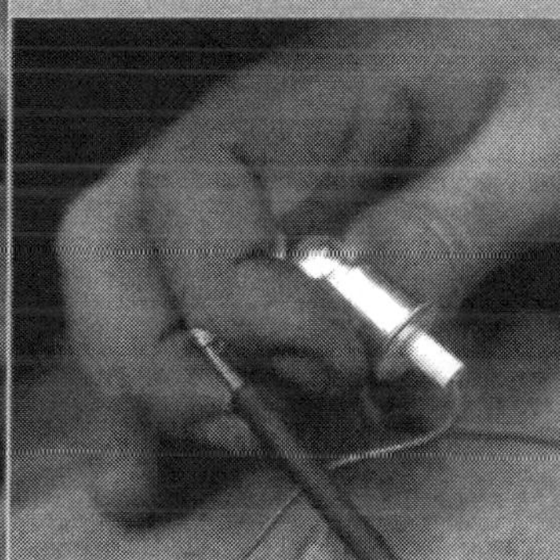

16 Mit einer Prüflampe suchen wir eine Leitung für die Beleuchtung. Diese sollte Strom führen, wenn das Standlicht an ist.

17 Der Halter kann jetzt angeschraubt werden, die Kabel und Leitungen werden mit Kabelbindern ordentlich aufgeräumt und das Cockpit wieder eingebaut.

18 Ist es nicht schön, zu wissen, dass der Öldruck o.k, der Ladedruck schön hoch oder, wie in diesem Fall, die Abgastemperatur noch weit unter den kritischen 900 Grad liegt?

Drehzahlmesser

Ein Drehzahlmesser ist das wichtigste Instrument überhaupt. Deshalb gibt es auch jede Menge Ausführungen zum Nachrüsten. Wir haben uns für eine Variante mit Schaltlampe entschieden, bei der eine Leuchte den optimalen Zeitpunkt zum Hochschalten signalisiert.

01 An der Rückseite der meisten Drehzahlmesser findet sich ein Schalter, an dem die Zylinderzahl eingestellt wird.

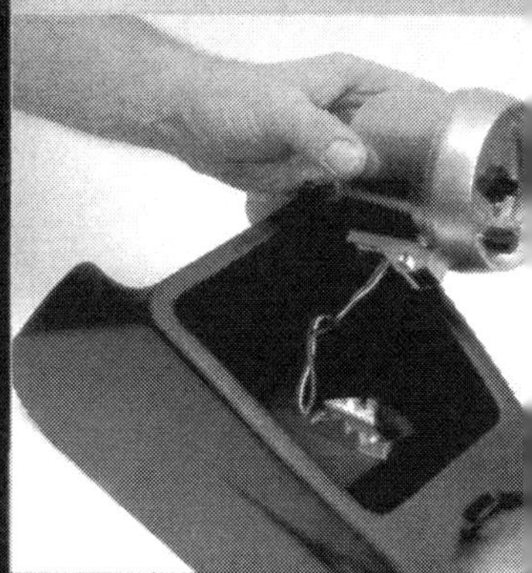

06 Dazu bohren wir ein drittes Loch, um die Kabel durchzuführen.

02 Dann suchen wir einen Einbauort. Die Mittelkonsole ist schon mal nicht schlecht, ...

03 ...gut wäre aber auch oben auf dem Armaturenbrett.

04 Wir nehmen aber doch die Mittelkonsole und bauen diese zum Bohren aus.

05 Der Halter wird mit zwei Schrauben fixiert.

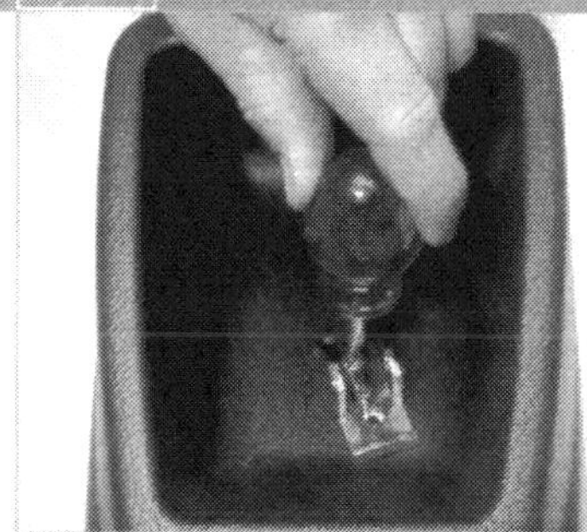

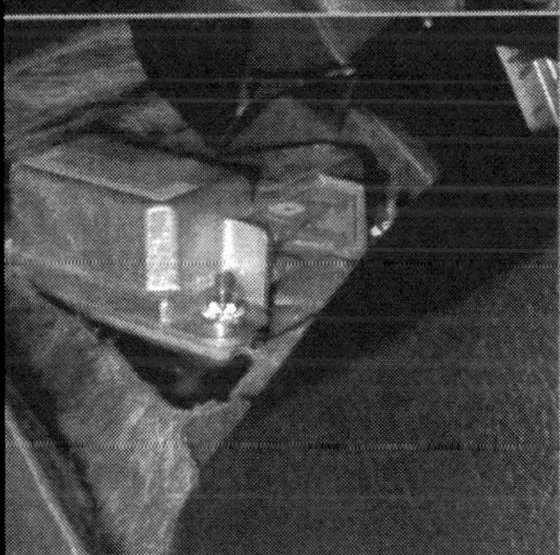

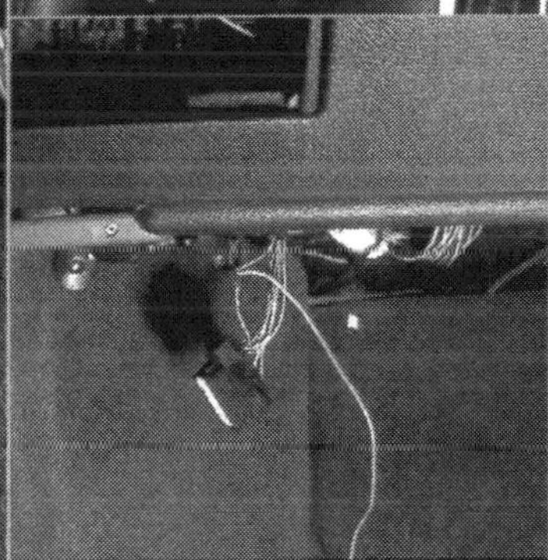

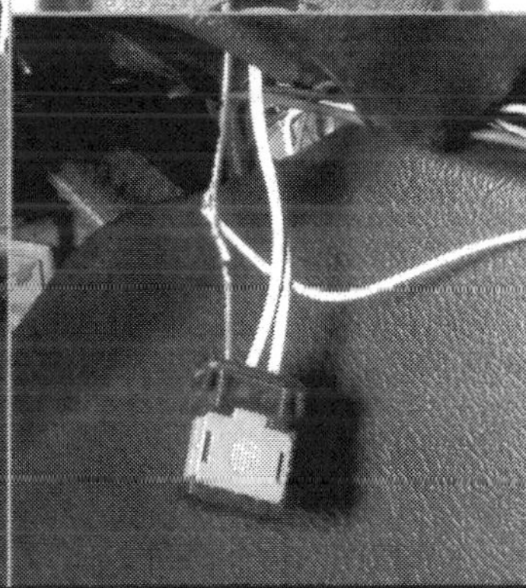

07 Jetzt geht es an das Anschließen. Zunächst wird das schwarze Kabel an Masse gelegt...

08 Bei unserem Saxo konnten wir das grüne Signalgeberkabel vom neuen Drehzahlmesser an das graue Kabel an der Rückseite vom Diagnosestecker anschließen. Ohne passenden Schaltplan ist so etwas kaum herauszufinden.

09 Das weiße Kabel vom Drehzahlmesser versorgt die Beleuchtung und kommt deshalb an das Kabel für Beleuchtung des Zigarettenanzünders.

10 Als letztes suchen wir noch Zündungsplus und schließen daran das rote Kabel an. Kleine Probefahrt gefällig?

Heckklappen Fernentriegelung

Wenn die Heckklappe ordentlich gecleant werden soll, entfällt natürlich auch der Öffner. Doch irgendwie möchte man ja doch noch an den Kofferraum gelangen. Mit einem solchen Bausatz kann die Klappe mit einem kleinen Fingerdruck von innen entriegelt werden.

01 Zunächst muss innen an der Heckklappe das Schloss komplett freigelegt werden.

02 Dann bauen wir aus einem Stück Blech am oberen Ende der Klappe eine solide Aufnahme für die elektrische Entriegelung.

07 Der Schalter selbst wird von zwei Klemmschrauben fixiert. Damit lässt er sich später noch feinjustieren.

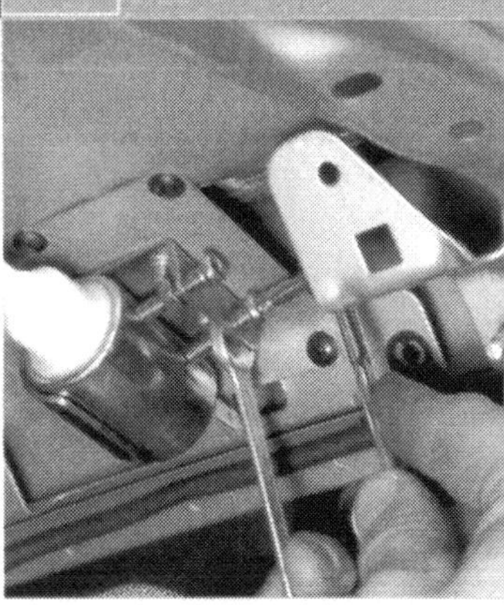

08 Das Zugseil wird durch den Entriegelungshebel geführt und mit der Klemme auf die richtige Länge eingestellt. Nicht zu straff spannen, das Seil sollte ruhig etwas Spiel haben.

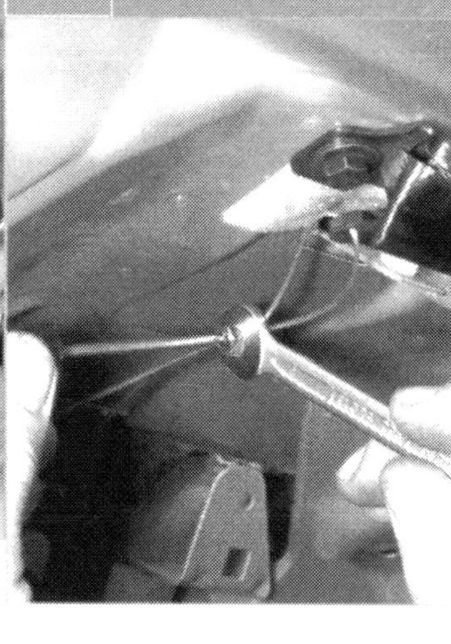

09 Das Massekabel haben wir an eine der Schrauben der Halteplatte mit angeklemmt.

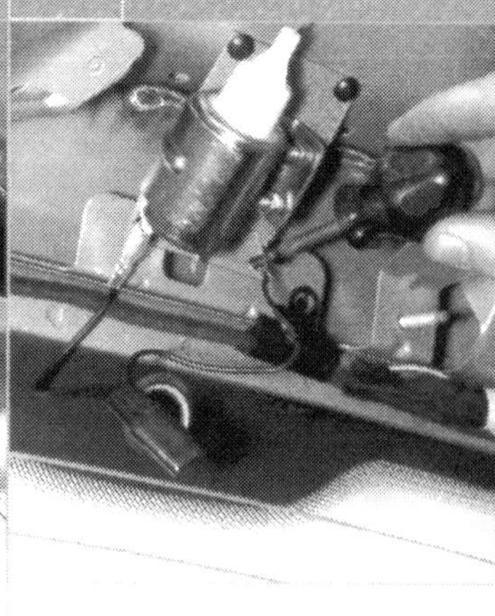

10 Den Saft holen wir uns mit einem roten Kabel mit fliegender Sicherung direkt vom Sicherungskasten.

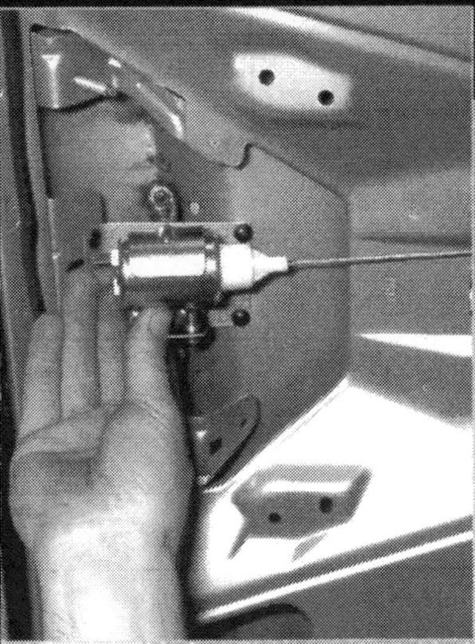

03 Der Schalter und die Aufnahme sollten so gerade wie möglich auf das Schloss zielen.

04 Wenn die Position des Schalters angezeichnet ist, ...

05 ...kann der Halter fest mit der Platte verbunden werden.

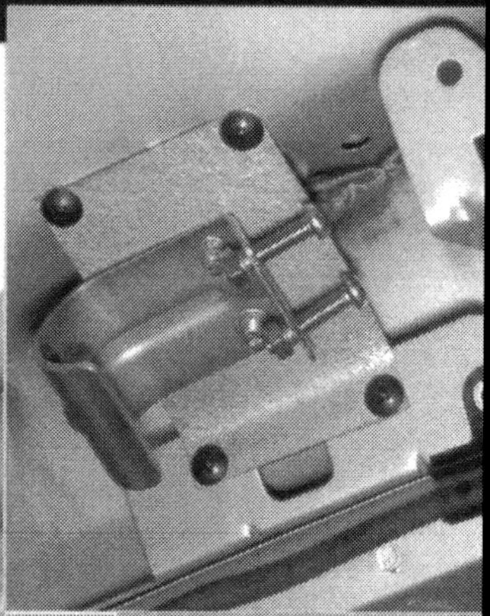

06 So sieht das dann im montierten Zustand aus.

11 Damit der Schalter dort sitzt, wo wir ihn haben wollen, mussten wir noch einen kleinen Winkel anfertigen.

12 Hier im Fußraum scheint uns der richtige Platz zu sein Etwas versteckt, aber noch gut zu erreichen.

13 Das rote Kabel vom Sicherungskasten kommt an die eine Seite des Schalters, das grüne läuft weiter nach hinten in Richtung Heckklappe.

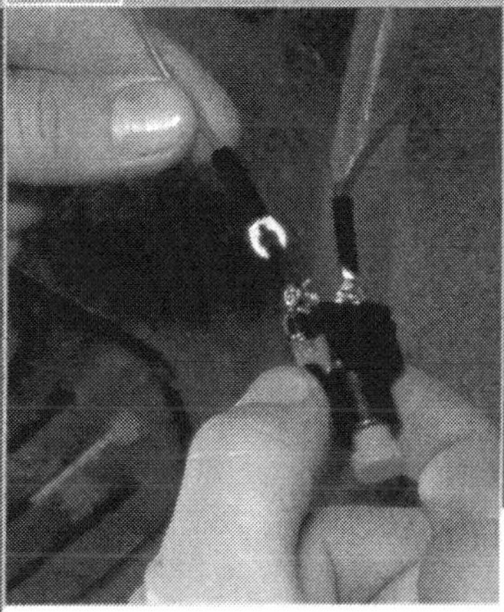

14 Dort haben wir das Kabel durch die Kabeldurchführung in die Heckklappe gefummelt und an den Schalter angeschlossen. Eine ziemlich aufwändige Geschichte. Leider fuhr der Schalter aus statt ein, so das wir an der Rückseite die Anschlüsse noch einmal tauschen mussten.

Scheiben **tönen**

Wie fast alles im Bereich Tuning ist auch das Tönen der Scheiben reine Geschmackssache. Es gibt zahlreiche Varianten und Farben, dazu Splitterschutzfolien und Folien, die gegen UV-Strahlen schützen. Leider sind nicht alle legal

Prinzipiell gibt es zwei Arten, an die Sache heranzugehen: Es gibt Meterware oder speziell für den jeweiligen Autotyp zugeschnittene Foliensätze. Theoretisch ist die zweite Version einfacher, wenn auch etwas teurer. Praktisch geht beim Bekleben der Scheiben aber gerne was daneben – und wer hat dann schon Lust, gleich einen kompletten neuen Satz zu kaufen. Die Meterware lässt da eher Raum für Fehler. Sofern man großzügig eingekauft hat.

Generell ist das Anbringen der Tönungsfolie nichts für ungeduldige Menschen mit schwachen Nerven. Nur wer mit der nötigen Sorgfalt und Ruhe am Werk ist, kann sich nachher über das Ergebnis freuen. Denn nichts ist peinlicher als eine schlampig geklebte und mit Luftblasen übersäte Folie.

Die erste Herausforderung besteht im Zuschneiden der Folie. Das wird nämlich an der Außenseite gemacht. Erst dann wird die Schutzfolie von der klebrigen Seite abgezogen und die ganze Folie von innen exakt an die Scheibe geklebt. Das kann bei den beengten Platzverhältnisen im Innenraum ganz schön kniffelig werden. Dabei ist Sauberkeit oberstes Gebot. Sonst fährt man die Mücken oder Putzstreifen auf immer spazieren. Besonders schwierig ist es, Blasen oder gar Falten zu vermeiden. Mit genügend Feuchtigkeit zwischen Scheibe und Folie gelingt das besser, nur braucht das Sprühmittel dann umso länger, um zu trocknen. Und erst dann klebt die Folie.

Doch keine Panik! Wer Schritt für Schritt vorgeht und die Ratschläge beachtet, kann sich bald an einem ganz neuen Look seines Autos erfreuen.

Achtung!

Das Tönen von Scheiben ist im Grunde nur an den hinteren Scheiben erlaubt. Seiten- und Frontscheiben müssen frei bleiben. Auch dem Verdunklungsgrad oder der Farbe sind gewisse Grenzen gesetzt. Auf Nummer sicher geht, wer Folien mit entsprechenden Papieren und eingeprägten Prüfzeichen kauft. Das gilt im Übrigen auch für die durchsichtigen Splitterschutzfolien. Auch diese müssen ein Prüfzeichen tragen.

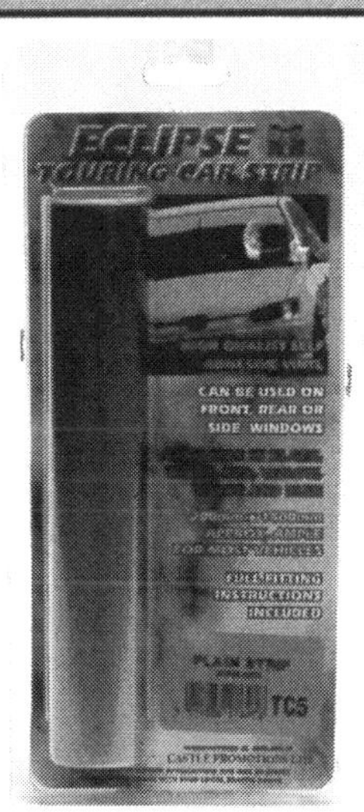

Anbringen der Folie

Zum Anbringen der Folien sollte man sich einen geeigneten Arbeitsplatz aussuchen. Wind kann sehr störend sein – zum einen fliegt dabei jede Menge Staub durch die Luft, zum anderen flattert die Folie unkontrolliert durch die Gegend. Warm sollte es auch sein, denn dann klebt die Folie besser. Eine beheizte Garage und dazu ein Freund mit starken Nerven sind ideale Vorraussetzungen.

01 Als allererstes müssen die Scheiben gründlich gereinigt werden. Dabei gilt es, Ammoniak- oder Essighaltige Reinigungsmittel zu vermeiden. Beides kann mit dem Klebstoff reagieren und das Ergebnis zunichte machen. Auch rings um die Scheibe sollte alles sauber sein, denn garantiert bleibt hier die Folie hängen. Wenn die Scheiben versenkbar sind, nicht vergessen, auch den oberen Rand zu säubern!

02 Jetzt die Folie vorsichtig abrollen. Achtung! Jeder Knick wird später sichtbar sein! Großzügig zuschneiden.

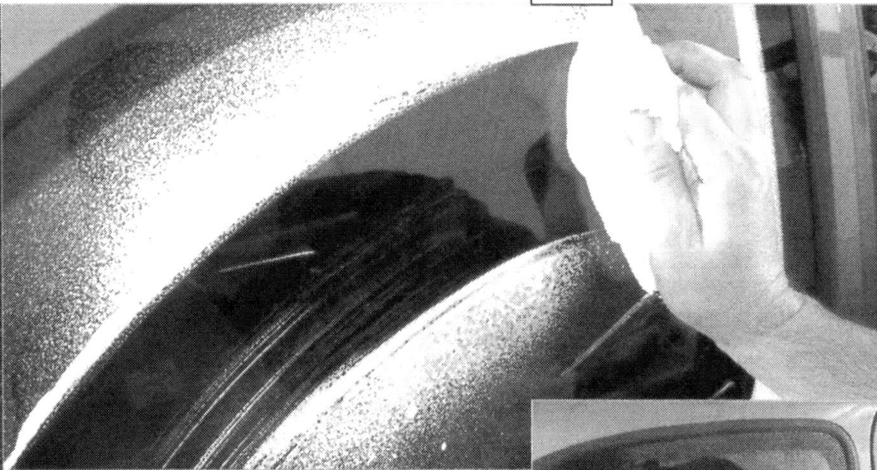

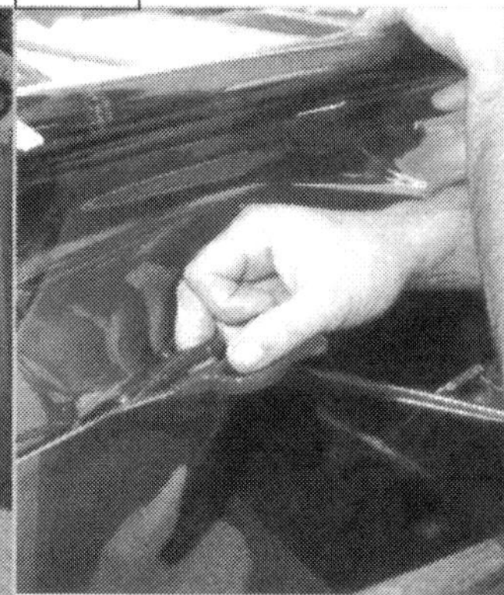

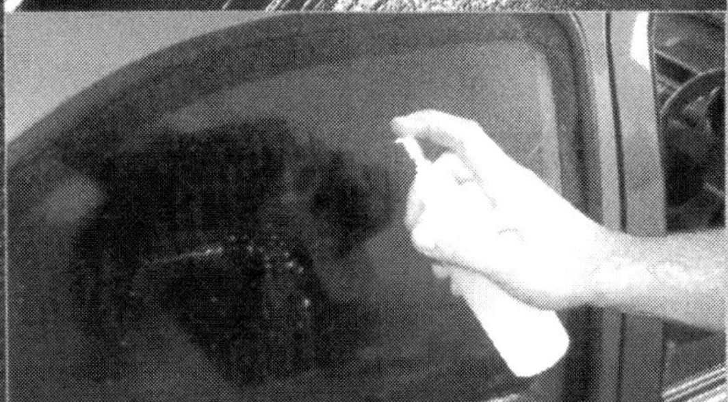

03 Die Außenseite wird mit einem Seifengemisch eingesprüht. (Foliatec liefert dazu eine kleine Flasche mit Flüssigkeit mit, normales Geschirrspülmittel geht aber auch.) Zum Sprühen eignen sich Pflanzensprüher am besten.

04 Dann die Folie mit der Klebeseite zu sich auflegen. Lieber zweimal prüfen, ob es die richtige Seite ist. Dazu kann man mit zwei kleinen Klebestreifen die Schutzfolie an einer Ecke abziehen.

05 Dann wird die Folie nochmal mit der Seifenlösung eingesprüht...

06 ...und sämtliche Luftblasen sorgfältig ausgestrichen.

07 Mit einem sehr scharfen Messer wird die Folie nun zurechtgeschnitten. Dazu einen Spachtel nehmen und die Folie gut fixieren. Dabei kann man leicht in eine Falle tappen, denn manchmal überdecken die Scheiben an der Außenseite einen Teil des Türrahmens.

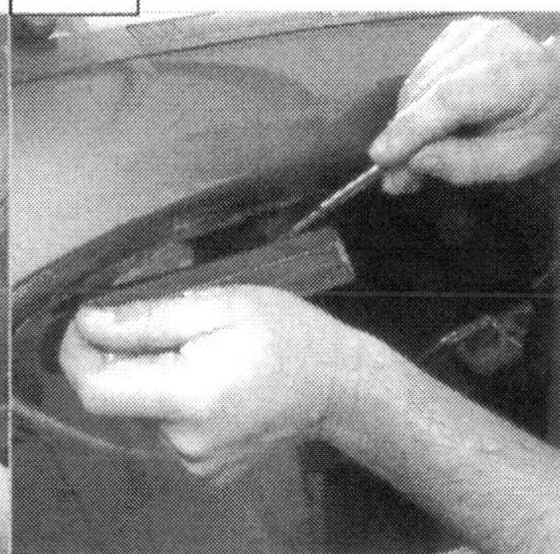

08 Jetzt wird die Innenseite vorbereitet. Dazu die Scheibe wieder gut einsprühen. Damit die Innenverkleidung nachher keine Flecken hat, sollte diese mit etwas Folie abgeklebt werden. Noch besser ist es allerdings, die Verkleidung ganz zu entfernen.

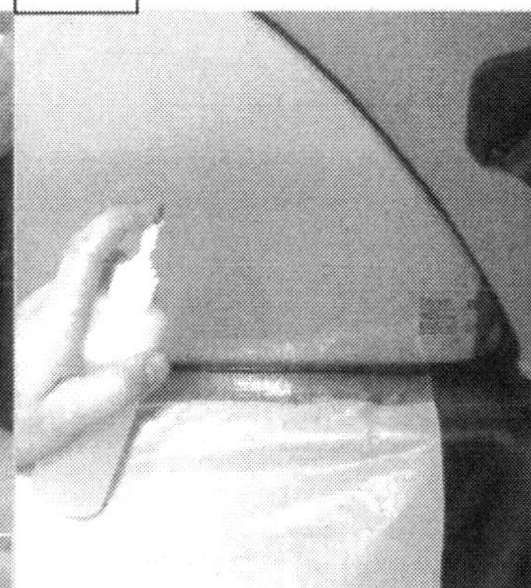

09 Jetzt kann außen die Schutzfolie abgezogen werden. Mit zwei kleinen Klebestreifen geht das ganz einfach.

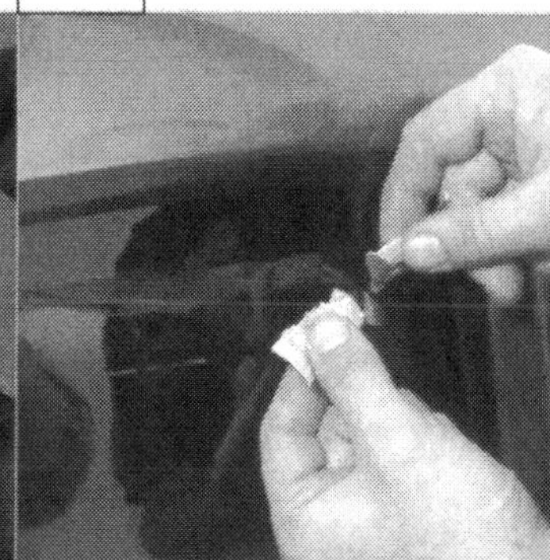

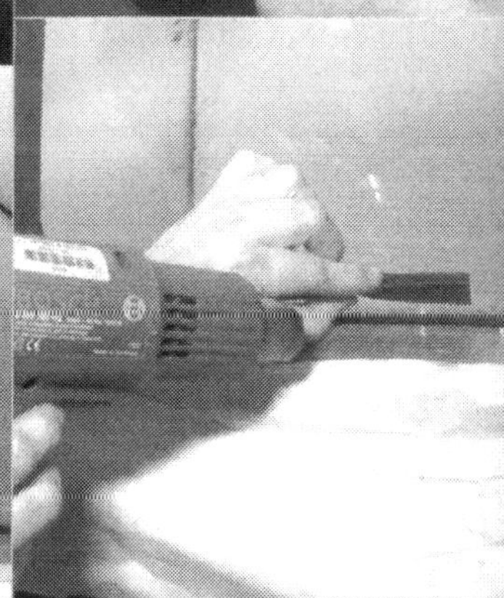

10 Damit die beiden Folien leichter auseinander gehen, sollte mit der Lösung nachgeholfen werden. Langsam und vorsichtig ziehen.

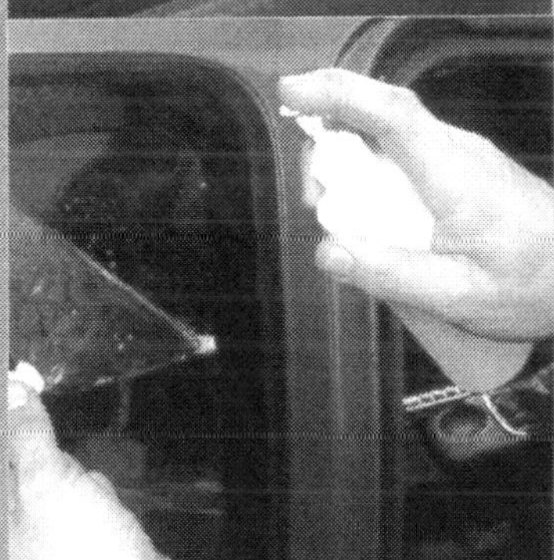

11 Jetzt kommt der schwierige Teil! Die Folie muss von außen nach innen gebracht werden, ohne auf dem Weg zusammenzukleben. Am besten geht das mit einem Helfer, der schon an Ort und Stelle sitzt. Wenn die Scheibe gut feucht ist, lässt sich der Film noch leicht verschieben.

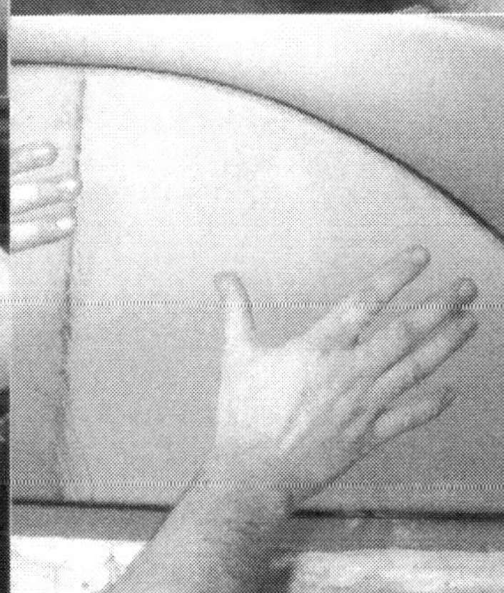

12 Jetzt die Innenseite noch einmal kräftig einsprühen, damit der Kunststoffspachtel gut gleitet. Sorgfältig alle Luftblasen von der Mitte aus ausstreichen.

13 Die Kanten sind meistens etwas problematisch. Die Folie scheint hier nicht richtig kleben zu wollen. Das liegt natürlich am vielen Wasser, das sich hier sammelt, und zunächst mit Toilettenpapier aufgesaugt wird. Ein Fön hilft, die Folie doch noch zum Kleben zu bringen. Nicht die Geduld verlieren, und den Film auf keinen Fall noch einmal abziehen.

Akzente setzen

Ein wenig Farbe tut auch der Innenausstattung gut. Dabei kann man entweder auf Kontraste setzen oder die Außenfarbe wiederholen.

Richtig komplett wird der Umbau nur, wenn auch innen kaum etwas vom tristen Serien-Look übrig bleibt. Mit etwas Farbe lässt sich erstaunlich viel erreichen, richtig schick sind neu bezogene Türverkleidungen oder individuell bezogene Sitze.

Das ist allerdings meistens eine Sache für den Sattler und reißt somit größere Löcher in den Geldbeutel. Wer aber die Ausgabe nicht scheut, kann sich dort an extremer Material- und Farbauswahl erfreuen. Fast alles ist machbar – vom gelben Leder bis zum edlen Alcantara.

Eloxieren

Das Eloxieren von Aluminiumteilen schützt nicht nur vor Korrosion, bei diesem Verfahren wird die Farbe quasi Teil des Materials. Ein Abplatzen der Farbe gehört damit der Vergangenheit an.

Dabei ist die Farbauswahl heute sehr viel größer als noch vor einigen Jahren. Längst steht nicht mehr der Schutz im Vordergrund, sondern das Finish.

Wie funktioniert das Eloxieren?

Zunächst einmal muss jedes Teil, das eloxiert werden soll, vorher poliert werden. Jeder Oberflächenfehler ist sonst sichtbar. Das Ganze wird dann in ein elektrisch geladenes Bad gehängt, wobei das Werkstück die Anode (den Pluspol) darstellt und das Bad die Kathode (den Minuspol). So verbindet sich die Farbe unlösbar mit dem jeweiligen Aluteil.

Was kann überhaupt eloxiert werden?

Die entscheidende Frage ist, aus welchen Material das Werkstück ist. Grundsätzlich muss es aus Aluminium sein, doch auch da gibt es große Qualitätsunterschiede. Billiger Guss wird niemals richtig glänzen, es besteht sogar die Gefahr von grauen Schleiern. Hochwertige Teile, aus sortenreinem Aluminium gedreht, sind dagegen die ideale Ausgangsbasis. Alle Teile sollten übrigens im gleichen Bad behandelt werden. Sonst sind Farbunterschiede kaum zu vermeiden.

Ganz billig ist diese Art der Oberflächenbehandlung leider nicht. Die Preise beginnen bei rund 50 Euro für ein einfaches Teil wie zum Beispiel einen Schaltknauf. Auch deshalb lohnt es sich, mehrere Teile auf einmal eloxieren zu lassen. Denn dann gibt es normalerweise erheblichen Mengenrabatt.

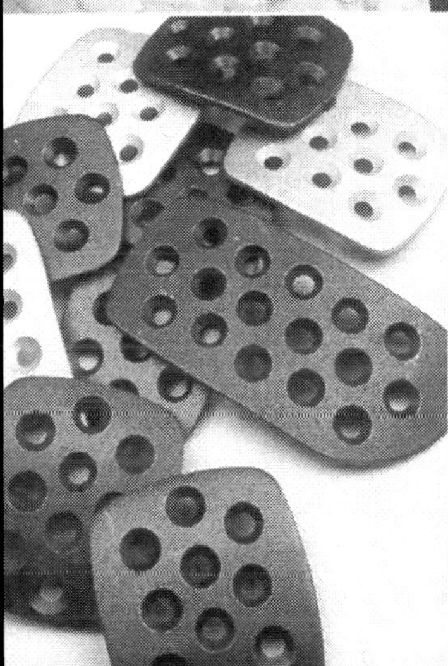

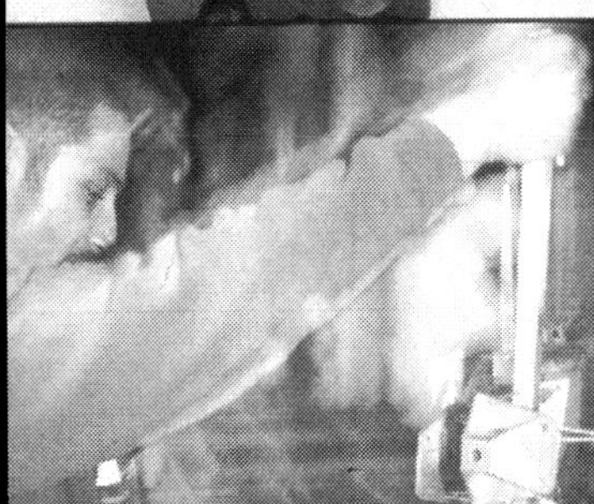

Pro

Eloxierte Teile sehen edel aus und oxidieren nie wieder.

Kontra

Bei weniger hochwertigem Werkstoff kann das Ergebnis sehr enttäuschend sein. Außerdem lässt sich ein Kratzer in einer solchen Oberfläche nicht ausbessern.

05

Karosserie

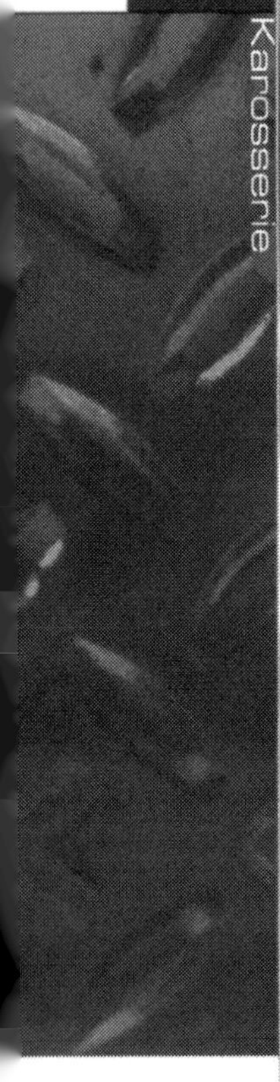

Karosserie

Ob Spoiler, Flügel oder neue Spiegel – für den richtig coolen Auftritt führt kein Weg an Karosserie-Modifikationen vorbei.

Es gibt tausend Möglichkeiten, dem eigenen Auto einen neuen Look zu verpassen: Spoiler, Schürzen, Heckflügel, Sportspiegel, Doppelscheinwerfer oder eine gecleante Heckklappe. Aber auch die Lackierung entscheidet darüber, ob das Auto ein echter Hingucker wird.

Vieles, was früher aufwändig von Hand gebaut werden musste, gibt es heute direkt aus dem Katalog. Aber selbst wenn man kein Super-Billig-Fernost-Nachbauteil wählt: Etwas Handarbeit ist immer noch gefordert. Das gemeine an Anbauteilen ist, dass die Kunststoffteile nur selten auf Anhieb perfekt passen und meistens auch noch lackiert werden müssen. Wer alle Arbeiten dem Lackierer überlässt, ist schnell nochmal den Kaufpreis für die Teile los. Die Lackierung ist in der Tat (neben der Anschaffung der Teile) das Teuerste und sollte einem Profi überlassen werden. Alles andere, wie das Anpassen der Teile und die nötigen Vorarbeiten, kann zu Hause erledigt werden.

Cleanen

Eine Heckklappe ganz ohne Markenzeichen ist eine saubere Sache. Nur leider bleiben beim Entfernen der Schilder häßliche Löcher zurück. Aber auch das bekommen wir in den Griff.

Wer seine Typenbezeichnung einfach abreißt, hat zumindest schon mal eins geschafft: Die Ausgangsbasis bleibt im Dunkeln. Denn nicht alles ist GTI, was nach GTI aussieht. Auch Tricksen, Tarnen und Täuschen ist erlaubt: Wie wäre es zum Beispiel mit dem hübschen 16V-Logo eines Saxo am Opel Astra? Oder mit den Golf-IV-Emblemen an einem Zweier-Golf? Genau das haben wir hier gemacht. Auch um zu zeigen, wie die Löcher im Blech verschlossen werden können.

01 Das VW-Zeichen in der Heckklappe lässt sich leicht entfernen. Wer seinen Lack schonen will, legt einen Lappen unter den Schraubenzieher. Auch die Typenbezeichnung ist nur gesteckt, ...

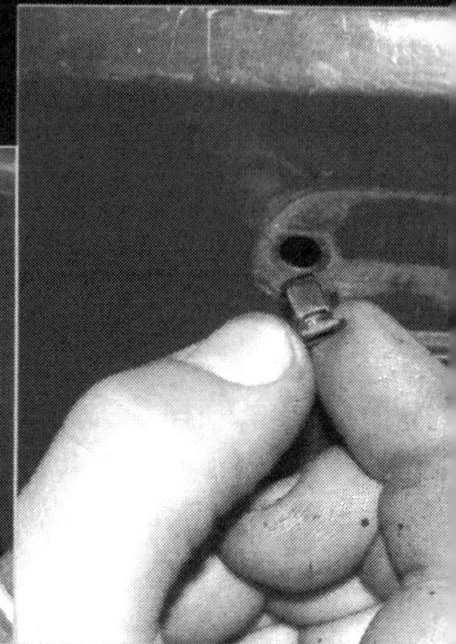

02 ...im Blech stecken aber dann diese kleinen Plastikklemmen.

07 Bei der großen Vertiefung nehmen wir zuerst glasfaserhaltigen Spachtel, danach noch eine deutlich dünnere Lage Feinspachtel.

08 Wenn der Spachtel trocken ist, wird mit relativ grobem Papier das überschüssige Material abgeschliffen. An geraden Flächen nimmt man am besten einen handlichen Schleifklotz.

09 Dann wird mit 600er und später noch mit 1200er Papier geschliffen. In der Oberfläche sollten jetzt alle Kratzer verschwunden sein, und die Stelle muss mit dem Lack verschmelzen.

10 Sollten immer noch Vertiefungen spürbar sein, hilft alles nichts: Noch eine Lage Spachtel und nochmal Schleifen ist angesagt.

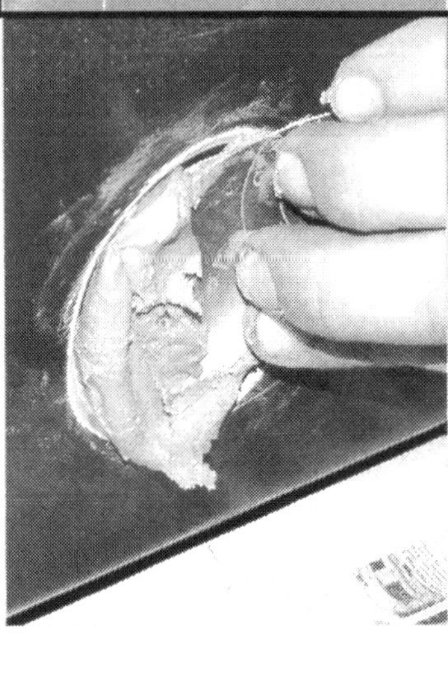

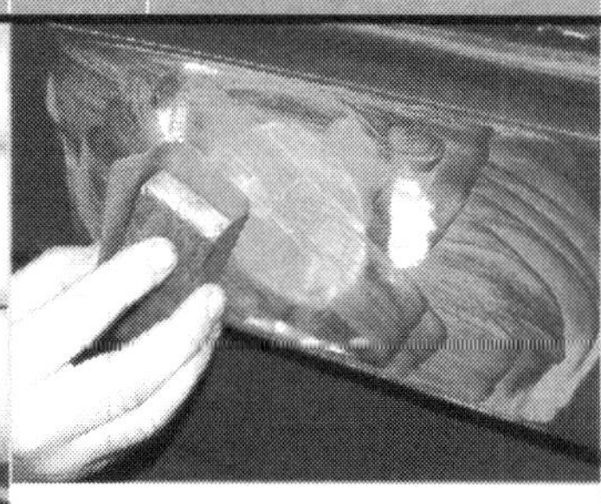

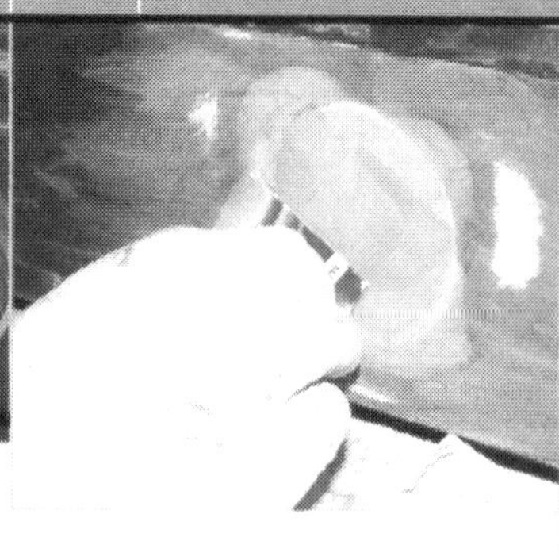

Praxistipp

Um einen weicheren Übergang zum alten Lack zu erhalten, kann das Abklebeband am Rand zur Hälfte hochgeklappt werden. Dadurch nebelt der Lack unter das Band und der Übergang wird weicher. Wird es flach aufgeklebt, bleibt eine deutlich sichtbare Kante stehen.

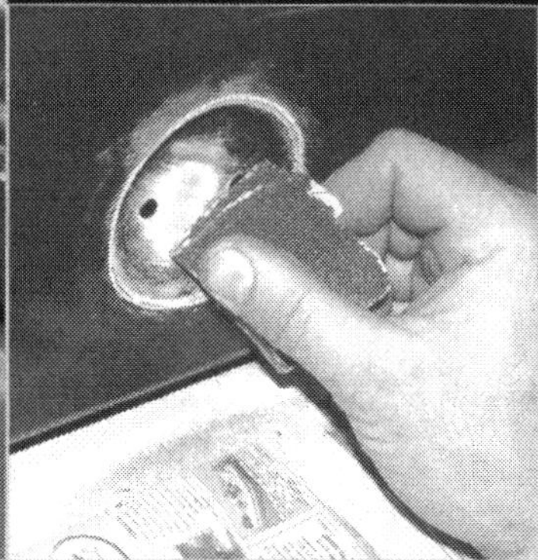

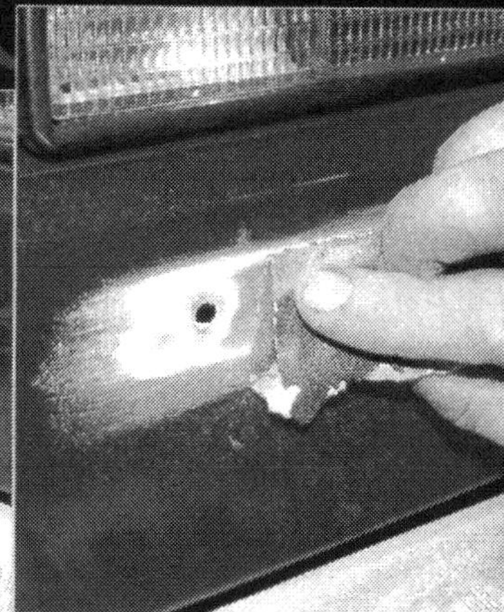

03 Geklebte Embleme werden mit dem Heißluftfön schön erwärmt. Aufpassen, dass der Lack dabei nicht verbrennt! Zum Entfernen der Klebereste gibt es spezielle Mittel, meistens reicht aber auch etwas Spiritus oder Verdünnung.

04 Da wir die Vertiefung hinter dem VW-Zeichen ganz verschließen wollen, kleben wir zuerst die Stoßstange ab. Ganz abbauen wäre natürlich noch besser. Dann geht es an das Schleifen.

05 Damit der Spachtel an den Löchern Halt findet, beulen wir den Bereich um die Löcher mit einem Hammer ein wenig ein. Zuschweißen wäre natürlich auch eine Möglichkeit, doch dazu müssten wir innen alle brennbaren Stoffe entfernen.

06 So aber können wir den Spachtel großflächig auftragen.

11 Bevor es weitergeht, muss alles völlig sauber und vor allem fettfrei sein. Der Profi nimmt dafür Honigtücher, an denen auch das letzte Staubkorn haften bleibt. Dann folgt eine dünne Lage Grundierung, die auch die letzten kleinen Schleifspuren abdecken sollte.

12 Auch die raue Grundierung muss wieder mit 1200er Papier glattgeschliffen werden.

13 Jetzt kommt der Decklack an die Reihe. Nur wer hier Geduld hat und den Lack in mehreren dünnen Schichten aufträgt, bekommt nachher ein gutes Ergebnis ohne Läufer und Nasen. Wir spendieren zum Schluss noch etwas Klarlack, um das Rot zu schützen.

14 Noch bevor der Lack ganz ausgehärtet ist, sollten die abgeklebten Stellen freigelegt werden. Falls am Rand noch leichter Sprühnebel zu sehen ist – kein Problem! Dieser kann nach ein bis zwei Wochen auspoliert werden.

oder Golf?

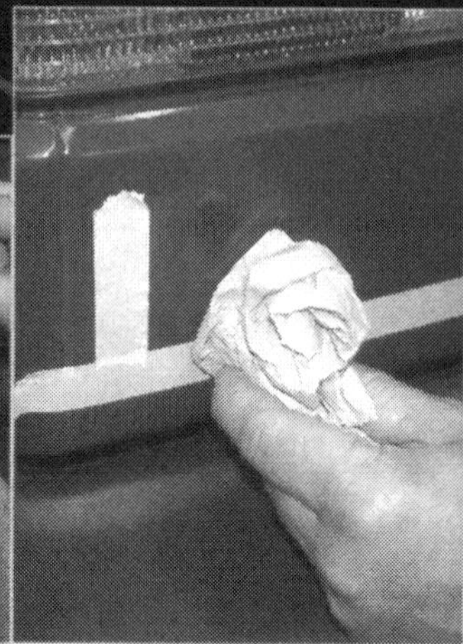

01 Natürlich kann man die neuen Schilder auch einfach frei Schnauze ankleben. Doch Achtung! Der Kleber klebt höllisch, wer schief ansetzt, hat verloren! Also markieren und messen wir lieber zweimal. Zum Glück hat das Golf-IV-Emblem eine Haltemaske.

02 Dann wird die Klebestelle nochmals mit Silikonentferner abgerieben.

03 So können wir das Schild mit Hilfe der Maske exakt platzieren.

04 Beim Andrücken müssen wir trotzdem aufpassen, dass nicht doch noch ein Buchstabe abkippt.

05 Auf der anderen Seite verfahren wir nach der gleichen Methode, ...

06 ... und schon haben wir einen teilweise neuen Golf geschaffen.

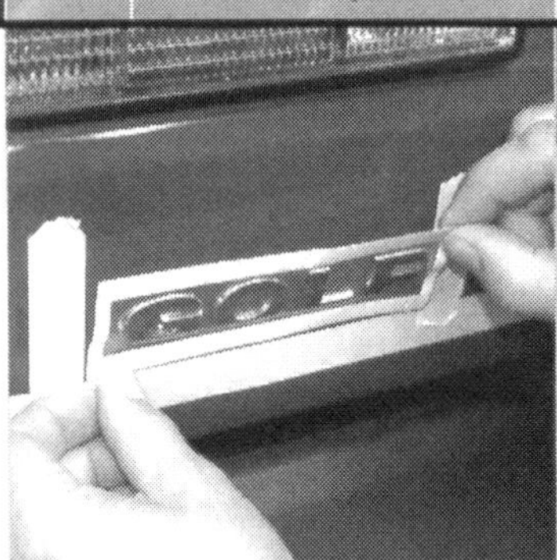

Scheibe abkleben

Blendstreifen an der Windschutzscheibe sind im Motorsport ein absolutes Muss. Dort schaut man allerdings höchstens beim Start auf eine Ampel.

Wer einen Blendstreifen außen auf die Scheibe klebt, muss sich im Klaren sein, dass er sich auf einem schmalen Grat bewegt. Damit die Sonne tatsächlich nicht blendet, muss der Streifen möglichst breit und dunkel sein. Die Herren in Grün sehen so etwas aber überhaupt nicht gern. Also am besten vorher mit einem Sachverständigen abklären und eintragen lassen. In dem Bereich, in dem sich die Sonnenblenden bewegen, dürfte das kein allzu großes Problem sein.

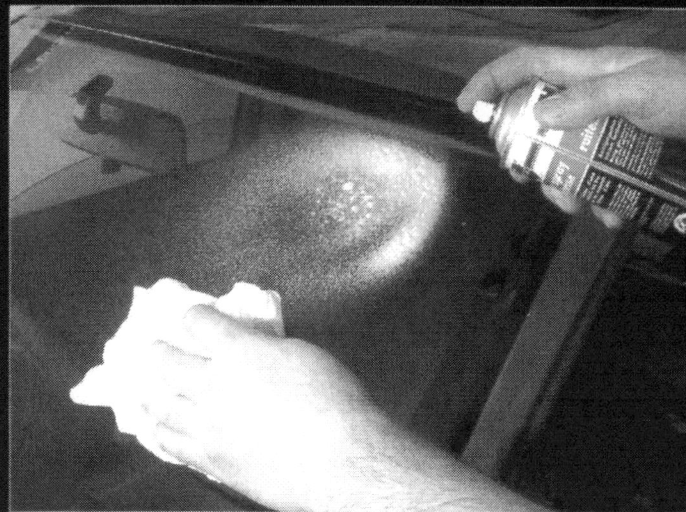

01 Die Scheibe muss absolut sauber sein. Jedes bisschen Dreck, das auf der Scheibe bleibt, ist hinterher zu sehen.

02 Dann die Scheibe mit Wasser anfeuchten...

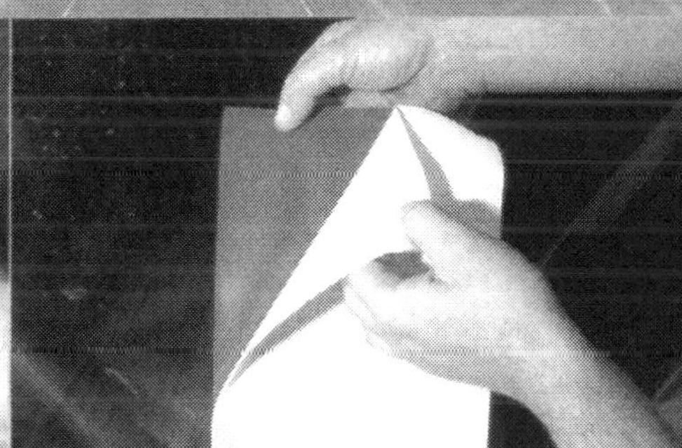

03 ...und die Schutzfolie abziehen. Jetzt ist es Zeit für einen guten Freund.

04 Von zwei Seiten aus wird die Folie angehalten und von der Mitte aus glattgestrichen. An den Rändern wird das überschüssige Material mit einem sehr scharfen Messer abgeschnitten. Fertig!

Praxistipp

Überstehendes Material kann auch unter die Scheibendichtung geschoben werden. Dazu die Dichtung mit einen kleinen Schraubenzieher anheben.

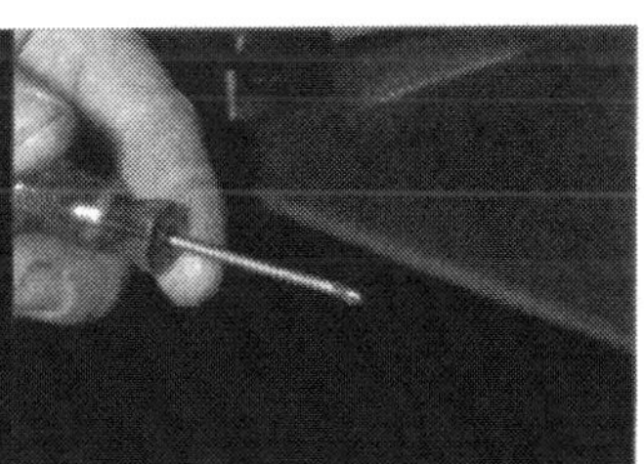

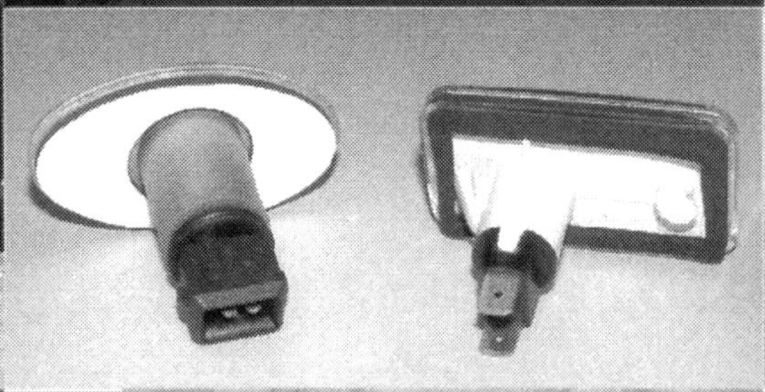

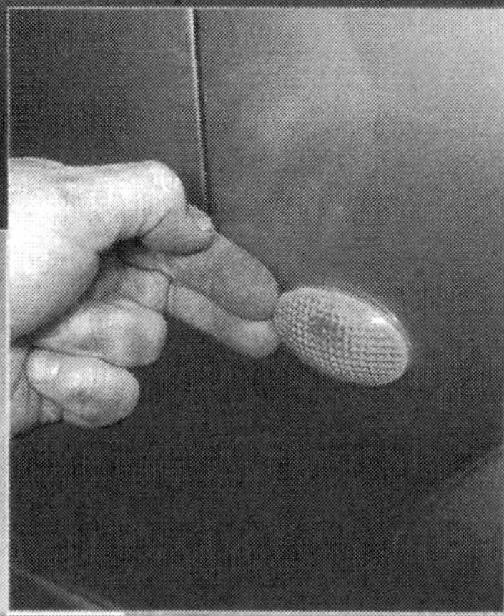

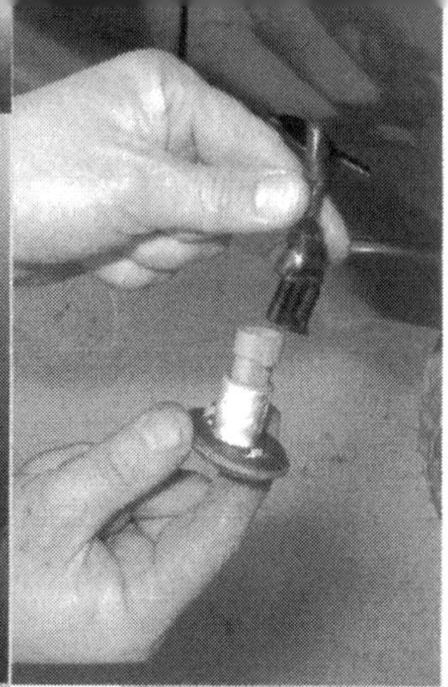

01 Normalerweise ist die Aufgabe ganz einfach. So lange wenigstens die elektrischen Anschlüsse passen.

02 Am Corsa werden die Blinker zum Ausbau einfach nach vorne geschoben und dann hinten aus dem Blech gezogen. Es gibt aber auch Autos, bei denen gedreht, gedrückt oder sogar geschraubt werden muss.

03 Dann wird der Blinker abgesteckt und der neue angeschlossen. Das Kabel gut festhalten, sonst verschwindet es auf Nimmerwiedersehen im Kotflügel.

Seiten **Blinker**

Ein Austausch der Seitenblinker ist schnell gemacht und ziemlich wirkungsvoll.

Die Original-Seitenblinker an unserem Corsa sind uns schon immer ein Dorn im Auge gewesen. An deren Stelle sollten schöne weiße Blinker treten, die viel besser mit der Außenfarbe harmonieren.

Da die Blinkleuchten aber nach wie vor gelb leuchten müssen, konnten wir die Serienbirnen ebenfalls vergessen. Es bleibt die Wahl zwischen gelben Birnen (die aber durch das weiße Glas zu sehen sind) oder weißen Birnen, die trotzdem gelb blinken (nochmals teurer). Auf keinen Fall stärkere oder schwächere Birnen verwenden! Das kann den Blinker total aus dem Takt bringen.

Die meisten angebotenen Blinker haben selbstverständlich ein E-Prüfzeichen, das im Grunde für alle Leuchten vorgeschrieben ist.

Sofern die Blinker genau für das jeweilige Auto gemacht sind, ist die Geschichte normalerweise in zehn Minuten erledigt, doch leider hatten wir Pech (siehe Kasten). Wer versucht, ganz andere Blinker einzubauen, kann aber auch einen ganze Tag damit verbringen...

04 Der neue Blinker wird ebenfalls nach vorne geschoben und dann hinten eingerastet. Sieht doch alles ganz einfach aus, oder?

Praxistipp

Wir hatten große Schwierigkeiten, den Blinker auf der rechten Seite einzubauen. Er ließ sich auch nach mehrmaligen Versuchen nicht einrasten. Die Ursache war der genau dahinter verschraubte Aktivkohlebehälter der Tankentlüftung. Weil der Zubehörblinker ein paar Millimeter länger als das Original ist, stößt der Anschluss an den Behälter. Nach langem hin und her entschlossen wir uns, den Behälter im Radhaus zu versetzen, was gute zwei Stunden Mehrarbeit bescherte.

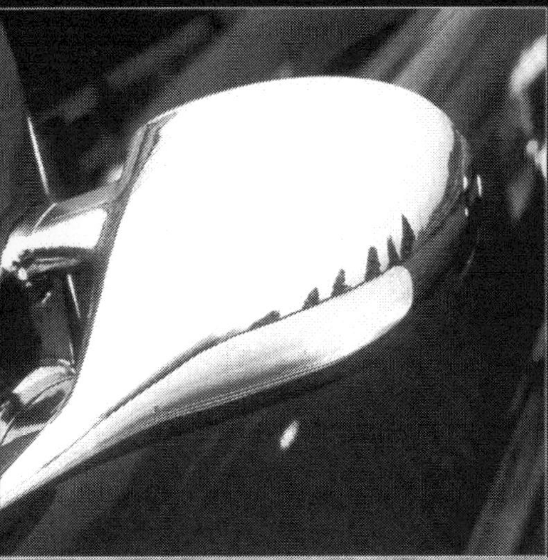

Spiegel umbauen

Im Prinzip passt jeder Spiegel an jedes Auto. Was nicht passt, wird halt passend gemacht. Das kann allerdings richtig in Arbeit ausarten. Spiegel im klassischen M3-Style an einen Zweier-Golf zu bauen ist so ein Fall – schwierig, aber nicht unmöglich. Wer seinen eigenen Weg gehen will, ohne bestehenden Trends zu folgen, sollte auf der Straße einfach ein wenig die Augen offen halten. Es gibt nämlich durchaus Serienspiegel, die großartig aussehen – sobald sie an einem anderen Auto verbaut sind.

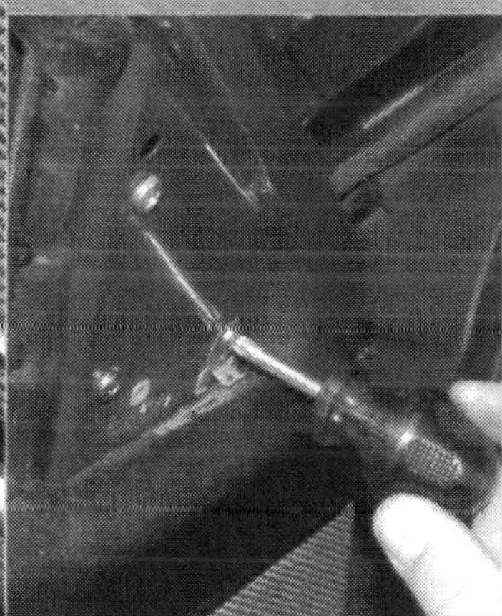

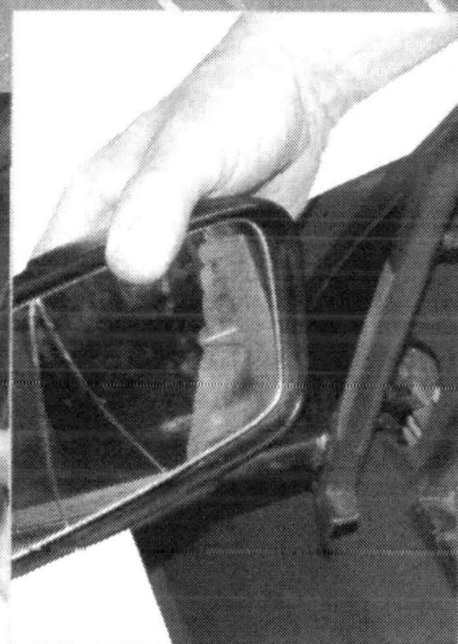

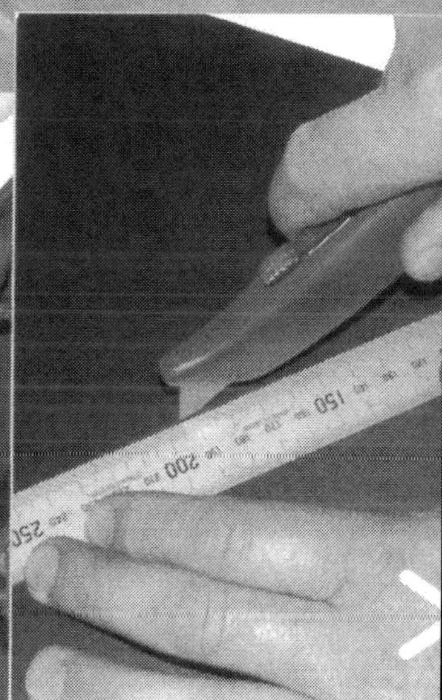

01 Zuerst schaffen wir Platz, um zu arbeiten. Da der Spiegel selbst beim Golf im Fensterdreieck sitzt, müssen wir an der Türverkleidung nur den Versteller ausbauen.

02 Auch die Verkleidung im Türdreieck ist schnell entfernt. Dahinter sitzen drei Schrauben, die den Spiegel halten.

03 Schon ist der alte Spiegel samt Verstellmechanismus und Halteplatte ab.

04 Dann überlegen wir uns, was mit dem Loch in der Türverkleidung passieren soll. Es gibt drei Möglichkeiten: Der Knopf kommt als Fake ohne Funktion zurück an die Tür, das Loch wird mit einem Gummi verschlossen oder aber die komplette Türverkleidung wird neu bezogen. Hmmmm...

Karosserie

Auch die Befestigung des Spiegels will gut überlegt sein. Unser Universalspiegel wird an eine Montageplatte geschraubt, die wiederum fest mit der Tür verbunden sein muss. Als erstes passen wir eine Platte aus Foamex (einem dicken, aber elastischen Kunststoff) mit Hilfe der alten Zwischenplatte an die Konturen der Tür an. Dabei die Platte

05 immer wieder ans Auto halten, denn eins zu eins lässt sich die Kontur nicht übertragen.

Schritt für Schritt nähern wir uns der endgültigen Form. Zum Glück lässt sich Foamex gut sägen und schleifen. Die Rundungen sind also nicht das Problem. Das entsteht eher in der oberen Ecke. Damit die Platte nicht abgebrochen aussieht, entschließen wir uns, einen Teil der Fensterdichtung

06 zu opfern. So kann die Platte schön spitz auslaufen.

07 Noch einmal anhalten und die Position des Spiegels markieren.

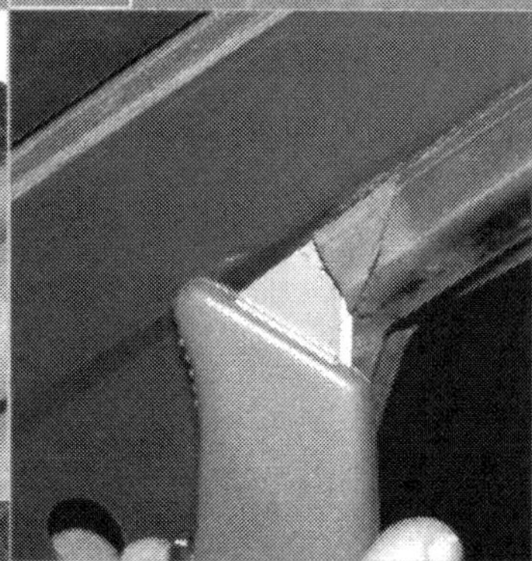

11 Jetzt müssen noch drei Löcher zur Befestigung der Montageplatte gebohrt werden. Natürlich darf man dabei nicht auf den drei Schraubenköpfen des Spiegels landen. Aber auch nicht außerhalb des Spiegelfußes. Wir haben die Papierschablone noch einmal benutzt und weiter innen neue Löcher angezeichnet.

12 Während draußen ein Helfer den Spiegel an die Tür hält, bohren wir in einem Rutsch durch Tür und Montageplatte.

13 Falls die Schrauben an der Außenseite zu weit überstehen, können die Enden mit der Metallsäge bündig abgesägt werden. Dazu muss der Spiegel natürlich nochmal ab.

Da der Spiegelfuß nicht abschraubbar ist, müssen wir extra noch eine Bohrschablone aus

08 Papier anfertigen, mit der wir die Bohrlöcher übertragen können.

09 Jetzt endlich kann die Montageplatte gebohrt...

10 ...und der Spiegel angeschraubt werden.

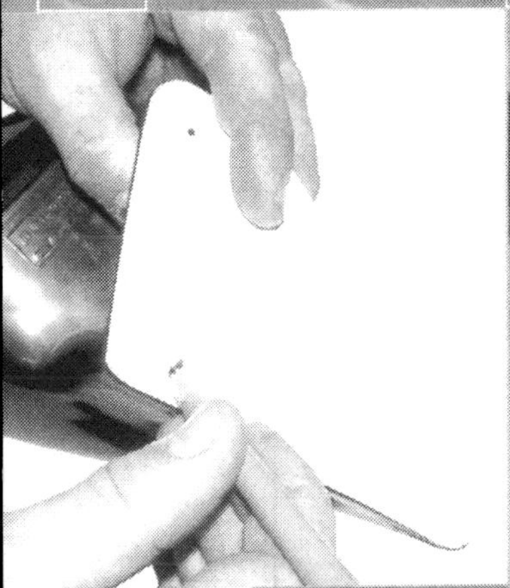

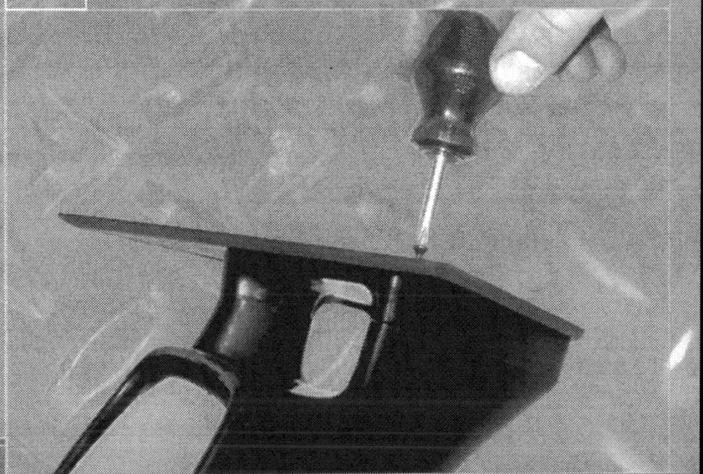

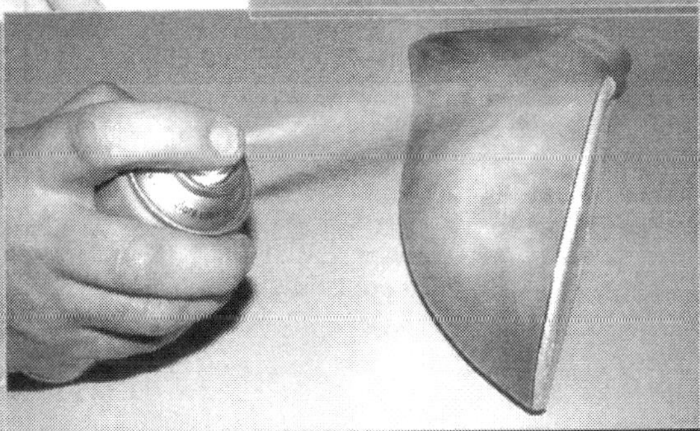

14 Jetzt kann der Spiegel montiert werden, sofern Farbe und Finish keine Rolle spielen. Aber wenn schon, denn schon...

15 Also haben wir uns den Spiegel noch einmal vorgenommen. Leider waren am Kunststoff noch einige Nähte und unsaubere Stellen zu sehen, die wir zunächst verschleifen mussten. Dann wurde der Spiegel in Wagenfarbe lackiert. Bei der Platte entschieden wir uns für Schwarz.

Lackieren

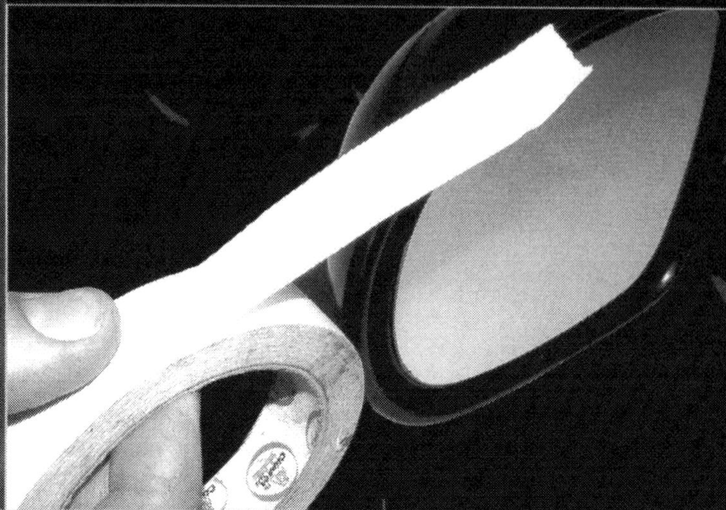

Nein, wir wollen hier garantiert nicht erzählen, dass man an einem Wochenende ein ganzes Auto mit Spraydosen lackieren kann.

Spraydosen sind im Grunde eine Notlösung. Der Lackauftrag ist unregelmäßig und sehr dünn. Wer damit eine ganze Stoßstange ordentlich lackiert, hat einen Orden verdient. Für Kleinteile wie Spiegel oder irgendwelche Blenden ist die Dose aber vollkommen ausreichend. Wie immer ist die Vorbereitung das Wichtigste. Alle Teile sollten gebohrt, angepasst und zur Probe montiert werden, bevor man beginnt, die Dose zu schütteln. Auch sollte es nicht zu kalt sein, und natürlich windstill.

01 Zum Abkleben sollte nur hochwertiges Abdeckband verwendet werden. Nur dieses schließt sauber ab. Bei diesem Spiegel wollen wir die äußere Umrandung um das Glas schwarz lassen. Da ist Präzision gefragt.

06 Noch besser ist es, das Teil mit Hilfe der Schraube frei schwebend aufzuhängen. So verlieren auch problematische Stellen ihren Schrecken.

07 Wer auf interessante Effekte steht oder das Abenteuer sucht, sollte an einem windigen Tag unter freiem Himmel lackieren. Alle anderen (die ein perfektes Finish wollen) verziehen sich an einen windstillen, kuschelig warmen Ort. Auch Luftfeuchtigkeit kann zum Problem werden. Am besten ist es, das zu lackierende Teil gründlich anzuwärmen. Dann kann sich darauf keine Feuchtigkeit niederschlagen.

08 Wer noch nicht so geübt im Umgang mit Spraydosen ist, sollte folgende Grundregeln beherzigen: Die Grundierung (und später die Farbe) wird dünn im Kreuzgang aufgetragen. Das bedeutet im gleichmäßigen Abstand (rund 20 Zentimeter) von links nach rechts schwenken und dann von oben nach unten. Wichtig ist dabei, schon vor dem Kreuzen des Teils kräftig auf die Dose zu drücken. Im ersten Moment fliegen nämlich immer ein paar dicke Tropfen mit.

09 Nach dem ersten dünnen Überzug, der noch gar nicht deckend sein muss, tief durchatmen (an der frischen Luft) und erst dann den zweiten Durchgang angehen.

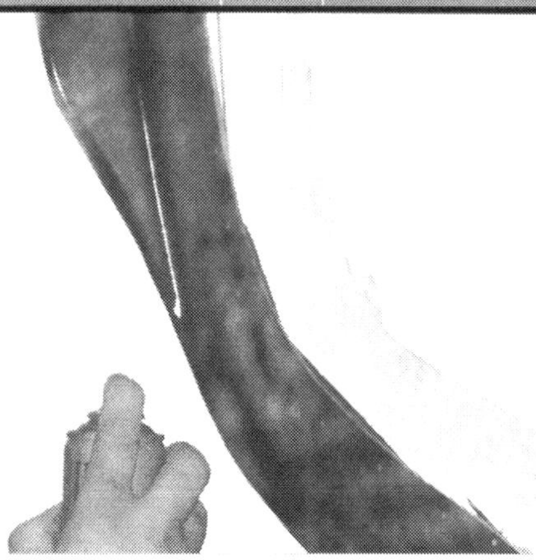

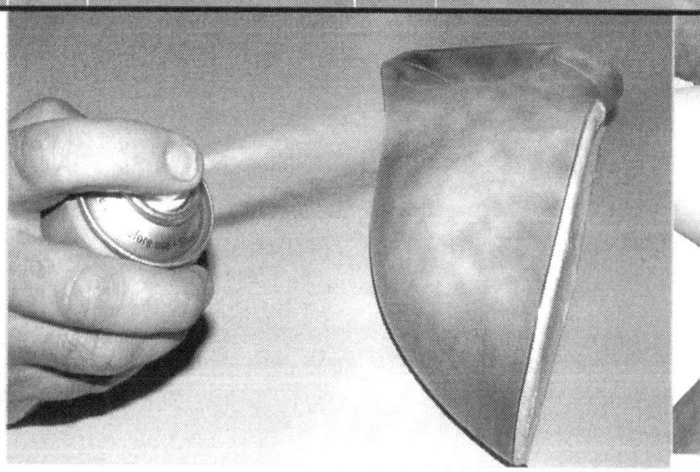

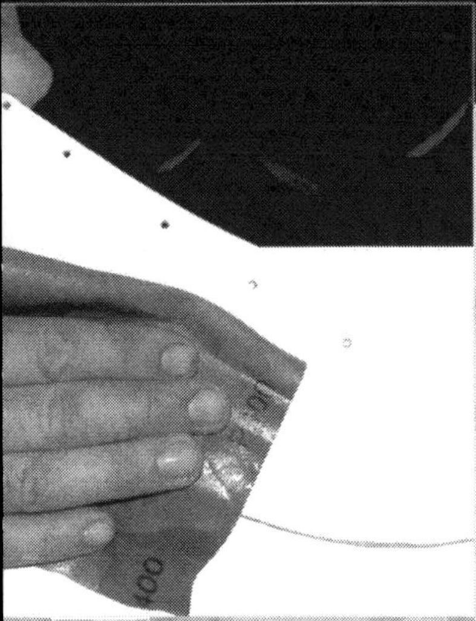

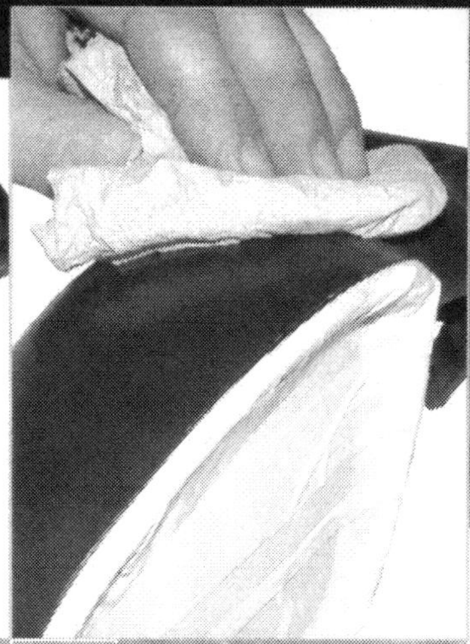

02 Mit einem feinen Schmirgelpapier können alle Konturen und Nähte an Plastikteilen verschliffen werden.

03 Glatte Kunststoffoberflächen müssen angerauht werden, damit der Lack haften kann. Als Alternative zum Schleifpapier bietet sich ein flexibles Schleifpad an, das in der Struktur der rauen Seite eines Haushaltsschwammes ähnelt.

04 Es reicht, wenn die vorher glänzende Oberfläche matt erscheint. Dann muss das ganze Teil gründlich gereinigt werden. Vorsicht bei scharfen Mitteln wie Verdünnung! Das kann den Kunststoff völlig ruinieren.

05 Um das Teil während des Lackierens anfassen zu können, drehen wir eine Schraube ein.

Letzte Gelegenheit: Der fertig grundierte Spiegel sollte nach dem Durchtrocknen noch einmal mit 1200er Schmirgelpapier abgezogen werden. So werden auch die letzten Unebenheiten geglättet, bevor es ernst wird.

10

Jetzt wird alles gründlich gesäubert und entfettet. Jeder noch so kleine Fingerabdruck gefährdet nämlich die Lackierung.

11

Wenn alles vorbereitet ist, geht es mit ruhiger Hand an den Auftrag des Decklacks. Auch hier wird die Farbe dünn und gleichmäßig in mehreren Durchgängen aufgetragen. Zwischendurch immer wieder etwas antrocknen lassen.

12

Besonders bei einer Farbe wie Rot, die zum Ausbleichen neigt, empfiehlt es sich, ein oder zwei Schichten Klarlack aufzutragen. Das sollte idealerweise geschehen, solange der Decklack noch nicht ausgehärtet ist. So kann sich der Klarlack optimal verbinden. Die Lackiertechnik ist die gleiche, der Klarlack sollte allerdings so dick wie möglich aufgetragen werden, ohne dass er zu laufen beginnt. Klarlack braucht lange zum Trocknen. Nicht zu früh anfassen!

13

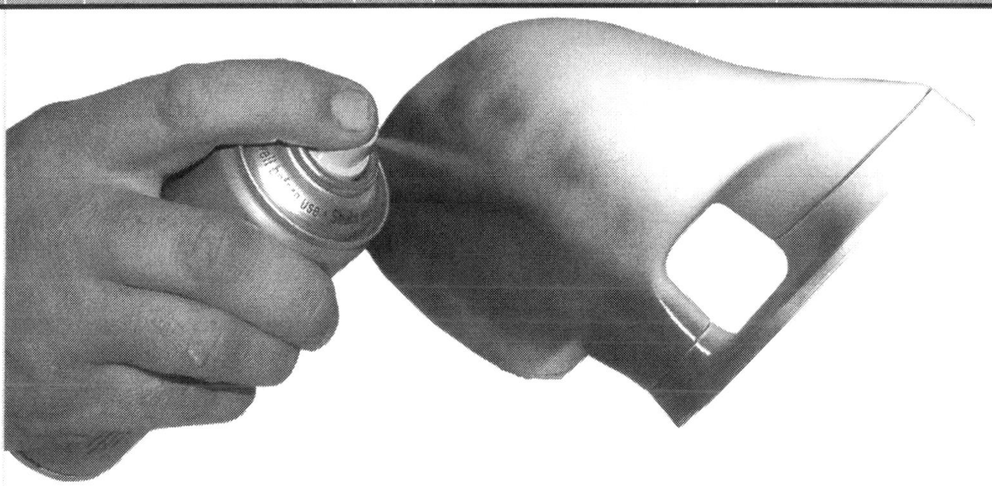

Farbige **Rückleuchten**

Normalerweise ist der Ausbau der Rückleuchte eine einfache Geschichte. Beim Corsa wird der Lampenträger vom Kofferraum aus an den beiden Kunststofflaschen ausgehakt.

01

Rückleuchten sind in vielen Ausführungen erhältlich. Ob getönt, klar oder farbig – die Montage ist einfach und der Effekt verblüffend.

Wer das Design seines Autos verändern will, kommt an Rückleuchten kaum vorbei. Besonders beliebt ist der Klarglas-Look, auch Lexus-Style genannt.

Doch nicht nur die Farbgebung ist entscheidend, schließlich sollte das neue Rücklicht auch legal sein. Sollten die Reflektoren oder die Nebellampe fehlen, so ist das noch kein allzu großes Problem. Beides kann auch extern angebaut werden. Wichtiger ist eine ECE-Zulassung und genügend Leuchtkraft. Werden die Leuchten überlackiert, so ist das nichts mehr für die Straße. Wohl aber für Treffen oder Shows abseits des Starßenverkehrs. Da die Leuchten schnell umgebaut werden können, kann ein Satz für die Straße und ein Satz für die Show vorbereitet werden.

02 Auch der zentrale Stecker ist schnell gelöst. Damit kann der Lampenträger beiseite gelegt werden.

03 Die Lampe selbst ist mit kleinen, zum Teil sehr schwer zugänglichen Muttern befestigt. Wer die Schraube fallen lässt, kann anschließend in den Untiefen des Heckblechs mit einem Stabmagneten herumfummeln. Am besten, man fettet die Nuss ein wenig ein, dann bleibt die Mutter besser haften.

04 Bei der letzten Mutter sollte man die Rückleuchte von außen besser festhalten.

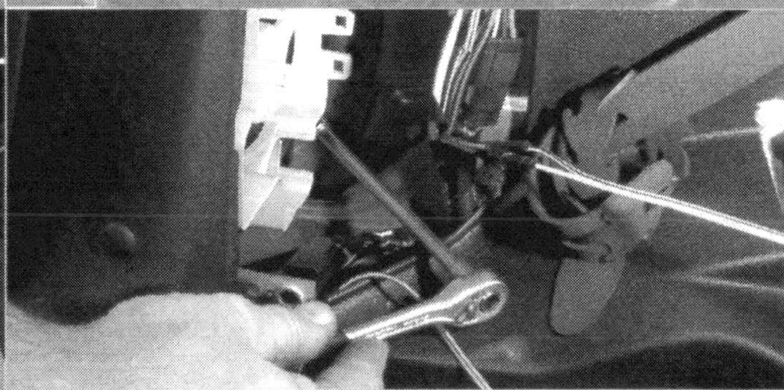

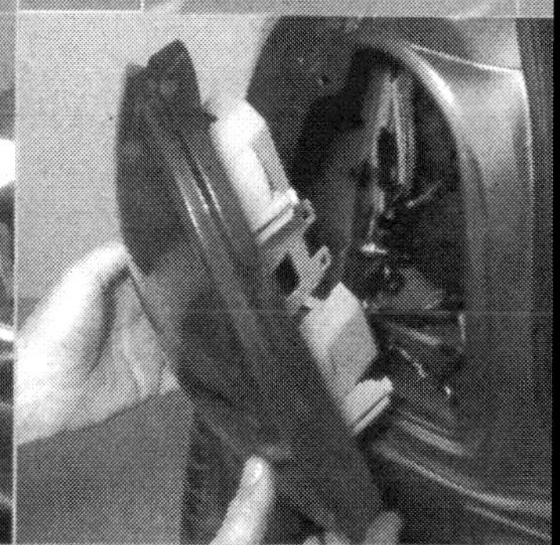

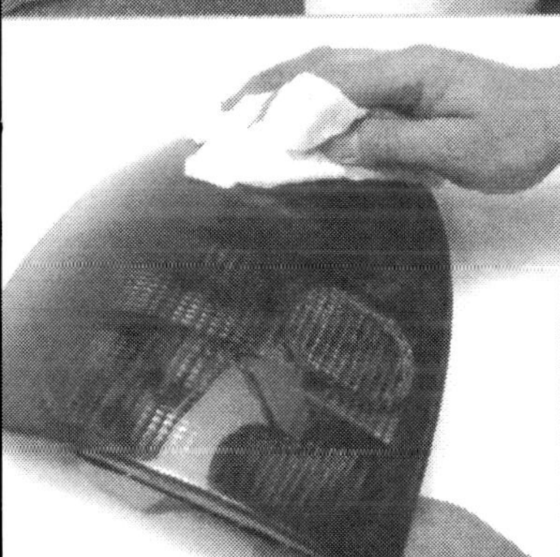

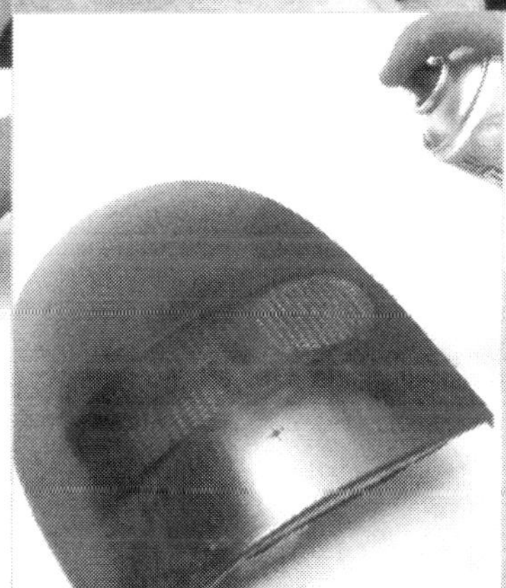

05 Jetzt ist der Weg frei für Rückleuchten jeder Art. Aber auch die Serienleuchte kann jetzt bearbeitet werden. Wenn die Oberfläche rau und verwittert ist, kann sie mit Kunststoffpolitur gerettet werden. Wir wollen jedoch probieren, was passiert, wenn die Leuchte überlackiert wird.

06 Entscheidend ist natürlich, wie viel Lack aufgetragen wird. Mehrere Schichten sehen spektakulär aus, verringern jedoch die Leuchtkraft sehr stark.

07 Eine solche Tönung ist natürlich nichts mehr für die Straße – auch wenn die Lampen immer noch durchscheinen.

Mehr Luft

Mit einem groben Drahtgeflecht wird man nicht nur die serienmäßigen Plastikteile los, sondern führt dem Triebwerk auch noch mehr Kühlluft zu. Doch nicht nur der Grill kann mit einem Gitter modifiziert werden, im Prinzip können auch völlig neue Luftführungen geschaffen und mit dem Draht abgedeckt werden.

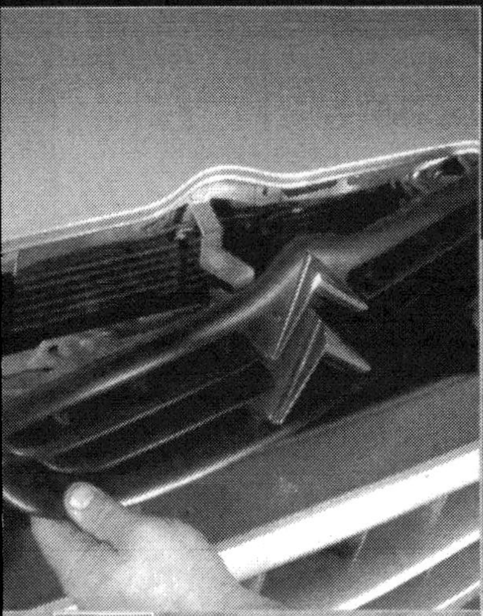

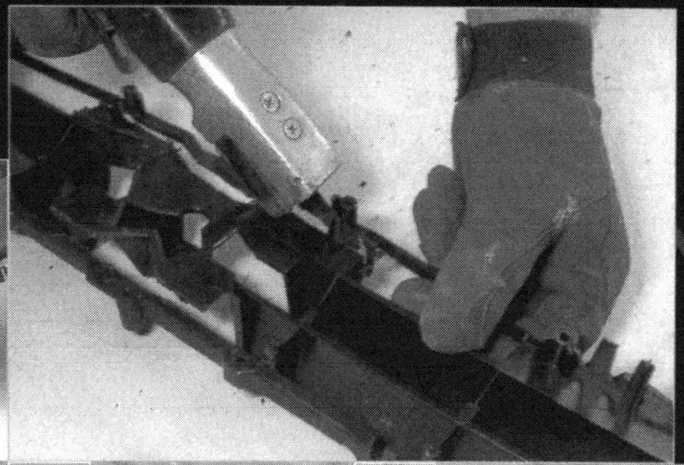

01 Am Saxo ist der Grill zur Hälfte geschraubt und eingeclipst.

02 Das innere Teil ist mit dem äußeren verschweißt, also trennen wir die beiden Teile mit einem scharfen Messer.

03 Mit einer Stichsäge schneiden wir noch weitere Elemente aus dem Grill. Im Prinzip bleiben nur die Verschraubungen stehen.

04 Der Draht wird nun grob zugeschnitten. Wer auf Nummer sicher gehen will, fertigt vorher eine Schablone aus Pappe an.

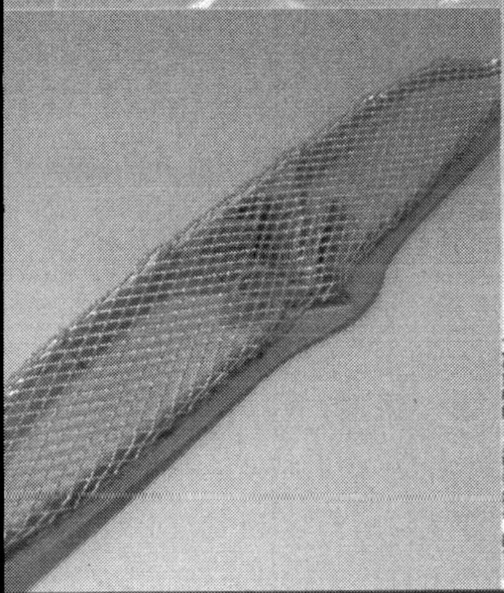

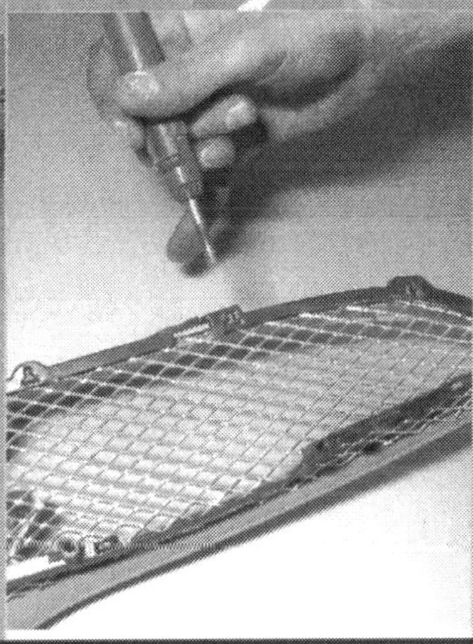

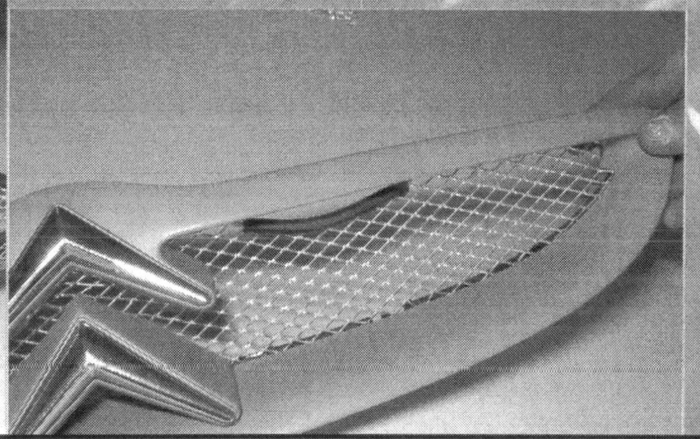

05 Dann wird der Draht sauber um die Kanten gelegt und verklebt. Heißkleber aus der Pistole eignet sich dazu ebenso gut wie Zwei-Komponenten-Kleber.

06 Wir haben zusätzlich den inneren Rahmen wieder angeklebt. Das Teil, das vorher verschweißt war.

07 Im oberen Bereich mussten wir noch eine Aussparung vorsehen, um an die Haubenentriegelung zu kommen.

Scheinwerfer

Das Gesicht eines Autos wird wesentlich von den Scheinwerfern bestimmt. Um den Anblick im Rückspiegel des Vordermanns zu verändern, gibt es im Grunde vier Möglichkeiten.

Sehr populär ist der so genannte böse Blick, bei dem kleine Blenden auf die Scheinwerfer geklebt werden. Diese sollten vor der Montage in Wagenfarbe lackiert werden. Diese Augenbrauen sorgen für einen wesentlich grimmigeren Gesichtsausdruck.

Eine andere günstige Möglichkeit sind Schablonen im Doppelscheinwerfer-Look. Im Prinzip ein Stück Kunststoff mit zwei Löchern, das auf den serienmäßigen Scheinwerfern befestigt wird. Auch wenn das gut aussieht – die Leuchtkraft ist doch deutlich eingeschränkt. Vielleicht ist es besser, die Mühe auf einen sauberen Look zu verwenden und Teile loszuwerden, anstatt zusätzliche anzukleben.

Deutlich teurer sind Scheinwerfer in getönter oder Klarglas-Optik. Wichtig an diesen Leuchten ist das E-Kennzeichen. Sonst gibt es Ärger mit den staatlichen Organen.

Die optimale Lösung ist die Umrüstung auf echte Doppelscheinwerfer, bei denen zum Teil sogar mit einer besseren Lichtausbeute gerechnet werden kann. Wir zeigen den Umbau am Beispiel unseres Corsa.

Wissenswert

Der Doppelscheinwerfer-Look enstand Mitte der 80er-Jahre auf den Rallyepisten. Einige Hersteller homologierten diese Scheinwerfer für ihre Basismodelle. Aber nur, um später im Wettbewerb die inneren beiden Leuchten gleich wieder auszubauen. Durch die verwaisten Löcher konnte noch ein wenig mehr Frischluft unter die Haube gefächelt werden.

01 Als Erstes werden die alten Scheinwerfer ausgebaut. Um Platz zu schaffen, bauen wir zusätzlich die Stoßstange und den Frontgrill ab. Die Scheinwerfer sind mit einer Schraube hinter dem Grill und einer oben am Frontblech befestigt.

02 Jetzt kann der Scheinwerfer nach vorne aus seiner unteren Halterung gezogen werden. Als nächstes werden die Anschlusskabel abgezogen und am besten gleich beschriftet.

03 Die Blinker sitzen beim Corsa mit in der Leuchte. Die Morette-Doppelscheinwerfer haben jedoch keine integrierten Blinkleuchten. Diese müssen später in die Stoßstange eingebaut werden. Doch damit nicht genug: Am Blech muss gesägt werden, um Platz für das größere Gehäuse zu schaffen.

04 Nicht vergessen, die Schnittstellen zu versiegeln, sonst rostet das Blech rasend schnell.

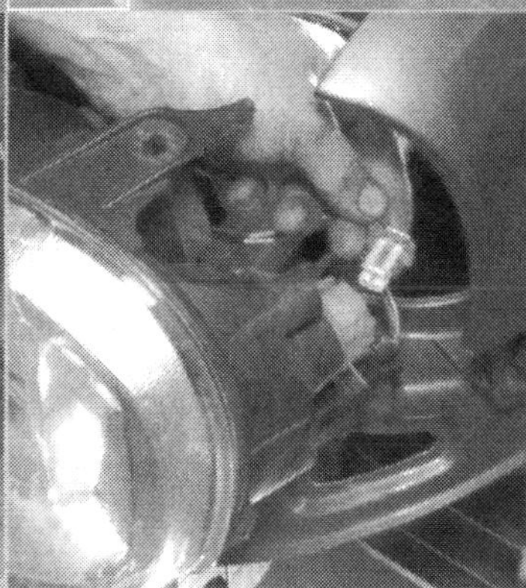

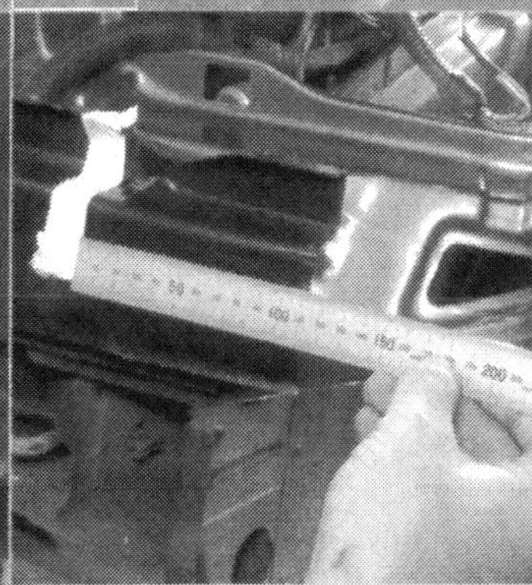

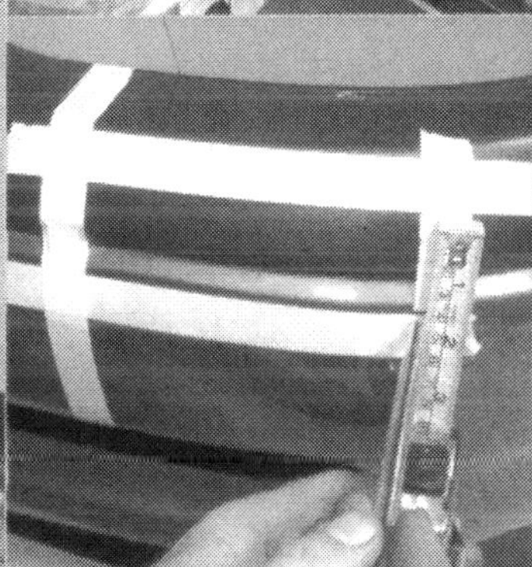

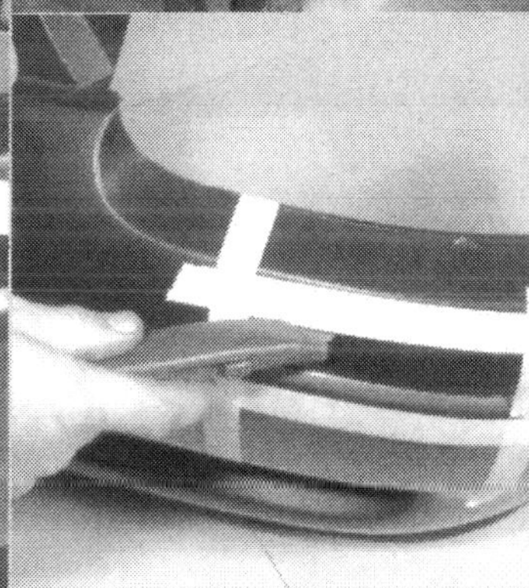

05 Damit die Blinker absolut symmetrisch sitzen, muss zuerst die Mitte der Stoßstange ermittelt werden. Dann von dort aus nach rechts und links messen.

06 So können wir den exakten Ausschnitt für die Blinker festlegen.

07 Mit einem sehr stabilen Messer oder einer Stichsäge werden dann die Ausschnitte ausgeschnitten.

08 Die Rahmen müssen sorgfältig eingepasst werden.

Wissenswert

Für den Corsa gibt es vier verschiedene Scheinwerfer von Morette. Für die Baujahre vor 1996 und danach. Beide Kits sind mit oder ohne elektrische Höhenverstellung zu haben. Also aufpassen, wenn solche Kits als Gebrauchtteile angeboten werden.

09 Zum Bohren der Löcher werden die Blinkereinsätze angehalten. Über das Loch kommen noch Blechklammern, da die Schrauben im weichen Kunststoff sonst keinen Halt finden würden.

10 Blinker und Rahmen können jetzt fest angeschraubt werden. Später bei der Montage nicht den Stecker vergessen!

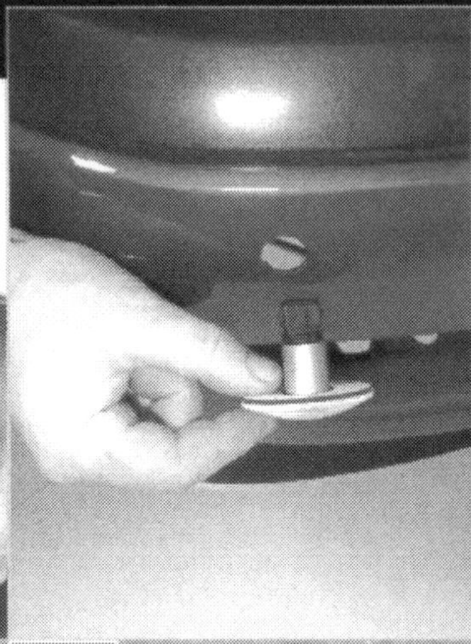

11 Wem die mitgelieferten Blinker nicht gefallen, kann natürlich auch andere verwenden. Diese hier sind Universal-Seitenblinker und mit einem selbstklebenden Band an der Rückseite versehen. Loch bohren, Kabel anschließen, ankleben ... fertig!

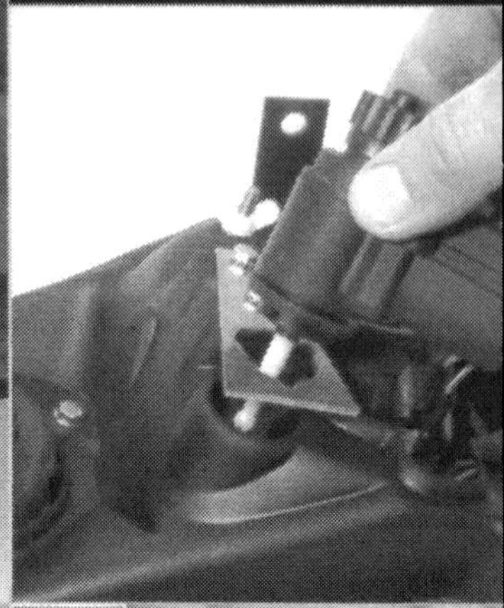

12 Wenn die alten Scheinwerfer eine elektrische Höhenverstellung haben, muss der Stellmotor umgebaut werden. Die Grundeinstellung der neuen Lichter kann erst erfolgen, wenn alles montiert und das Licht eingeschaltet ist.

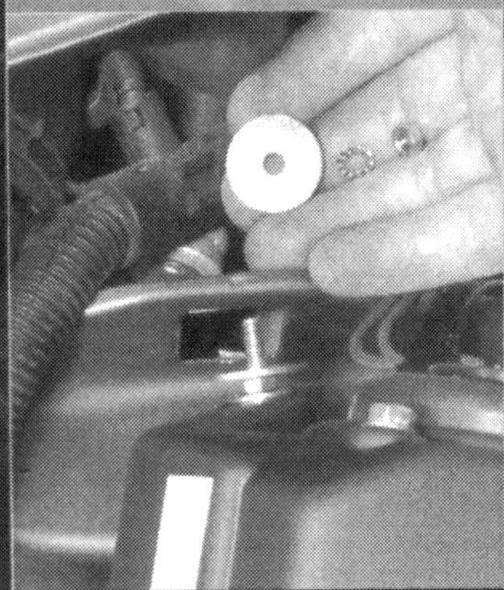

17 Damit die Scheinwerfer in den unteren überdimensionierten Löchern überhaupt halten, werden diese großen Unterlagscheiben benötigt.

18 Sobald der Scheinwerfer unten fest ist, können auch die beiden Original-Schrauben oben wieder eingedreht werden.

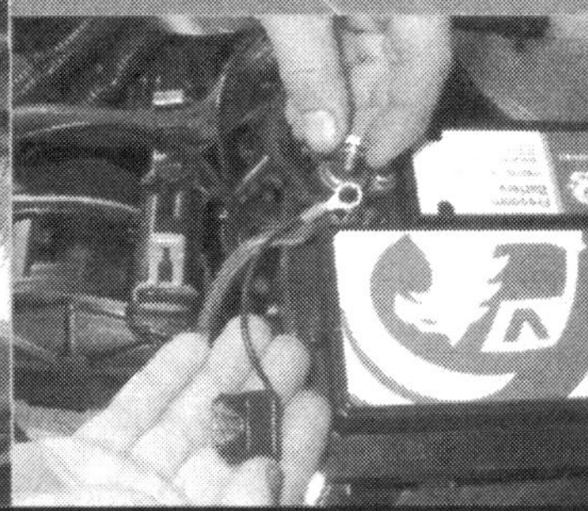

19 Ein paar Kabel sind noch übrig. Das schwarze mit der fliegenden Sicherung und der Ringöse kommt an den Pluspol der Batterie, ...

20 ...das graue Kabel an einen guten Massepunkt direkt an der Karosserie.

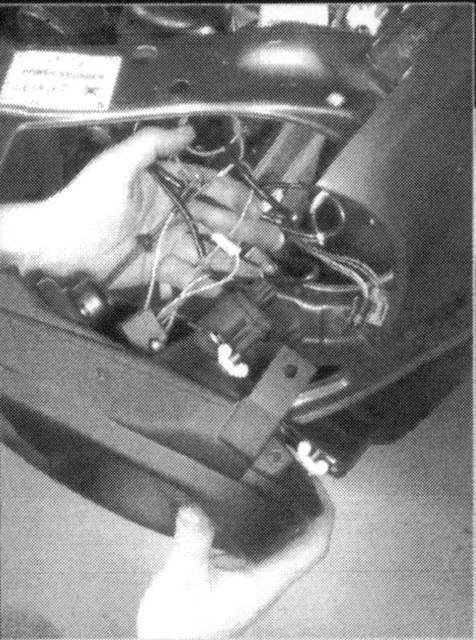

13 Jetzt können die hoffentlich gut beschrifteten Kabel angeschlossen werden.

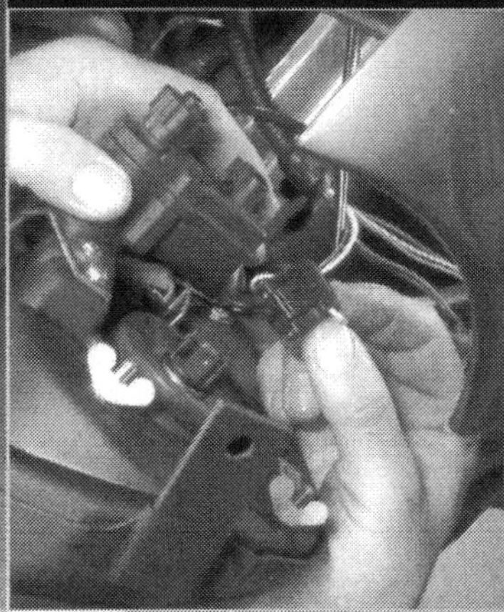

14 Das Standlicht (schwarz/blau) zuerst, dann Fern- und Abblendlicht und zum Schluss das schwarz/grüne Kabel für die Höhenverstellung.

15 Die inneren Scheinwerfer der Morettes sind die Fernlichter und werden über ein Relais angesteuert. Dazu wird die Steuerleitung mit einem "Stromdieb" an das weiße Kabel vom Hauptstecker angeschlossen.

16 Nicht immer klappt diese Art der Verbindung auf Anhieb. Die Metallplatte im Inneren muss schließlich durch zwei Isolierungen schneiden, ohne die Kabel zu durchtrennen. Löten ist aufwändiger, aber auf Dauer die bessere Lösung.

21 Dann werden die gleichen Kabel zur anderen Seite hinübergeführt und auf die gleiche Weise angeschlossen.

22 So sieht das Ganze dann vor dem Lackieren aus. Der Rahmen kann mit fünf Schrauben entfernt werden, der Scheinwerfer selbst muss also nicht mehr ausgebaut werden. Mit im Bild sind die kleinen Blinker, die wir statt der mitgelieferten montiert haben.

23 Allerdings kam uns dann noch eine Idee. Wir wollten gar keine Blinker in der Stoßstange und haben daher gelbe Birnen in den Hauptscheinwerfer eingesetzt.

24 Damit trotzdem noch ein Standlicht vorhanden ist, bekam der Scheinwerfer noch ein zusätzliches Loch verpasst, in dem die Standlichtbirne ein neues Zuhause findet. Nicht legal, aber für ein Showcar durchaus legitim.

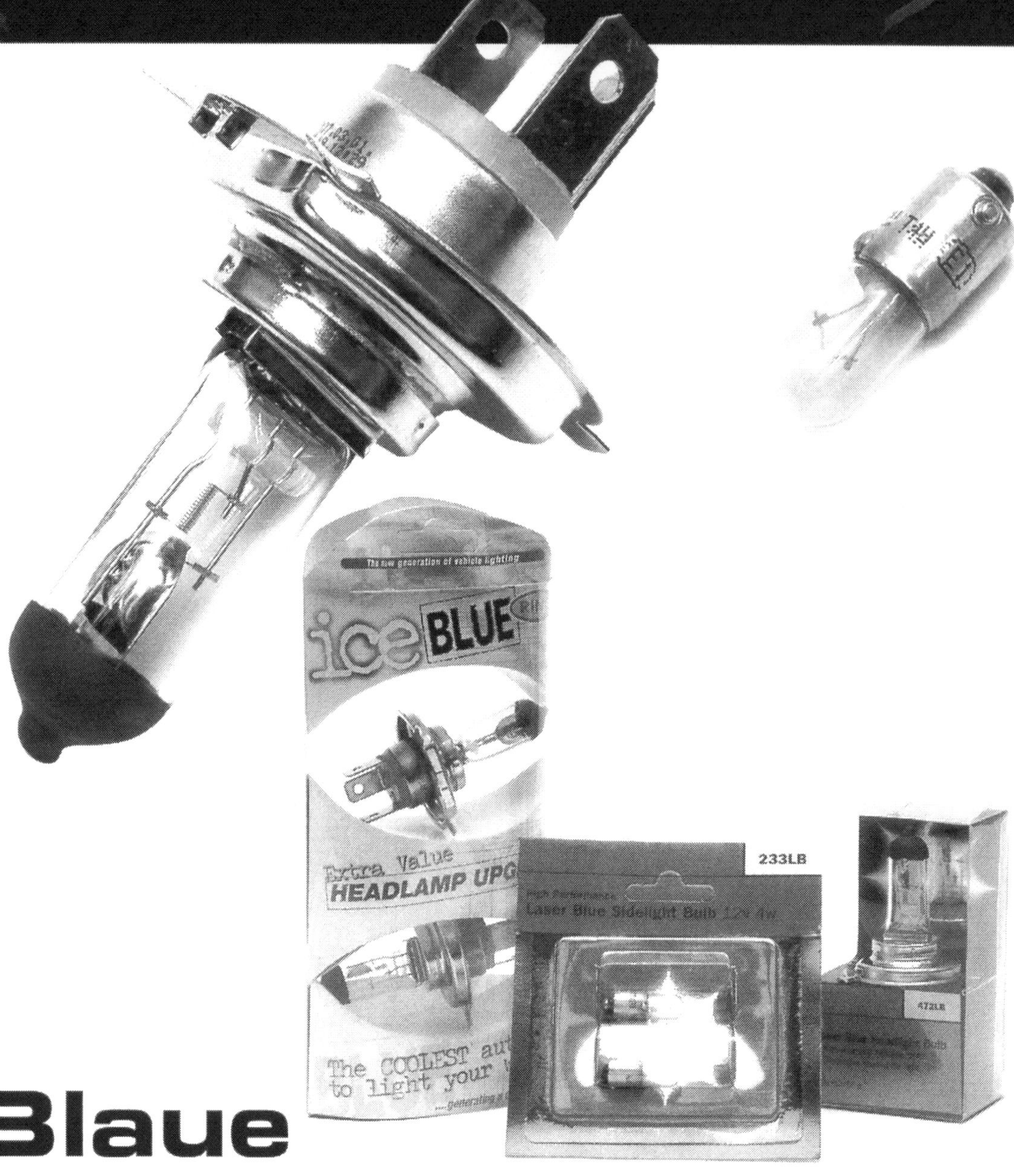

Blaue Birnen

Schwer in Mode sind blaue Birnen für die Scheinwerfer. Dabei sollte man nicht unbedingt auf eine bessere Lichtausbeute hoffen, der eisig blaue Lichtstrahl sieht aber fast wie Xenon-Licht aus. Und damit ziemlich cool. Doch die Birnen zu tauschen, ist nicht ohne Risiko.

Wie bei allen Teilen, die angesagt sind, tummeln sich auch bei den Birnen zahlreiche Mitläufer auf dem Markt, die nur ein Stück vom Umsatz-Kuchen haben wollen. Birnen, die mit doppelter Leuchtkraft beworben werden, sollte grundsätzlich mit Misstrauen begegnet werden. Das kann physikalisch gar nicht funktionieren, außer die Watt-Zahl ist erheblich gesteigert. Nicht nur, dass solche Birnen gar nicht zulässig sind, auch die Stromaufnahme und die Hitzeentwicklung steigen dramatisch an.

Dafür sind die Kunststoff-Gehäuse nicht gemacht und nicht wenigen Leuten ist der Scheinwerfer wie Butter in der Sonne zusammengeschmolzen. Wer das nicht glauben will, sollte bei eingeschaltetem Licht einfach die Hand vor seinen Scheinwerfer halten. Erstaunlich, wie warm das wird. Da die Hitze im Inneren des Scheinwerfers noch um einiges größer ist, kann man sich leicht vorstellen, wie es dem Scheinwerfer nach ein paar Stunden geht. Besonders kritisch sind Streuscheiben aus Kunststoff, die auf Birnen ohne UV-Strahlung angewiesen sind (H7U). Ohne diesen Schutz bleichen die Scheiben aus und werden spröde.

Auch die Stromaufnahme der besonders starken Birnen ist nicht ohne. Ist kein Relais zwischengeschaltet, läuft der ganze Strom beim Einschalten über den Lichtschalter, dessen Kontakte dann verbrennen. Aber auch die Kabel werden heiß und können sogar schmelzen. Was einen hässlichen Kabelbrand verursacht.

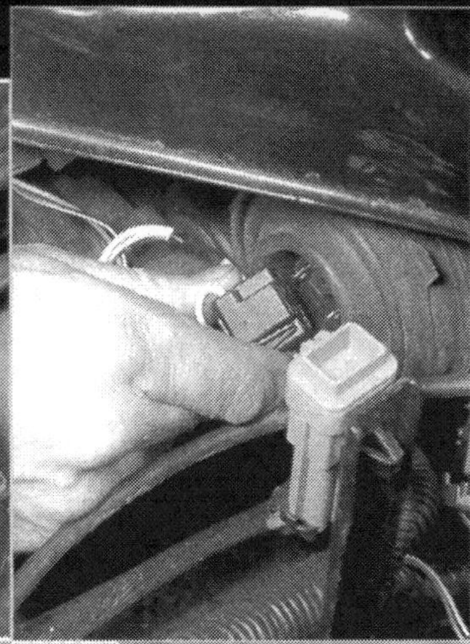

01 Um an den Scheinwerfer zu gelangen, müssen wir zunächst diese Ansaugluftführung abbauen, ...

02 ...was aber in Sekunden erledigt ist.

03 Da ist der Stecker für die Birne...

04 ... und die Gummiabdeckung.

Achtung!

Blaue Birnen von renommierten Herstellern sind in der Regel legal. Trotzdem die Packung mit den Hinweisen gut aufheben.

05 Fast alle Birnen sind mit simplen Drahtbügeln gesichert. Zusammendrücken und wegklappen.

06 Die Birnen sollten niemals am Glas angefasst werden, sondern nur am Sockel. Sonst brennt sich der Fingerabdruck ein.

07 Falls das doch passiert ist, die Lampe sofort mit Alkohol und einem sauberen Lappen gründlich abreiben. Oder man zieht sich besser gleich dünne Stoffhandschuhe an.

08 Die neue Birne wird einfach in umgekehrter Reihenfolge montiert. Dabei auf guten Sitz der Haltenasen achten!

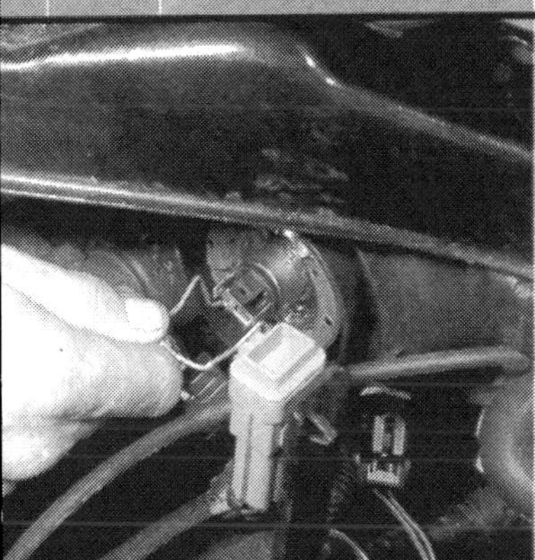

Einarm- Wischer

Auch dieser Look stammt eindeutig aus dem Rennsport. Damit nicht zwei Wischerarme und Blätter im Wind stehen, wird ein einzelner Wischer senkrecht auf der Scheibe geparkt. Doch nicht nur die Aerodynamik profitiert davon – ein einzelner Wischer ist auch leichter.

Beim Ausbau des Wischergestänges gibt es eine grundsätzliche Regel: Batterie abklemmen! Das Gestänge hat genug Kraft, um Finger zu brechen oder sogar abzureißen. Wir zeigen den Umbau an unserem Corsa, der damit hoffentlich ein oder zwei km/h in der Spitze zulegt.

Als erstes kommen die Wischerarme dran. Unter der **01** Abdeckkappe sitzt eine Mutter, die ganz entfernt werden muss.

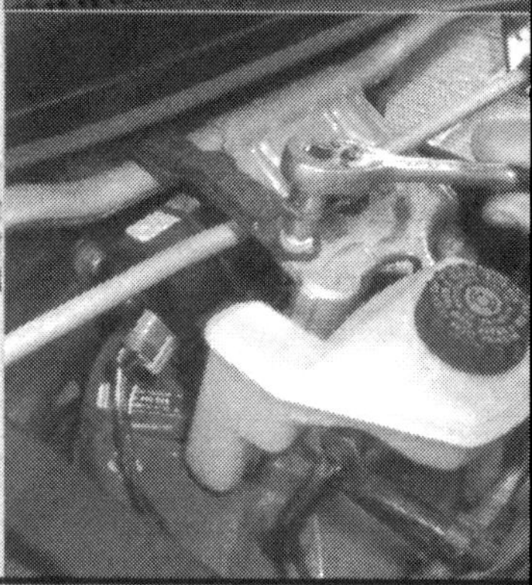

06 Mit einer Torx-Schraube und einer 13er Mutter ist der Antrieb zur Karosserie hin abgestützt.

02 Dann können die Wischerarme ganz abgenommen werden. Sollte der Fuß festgerostet sein, hilft ein wenig Rostlöser und gleichmäßiges Ruckeln.

03 Jetzt öffnen wir die Haube und schrauben den Windlauf ab.

04 Die Hälften sind unter der Frontscheibe eingehängt. Also etwas Vorsicht walten lassen.

05 Sobald wir den Wischermotor entdeckt haben, ziehen wir als erstes den Stecker ab.

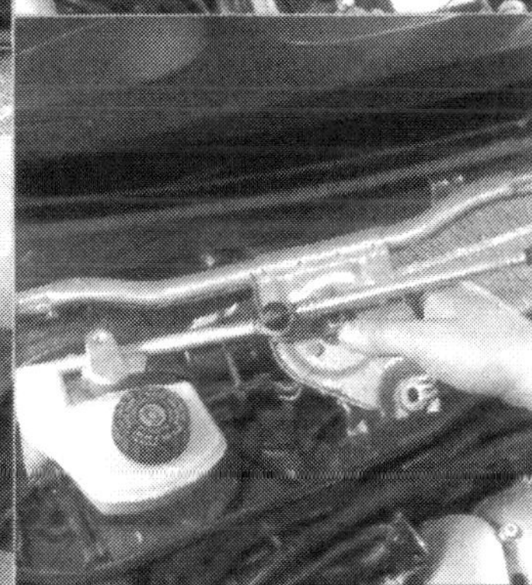

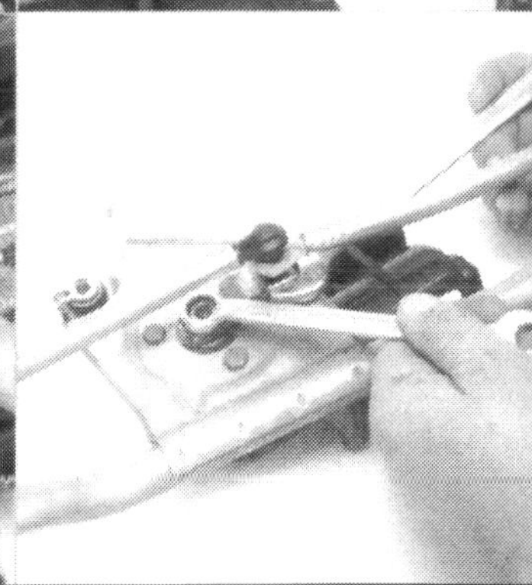

07 Auch diese Strebe muss natürlich weg.

08 Noch zwei Schrauben in der Nähe der Wellen und eine beim Motor, ...

09 ...und schon kann das komplette Gestänge herausgenommen werden.

10 Damit sich der Motor nicht aus seiner Endstellung dreht, halten wir schön dagegen.

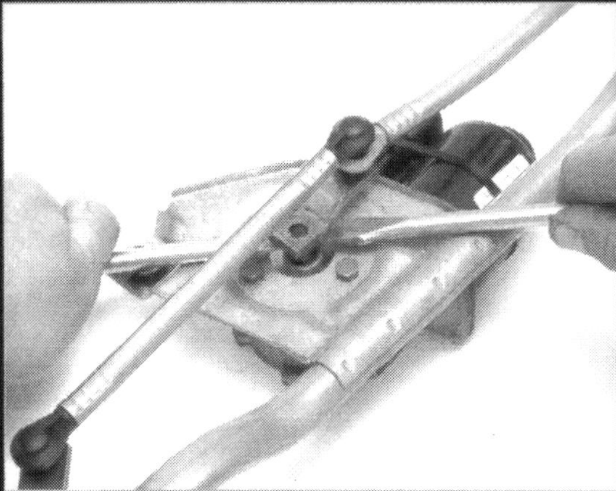

11 Mit zwei Schraubenziehern hebeln wir nun den Arm vom Antriebsmotor.

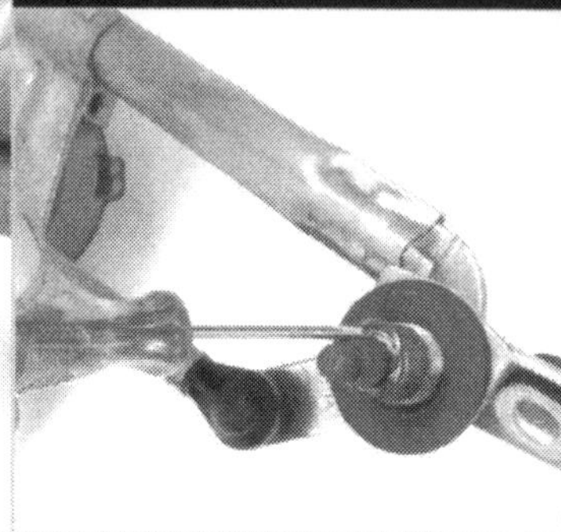

12 Weiter geht es mit den Wellen. Diese sind mit einem kleinen Sprengring gesichert, ...

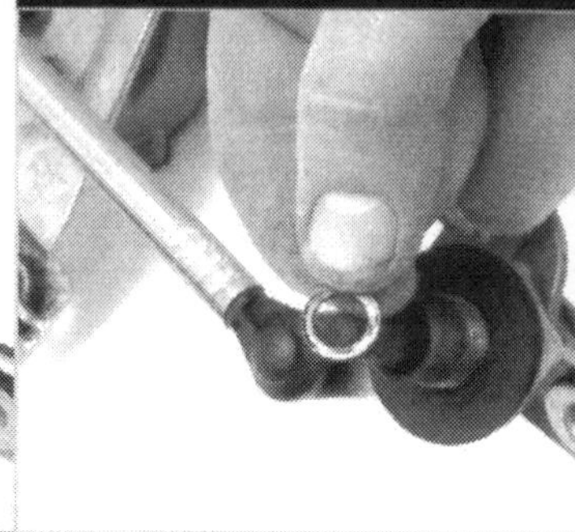

13 ... darunter befinden sich eine Scheibe und ein O-Ring.

18 Auch oben O-Ring, Scheibe und Sicherungsring nicht vergessen!

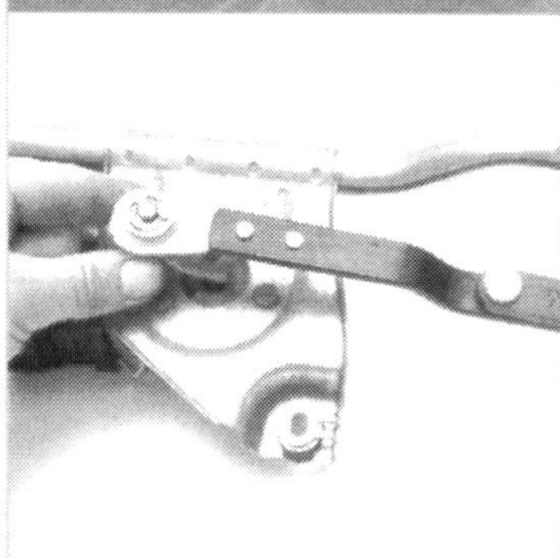

19 Wer den Motor nicht aus seiner Parkposition verdreht hat, kann jetzt ganz entspannt den neuen Umlenkhebel in einer Linie montieren.

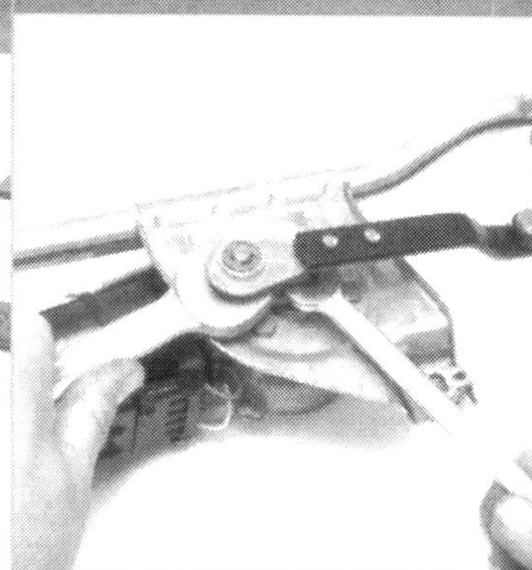

20 Jetzt halten wir wieder schön dagegen und befestigen die Mutter.

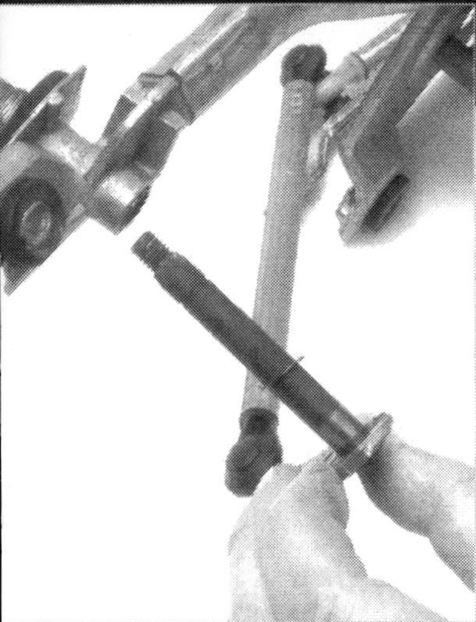

14 Dann kann die Welle selbst herausgenommen werden.

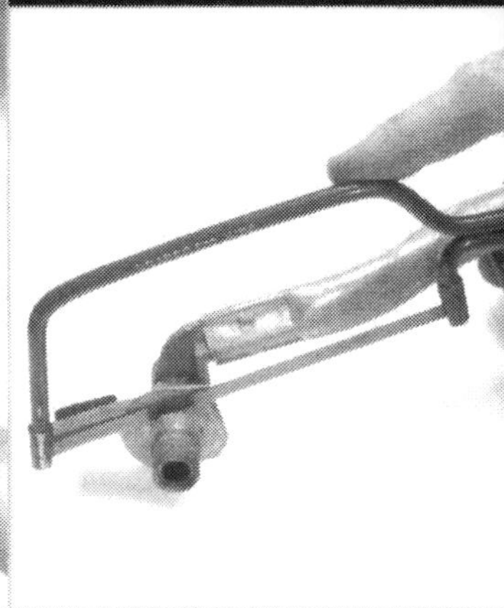

15 Da wir die äußere Seite nicht mehr brauchen, sägen wir die überflüssigen Pfunde einfach ab.

16 Das ist unser neuer Umlenkhebel. Vor der Montage bekommt die Welle noch eine ordentliche Portion Graphit-Fett.

17 Der neue Umlenkhebel kommt jetzt in das verbliebene Teil des Rahmens. Als unterer Anschlag kommen ein Sprengring und eine Scheibe auf die Welle.

21 Zum Schluss bekommen alle Gelenke noch einen Tropfen Öl.

22 Eine kleine Panne: Den Pollenfilter müssen wir leider entfernen. Das neue Gestänge bliebe sonst daran hängen.

23 Jetzt kann alles zurück an seinen Platz...

24 ...und mit den drei Schrauben befestigt werden. Zeit für einen Probelauf.

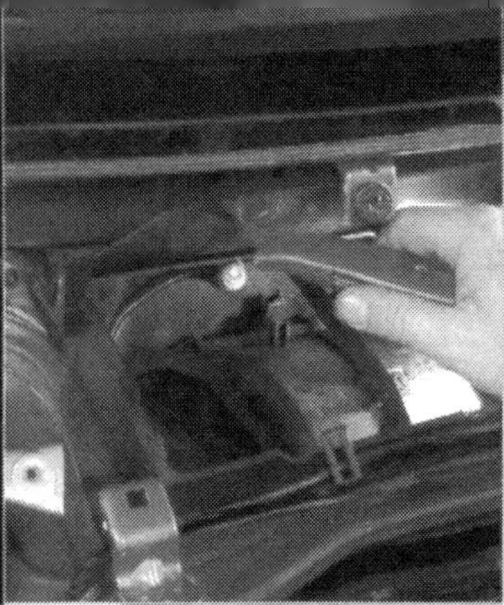

25 Panne Nummer zwei: Das Gestänge streift am Gehäuse des Pollenfilters, das ein wenig zurechtgestutzt werden muss.

26 Da wir auf den Filter aber nicht verzichten wollen, biegen wir die Halterung des Wischergestänges einfach ein Stück nach oben.

27 Na also, passt ja doch! Wenn auch ziemlich knapp!

28 Ursprünglich ist der Umbausatz dafür ausgelegt, dass der Wischer außerhalb des Sichtfeldes auf der Beifahrerseite ruht.

29 Der neue, längere Wischerarm wird mit einer neuen Mutter und Scheibe angesetzt. Die Mutter noch nicht festziehen, der Arm muss noch einmal ab.

30 Auch den Antriebsarm am Motor mussten wir noch einmal versetzen. Endlich haben wir den Wischer da, wo er in Ruheposition stehen soll.

31 Da wir den Arm noch einmal entfernen müssen, markieren wir die Position des Wischerblattes auf der Scheibe mit einem Stück Klebeband. Dann kommt der Rest wie die Luftleitbleche und der kleine Halter zurück an Ort und Stelle.

32 Fast geschafft. Nur noch die Mutter anziehen und die nicht mehr benötigte Öffnung des anderen Wischerarms mit einem Gummistopfen verschließen.

Dach Antenne

Wer hats erfunden? In diesem Fall VW mit dem Golf GTI 16V. Die typische, schräg nach hinten geneigte Antenne auf dem Dach wird seitdem bei uns auch 16V-Antenne genannt. Die Engländer nennen das "Bee-Sting Aerial", was so viel bedeutet wie "Bienenstachel-Antenne".

01 Bevor wir anfangen, Löcher zu bohren, überlegen wir uns, wo das Antennenkabel verlegt werden soll. Lautsprecher und Verstärkerleitungen gilt es zu vermeiden, der einfachste Weg ist am Schweller entlang.

02 Trotzdem müssen wir einige Teile abbauen. Zum Beispiel die hintere Gurtbefestigung. Aufpassen, dass die Unterlagscheiben nicht durcheinander geraten!

03 Hinter einer Abdeckkappe verbirgt sich die kleine Schraube der hinteren Verkleidung.

04 Zusätzlich ist die Verkleidung der C-Säule noch an mehreren Punkten eingeclipst.

05 Auch die obere Verkleidung am Himmel ist nur gesteckt.

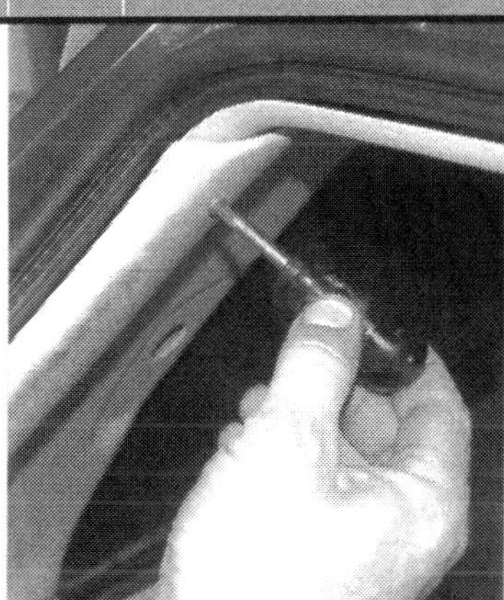

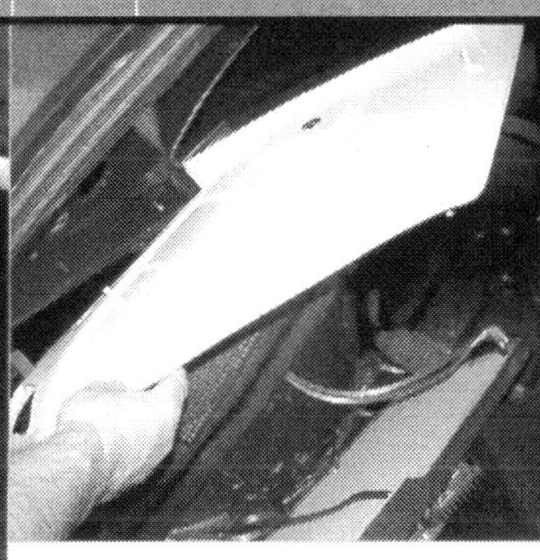

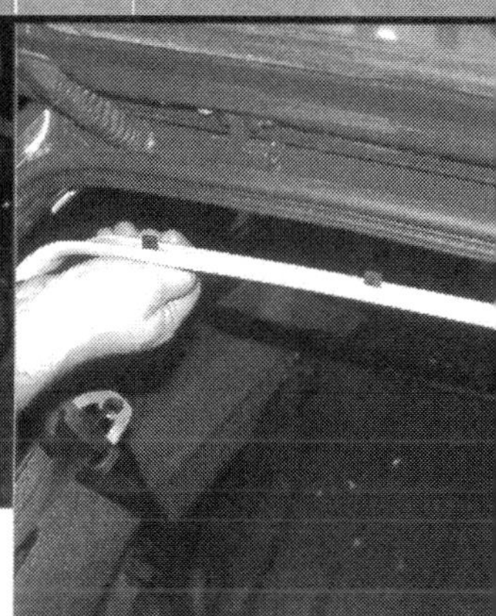

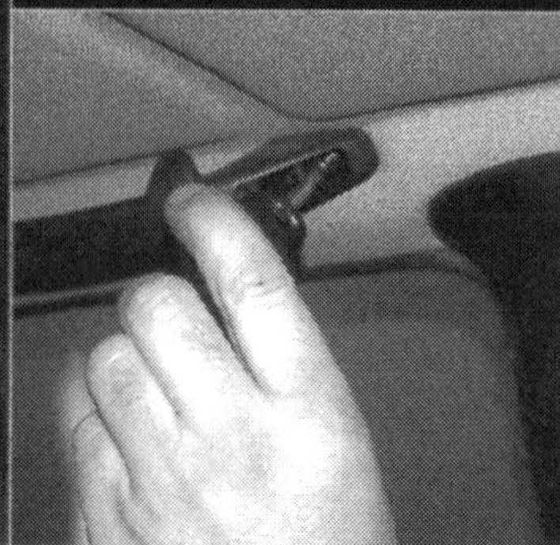
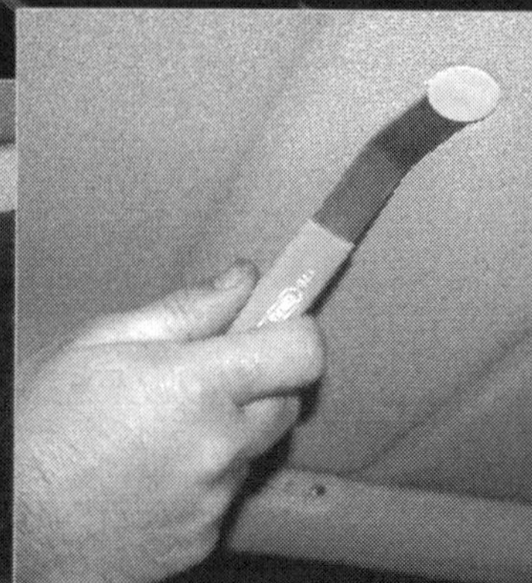

06 Um den Dachhimmel im hinteren Bereich weit genug absenken zu können, müssen die Haltegriffe ab. Die Schrauben sitzen hinter je zwei Plastikblenden...

07 ... und sind einfach zu entfernen.

08 In der Mitte sitzen noch zwei Plastikclips, die mit einem flachen Metall abgehebelt werden können. Damit müsste genug Spielraum sein, um die Hand zwischen Dach und Himmel zu bekommen.

13 Nicht vergessen, die Ränder der Bohrstelle zu versiegeln, sonst blüht hier demnächst der Rost!

14 Wenn die Farbe trocken ist, kann die Gummidurchführung eingesetzt werden. Wer auf Nummer sicher gehen will, spendiert noch eine dünne Lage Silikon. Das dichtet zusätzlich ab und klebt das Gummi fest.

15 Danach wird die Antenne aufgesetzt. Der Fuß muss sauber auf der Gummidichtung aufliegen.

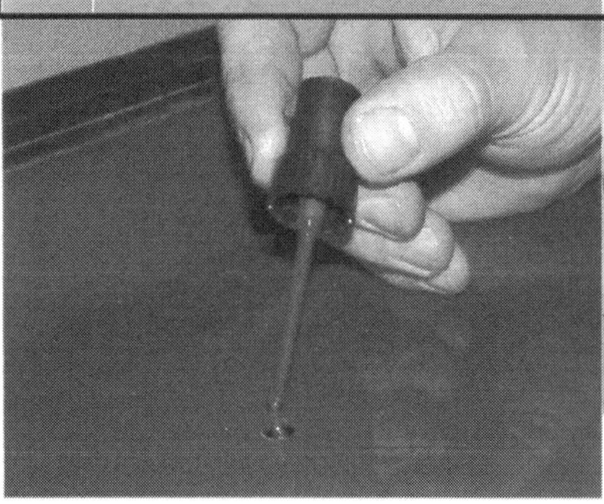
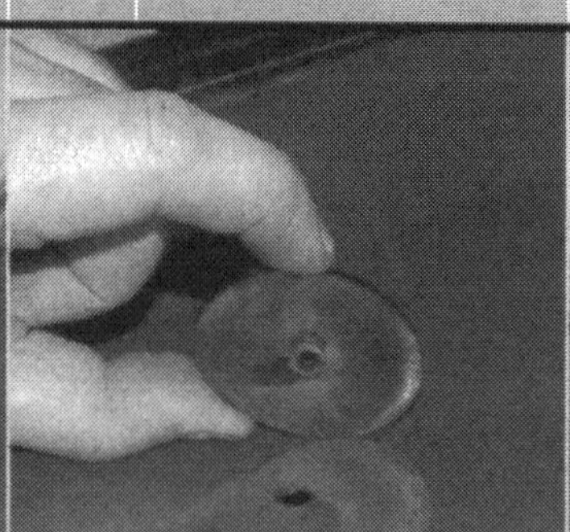
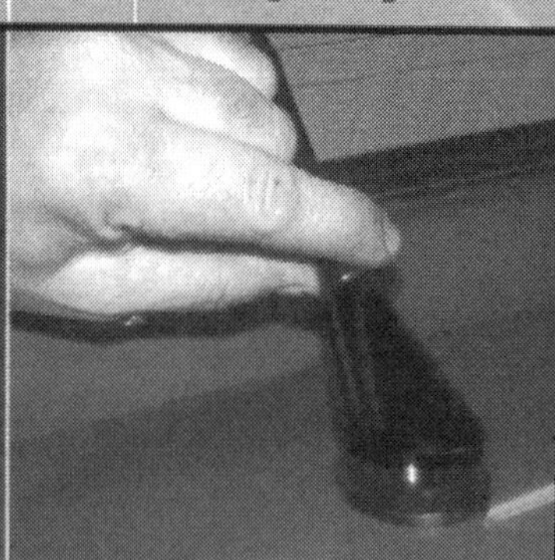

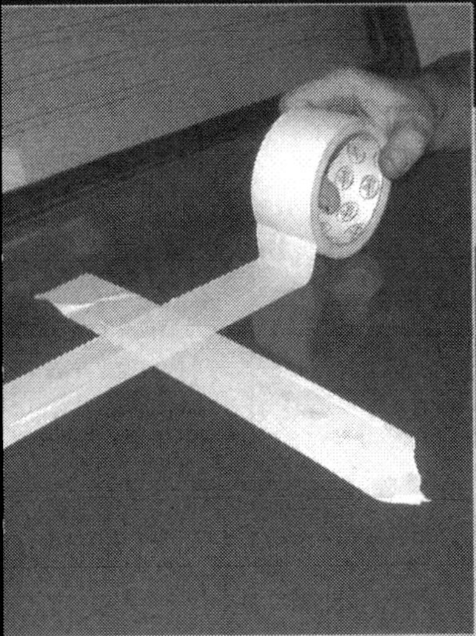

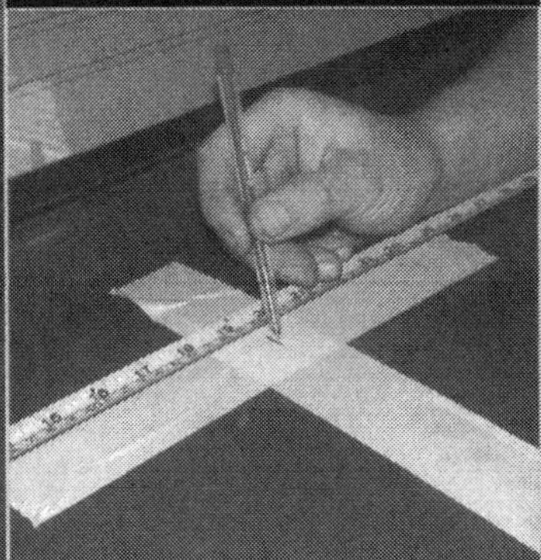

09 Jetzt wird es ernst, das Dach bekommt ein Loch.

10 Zunächst sollte die Mitte bestimmt werden. Um den Abstand nach hinten festzulegen, sollte man innen von der Dachkante aus messen und den Wert dann nach außen übertragen. Im hinteren Bereich ist ein Querträger, den es unbedingt zu vermeiden gilt.

11 Um ganz sicher zu gehen, halten wir die Antenne an das Dach. Es wäre doch ärgerlich, wenn die Heckklappe anstößt.

12 Dann wird ein kleines Loch gebohrt. Dann ein größeres und zum Schluss eines in der Größe der Gummidurchführung. Es ist keine schlechte Idee, dabei einen Staubsauger von innen unter die Bohrstelle zu halten.

16 Rings um die Befestigungsschraube schmirgeln wir ein wenig Lack ab. So hat die Antenne eine gesicherte Masseverbindung.

17 Das Antennenkabel wird mit der gezahnten Seite zum Dach hin über den Bolzen geschoben...

18 ...und mit der Schraube sicher befestigt.

19 Das Kabel führen wir durch die C-Säule nach unten und dann weiter nach vorne. Eventuell ist eine Verlängerung nötig, um das Radio zu erreichen.

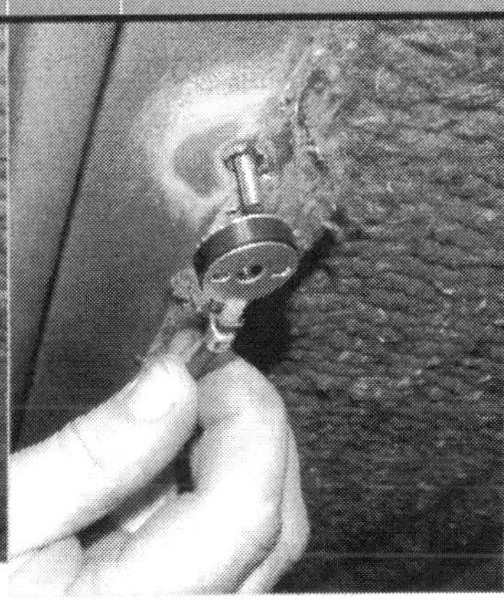

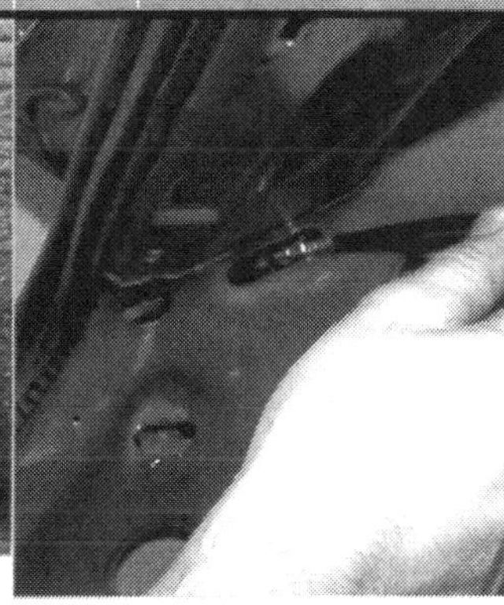

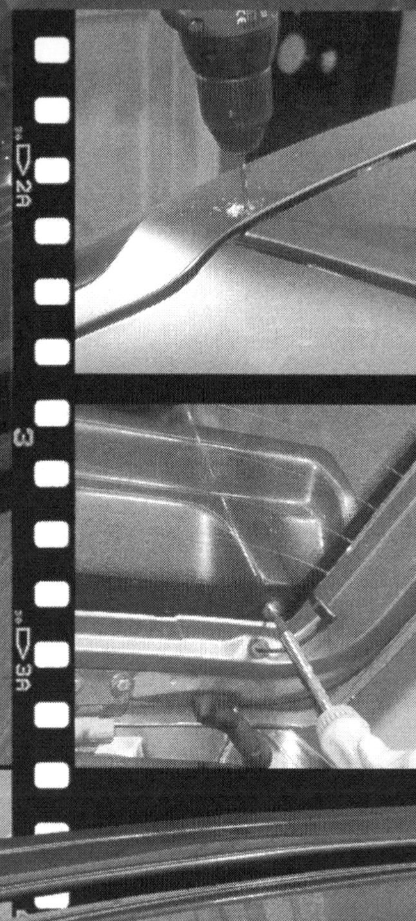

Dach **Spoiler**

Dachspoiler sind spektakulär und sehen auch ohne weitere Verspoilerung verdammt gut aus.

Egal für welches Design man sich letztendlich entscheidet – Dachspoiler sind ein echter Hingucker. Wichtig ist natürlich, dass die Spoiler auch bei 200 und mehr noch an Ort und Stelle bleiben. Sofern das Teil ein Gutachten besitzt, kann man bei sorgfältiger Montage beruhigt davon ausgehen. Was man beim Kauf gedanklich noch dazuaddieren sollte, sind die Kosten für den Lack. Da so ein Spoiler doch schon recht groß ist, sollte man die Lackierarbeiten doch eher einem Profi überlassen. Eine schlampige Lackierung mit der Spraydose könnte den Gesamteindruck doch erheblich verschlechtern.

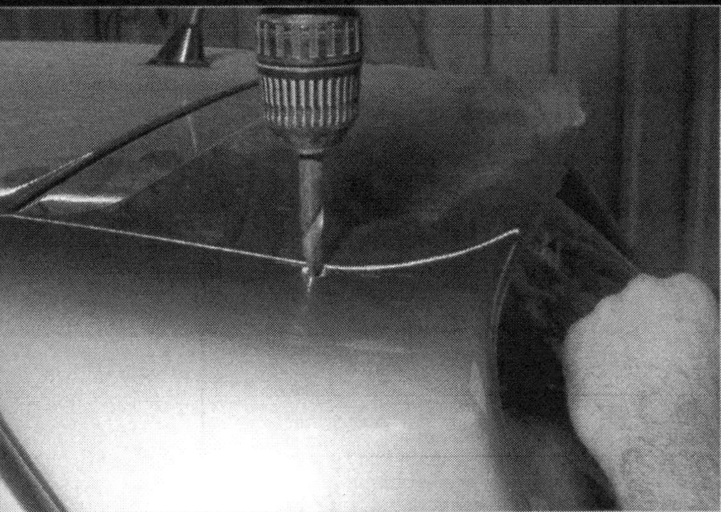

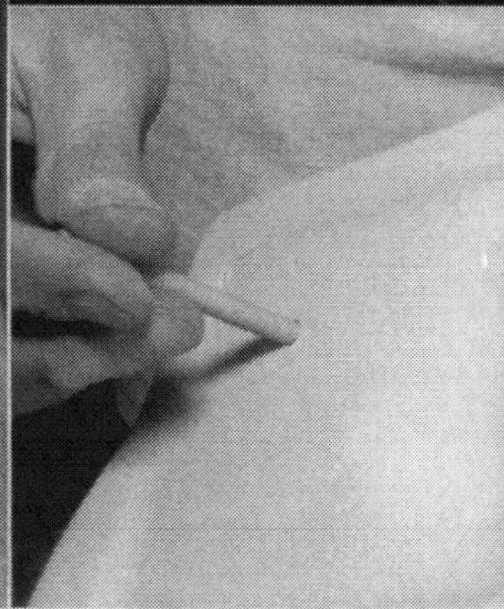

01 Wie immer bei Anbauteilen, ist es wichtig, zuerst die exakte Position zu bestimmen. Also zuerst die Mitte des Autos und von da aus die Positionen für die Löcher bestimmen. Lieber zweimal mehr messen, als einmal zu viel bohren.

02 Sobald die Löcher im Blech sind, geht alles ganz einfach. In den Spoiler werden Stehbolzen eingedreht, ...

03 ...und dann der Spoiler zur Probe angesetzt.

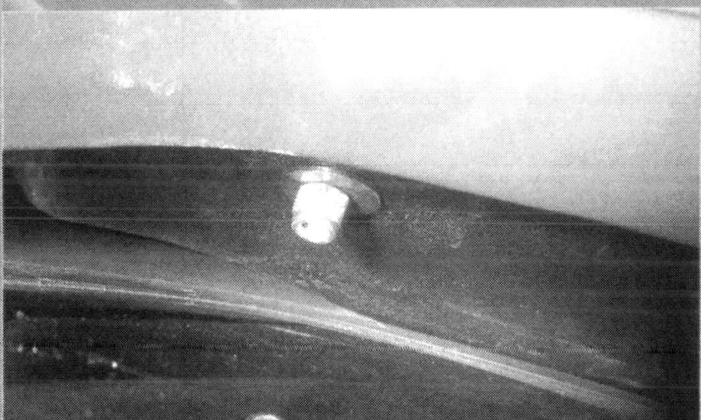

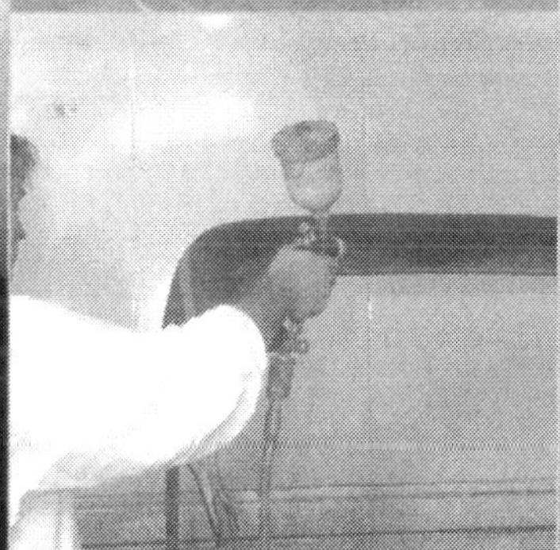

04 Von unten wird das Ganze mit großen Unterlagscheiben und selbstsichernden Mutter festgeschraubt. Nicht zu fest anziehen, sonst reißen die Bolzen aus dem Spoiler!

05 Für das perfekte Finish bringen wir den Spoiler zum Lackierer.

06 Kaum trocken, schon angebaut. Eine Riesen-Show für wenig Arbeit.

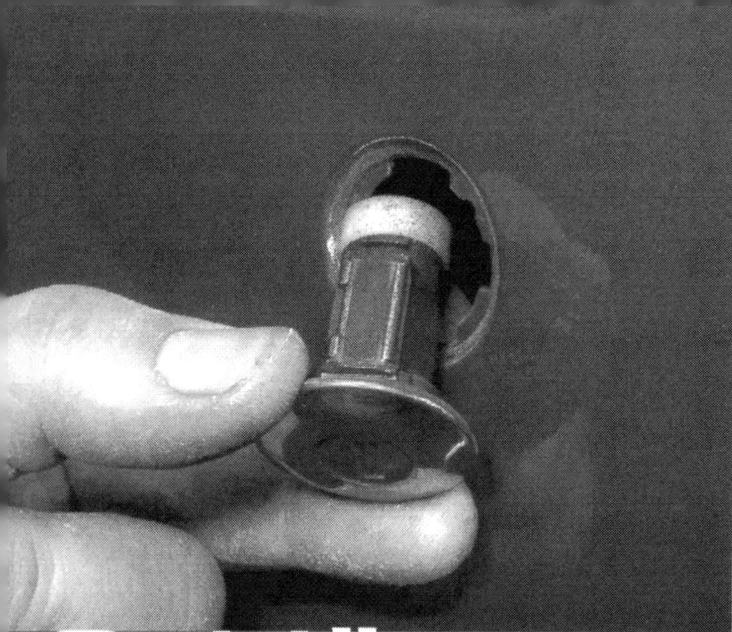

Schlösser entfernen

Ein Auto ohne Schlösser sieht gut aus und lässt Diebe etwas ratlos im Regen stehen.

Wer sich entschließt die Schließzylinder auszubauen, steht meist vor dem Problem, die großen Löcher verschließen zu müssen. Danach ist mindestens eine Teillackierung fällig. Sitzt das Türschloss dagegen im Griff, passt manchmal auch der Griff von den hinteren Türen. Fall erledigt.

01 Sobald die Türverkleidung ab ist, werden die Innereien des Schließmechanismus zerlegt.

02 Zuerst die Verstärkungsplatte, ...

07 Der Schließzylinder selbst wird mit einer Blechklammer gehalten.

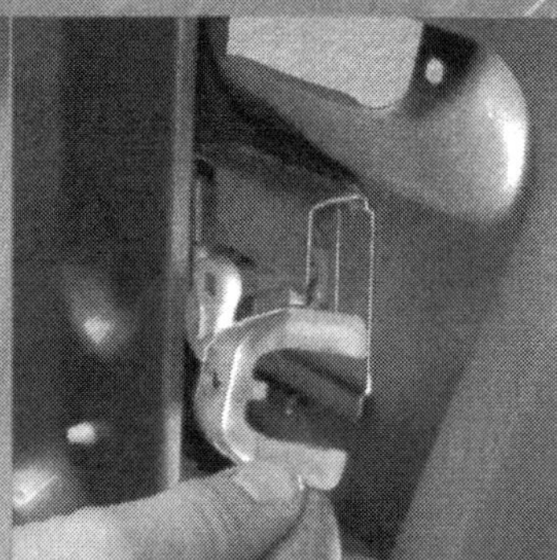

08 Sobald die Klammer entfernt ist, muss nur noch die Schubstange ausgehängt werden.

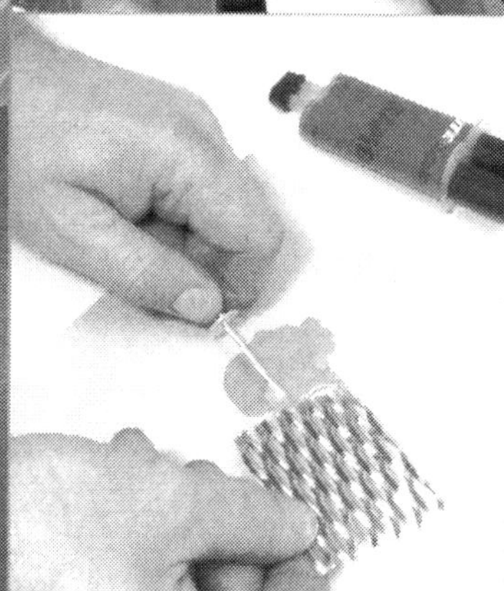

09 Um das Loch zu verschließen, kleben wir ein übriggebliebenes Stück Kühlergitter mit Zweikomponentenkleber ein.

10 Damit findet die Spachtelmasse sicheren Halt.

03 ... und dann den Rest vom alten Schließmechanismus.

04 Die Halteschrauben für den Türgriff sitzen etwas versteckt.

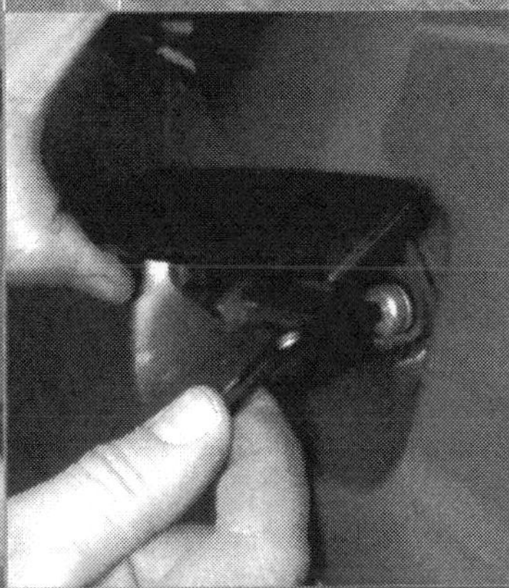

Der Türgriff hängt jetzt nur noch an der Verbindungsstange.

05 Diese kann mit einem Schraubenzieher ausgehängt werden.

06 Der Türgriff kann jetzt beiseite gelegt oder zum Lackieren vorbereitet werden.

11 Dann rühren wir eine größere Portion an...

12 ...und verschließen das Loch von außen.

13 So sieht das idealerweise von innen aus. Die Spachtelmasse kann so optimal im Gitter haften.

14 Sobald die Spachtelmasse getrocknet ist, wird geschliffen. Erst mit grobem, dann mit immer feinerem Papier.

Wenn schon **denn schon**

Da wir gerade dabei sind, gehen wir noch einen Schritt weiter und räumen das Heck total auf. Keine Embleme, kein Wischer und kein Nummernschildhalter mehr!

Wer den total cleanen Look bevorzugt, sollte jetzt nicht auf halbem Weg stehen bleiben. Wenn die Türschlösser schon entfernt sind, muss sowieso lackiert werden. Also weg mit dem Heckwischer, der Spritzdüse, dem Griff und der Vertiefung für das Nummernschild.

Übrig bleiben dabei leider eine Menge großer Löcher, die gefüllt werden müssen. Nicht alle können dabei wie bei den Türschlössern mit Drahtgeflecht und Spachtelmasse verschlossen werden. An der Heckklappe muss ein grades Stück Blech eingeschweißt werden. Da sich so ein Blech beim Schweißen leicht verzieht, schauen wir beim ersten Mal lieber einem Profi über die Schulter.

01 Als Erstes entfernen wir die Blende innen in der Heckklappe, um an den Wischermotor zu kommen.

02 Der Heckwischer stellt uns vor unerwartete Probleme, ...

03 ...der Arm lässt sich erst mit einem Abzieher überreden. Da der Antrieb durch die Scheibe geht, ist es hier nicht ratsam, stark hin und her zu reißen.

04 Endlich geschafft! Sicherungsmutter und Dichtung sind dagegen ein Kinderspiel.

Wischer und Waschdüse entfernen

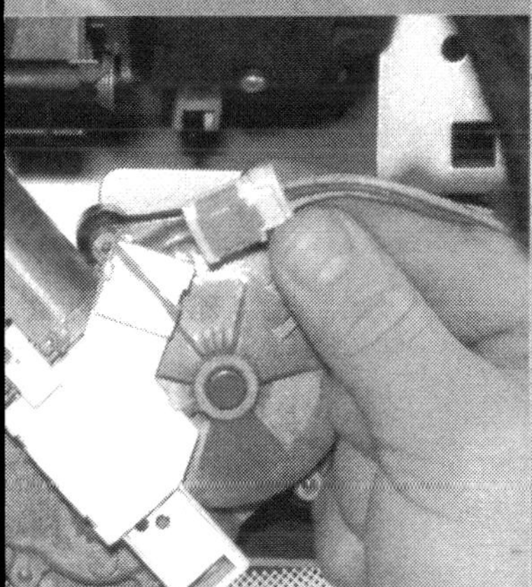

05 Weiter geht es mit dem Wischermotor, ...

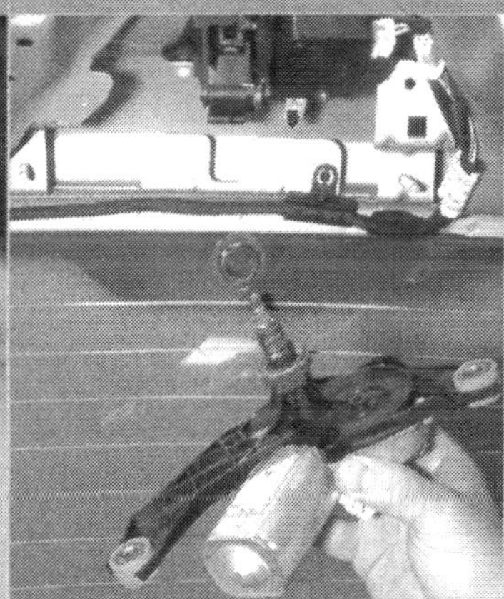

06 ...der uns nach Lösen diverser Schrauben entgegenfällt.

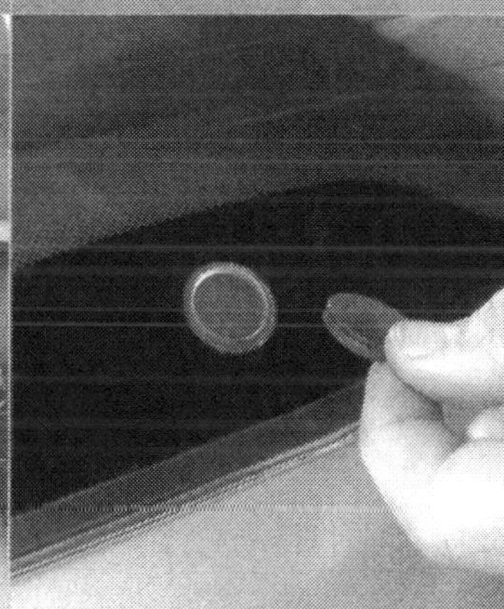

07 An der Scheibe bleibt uns nichts weiteres übrig, als das Loch mit einem passenden Gummistopfen vom Karosseriebauer zu verschließen.

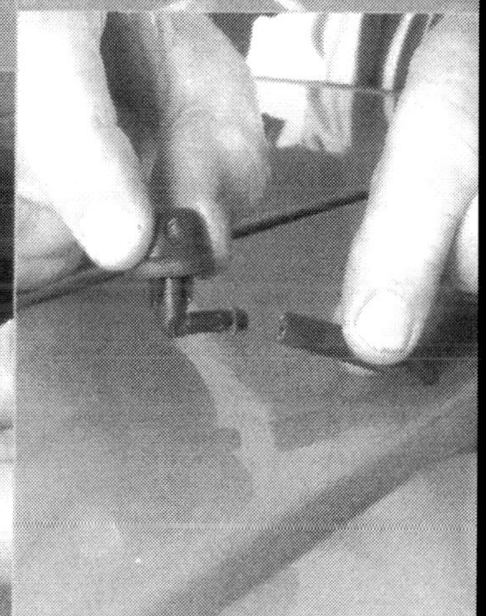

08 Die Waschdüse ist nur gesteckt. Wer jetzt noch den Vorratsbehälter und die Pumpe ausbaut, hat wieder ein paar Kilo Gewicht gespart.

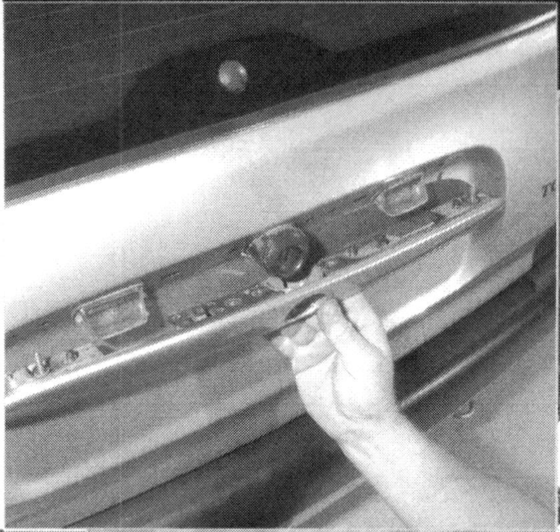

01 Jetzt wird es heftig! Sobald der Griff entfernt ist, wird der ganze Umfang der bevorstehenden Arbeiten deutlich.

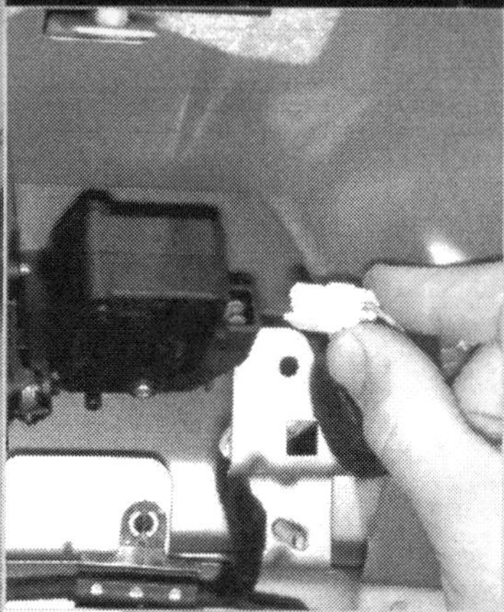

02 Von innen kommt der Stecker für die Verriegelung ab, ...

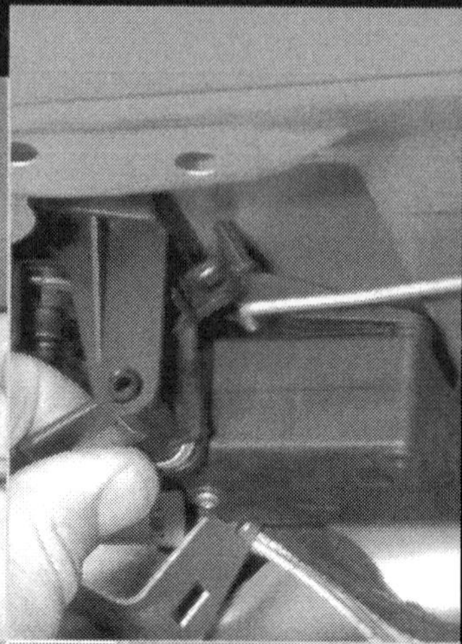

03 ...dann das Gestänge.

Glätten der Heckklappe

> **Achtung!**
> *Anders als auf diesen Abbildungen, beim Schweißen immer Schutzhandschuhe und Schutzbrille tragen. Kleidung darf keine Kunstfasern enthalten – Entzündungsgefahr! Ebenso beim Schleifen, Spachteln und Sprayen.*

08 Das Blech muss vorher von der Innenseite grundiert werden, damit sich im Hohlraum kein Rost bilden kann. Natürlich haben wir das brennbare Material vorher aus der Klappe entfernt und die Scheibe abgedeckt. Geschweißt wird in ganz kleinen Schritten und über Kreuz, damit sich die Platte nicht verzieht.

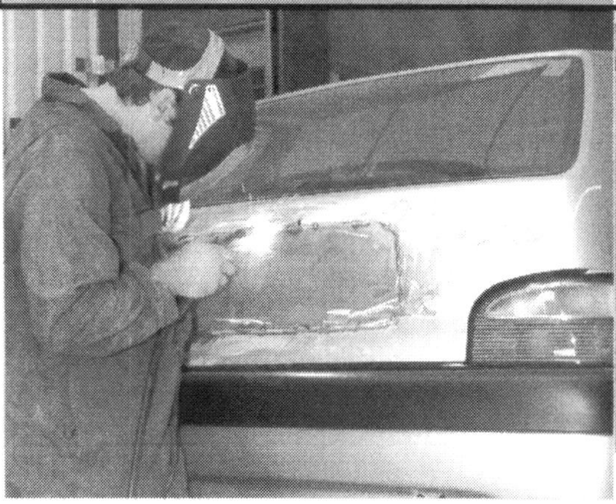

09 Auch beim Schleifen sollte nicht zu viel Wärme entstehen. Hat sich das Blech erst einmal verzogen, ist es normalerweise nicht mehr zu retten.

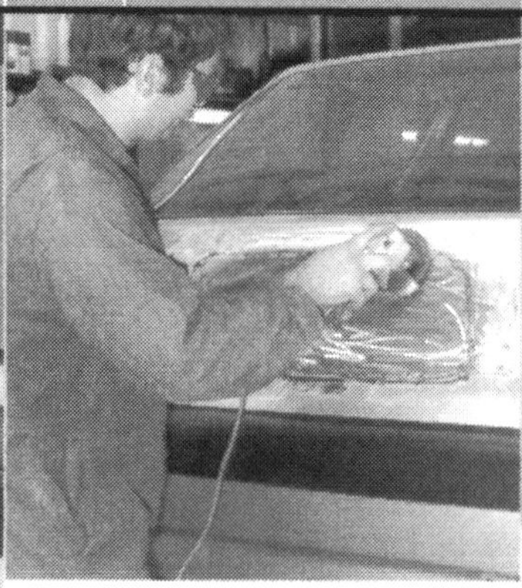

10 In mehreren Schichten wird jetzt Spachtel aufgetragen...

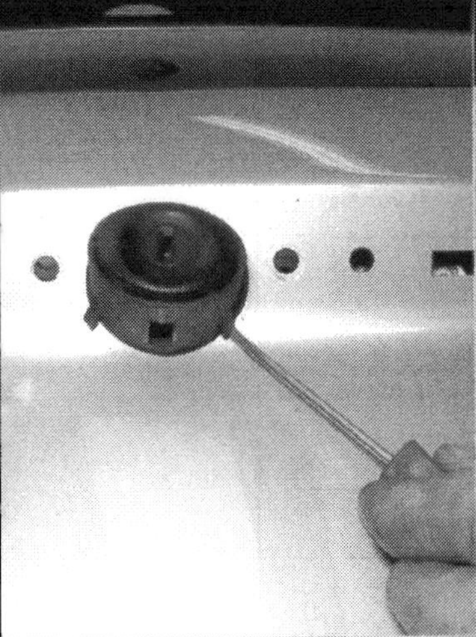

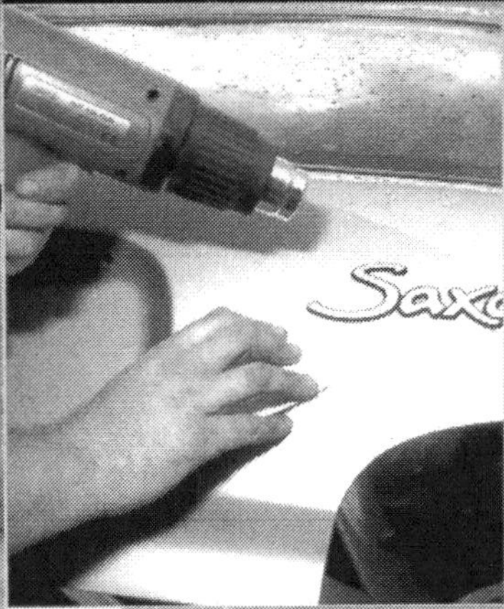

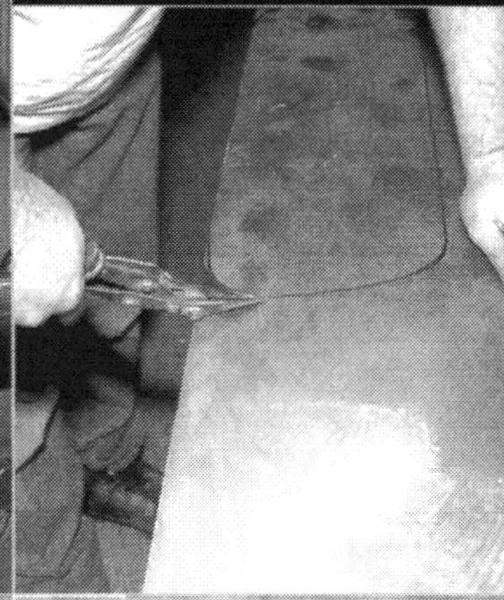

04 Das Schloss selber ist nur eingerastet, die Nasen werden mit einem Schraubenzieher entriegelt. Auch die Nummernschildbeleuchtung muss dran glauben. Die Kabel brauchen wir allerdings noch.

05 Die Embleme werden wie beschrieben mit dem Fön abgelöst.

06 Dann endlich können wir aus Pappe eine Schablone zuschneiden.

07 Aus einem 0,8 Millimeter starken Karosserieblech schneiden wir eine Platte zu.

Zum Schluss spendieren wir noch eine Lage Feinspachtel, um auch die letzten Unebenheiten und Kratzer zu beseitigen. Danach noch eine Runde schleifen – diesmal mit

11 ...und mit Hilfe eines Schleifklotzes verschliffen.

12 feinem 600er Schmirgel.

13 Dann wird alles gründlich gereinigt und abgeklebt. Die Lackierung selbst ist etwas für Profis und niemals mit einer Spraydose machbar.

Ein kompletter Karosseriebausatz ist die ganz große Nummer. Das geht so weit, dass es fast unmöglich ist, das Basisauto noch zu identifizieren. Einer der radikalsten Anbieter auf diesem Gebiet ist die Firma Wings West aus Kalifornien, die mit ihrem grimmigen Japan-Look auch bei uns auf dem Vormarsch ist.

Der Karosserie **Bausatz**

Karosserie

Zunächst sichten wir die Teile und versuchen, zu verstehen, was wie und wo befestigt wird.

01 Das hier sind die beiden Schürzen für unseren Saxo.

Obwohl es im Grunde immer darum geht, Spoiler, Schürzen und Flügel anzukleben oder zu -schrauben, und obwohl es mehrere Anbieter auf diesem Gebiet gibt, haben wir uns bewusst entschlossen, einen Kit von Wings West auszuprobieren.

Wie alle Bausätze kommt auch dieser in Schwarz daher, der natürlichen Farbe von Kunststoff. Wir müssen daher zweimal montieren. Einmal, um zu sehen, ob alles passt und gegebenenfalls kleine Änderungen vorzunehmen, und ein zweites Mal nach dem Lackieren.

Egal für was für einen Anbieter man sich entscheidet, es lohnt sich, auch nach dem Material zu fragen. Fiberglas oder GFK ist zum Beispiel relativ günstig, aber auch bruchempfindlich und schwer. Bei einem kompletten Bausatz kommen so einige Kilo zusammen. Carbon oder Kohlefaser ist zwar sehr leicht, aber ebenfalls bruchempfindlich und sehr teuer. Ein guter Kompromiss sind Teile aus bruchfestem ABS, die aber beim Lackieren etwas Schwierigkeiten machen können und sich bei großer Hitze leicht verziehen.

Am besten ist es, sich vor der Kaufentscheidung bei jemandem zu erkundigen, der einen solchen Kit bereits verbaut hat.

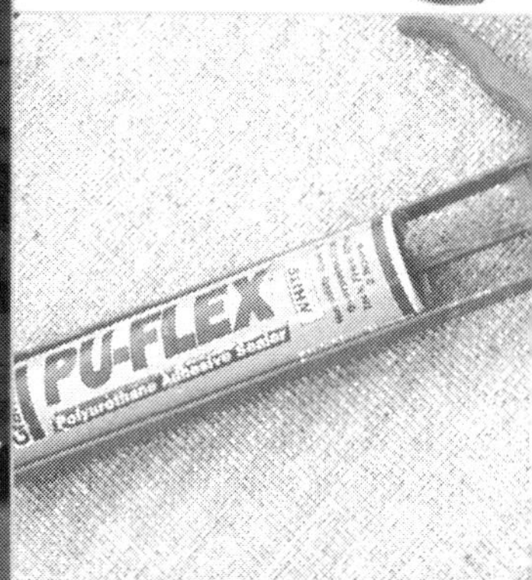

06 Auf dem Markt gibt es unzählige Arten von Kleber. Für jeden Verwendungszweck und jedes Material den richtigen. Da ist gute Beratung gefragt.

02 Die Heckschürze sieht passend aus. Jetzt müssen wir noch überlegen, ob ein zweiter Ausschnitt für einen Doppelrohrauspuff nötig ist.

03 Da die Schürze so gut passt, markieren wir gleich deren Sitz. Die Linie messen wir dann noch einmal nach, denn das Auge kann sich täuschen.

04 An den hinteren Ecken gibt es das erste Problem: Wir haben die Radhäuser bereits erweitert, um 17-Zoll-Räder montieren zu können. Jetzt fehlt uns das Material, um die Ecken anschrauben zu können.

05 Auf die 17-Zöller wollen wir aber nicht verzichten, also stutzen wir auch das Anbauteil zurecht. Da wir dann nicht mehr schrauben können, müssen wir später eben kleben.

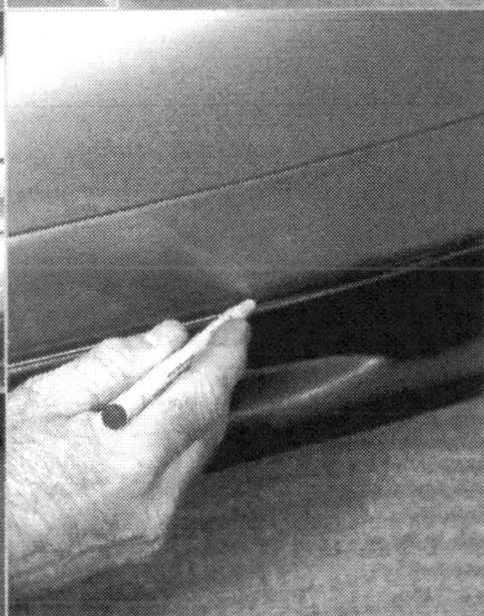

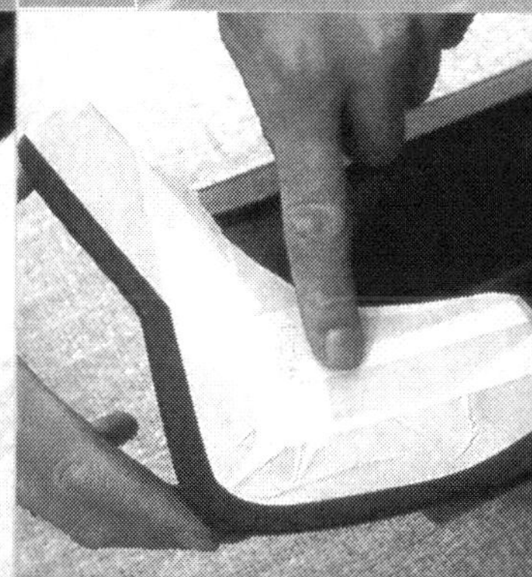

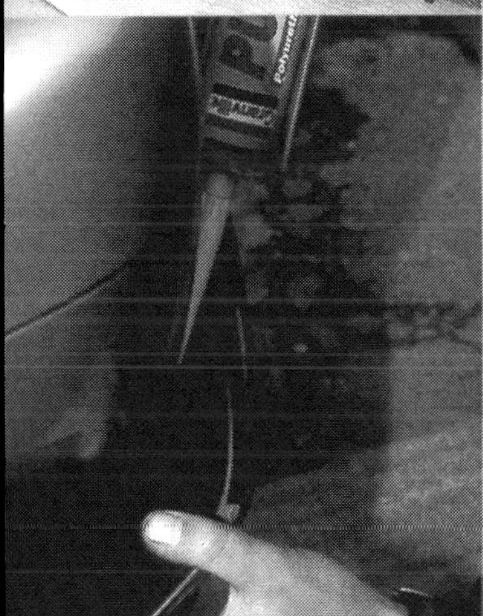

07 Vorraussetzung zum Kleben ist natürlich, das die Anbauteile sauber und ohne Spannung anliegen. Auch sollte der Untergrund angerauht werden, damit der Kleber bombenfest hält.

08 Für die Oberkante liefert Wings West ein doppelseitiges Klebeband mit, das auf der markierten Linie sitzen muss. Natürlich muss vorher alles gründlich gereinigt werden.

09 Das Band selbst wird auf das Anbauteil geklebt und dann die Schutzfolie abgezogen. Dann ist gutes Augenmaß gefragt, denn es gibt nur einen Versuch.

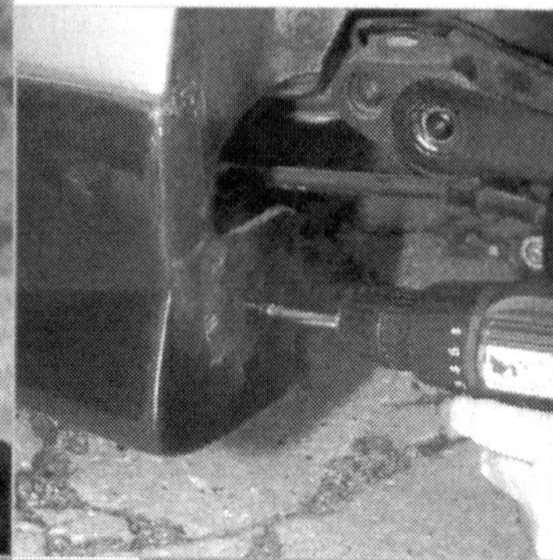

10 Unser Kit ist zwar noch nicht lackiert, aber wir montieren ihn trotzdem. Dazu ziehen wir die restliche Schutzfolie mit Gefühl aus dem Spalt.

11 Die Seitenschweller werden vorn und hinten in den Radhäusern verschraubt. Dazu müssen frische Löcher gebohrt werden, die unbedingt vor der Montage versiegelt sein müssen.

12 Auch die Frontschürze passt gut, doch die großen Räder streifen bei vollem Lenkeinschlag. Also ist auch hier ein wenig Anpassungsarbeit nötig.

13 Problem Nummer zwei: Wir haben den unteren Lufteinlass mit einem Drahtgitter verschlossen. Die Schürze wird aber normalerweise in den Einlass eingeschoben. Schürze absägen oder den Grill modifizieren?

14 Wir entscheiden uns für die Stichsäge, da dieser Teil des Spoilers keine tragende Funktion hat. Natürlich gilt auch hier: dreimal überlegen, zweimal messen und nur einmal sägen.

15 Da wir wie beim Heckteil die Enden abschneiden müssen, kommt auch hier nur noch das Kleben in Frage. Also checken wir, ob die Schürze perfekt anliegt und die Klebefläche sauber ist.

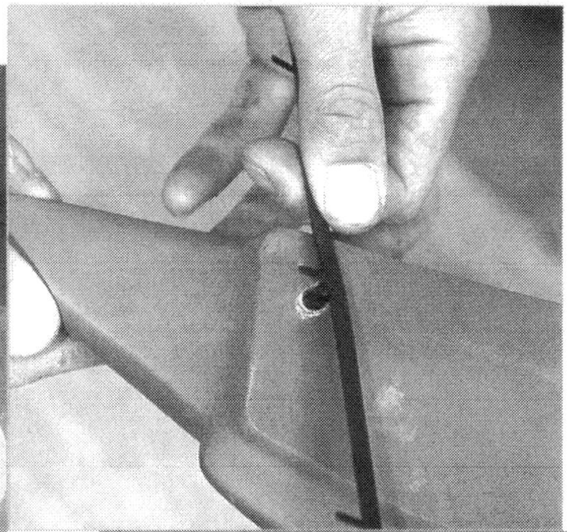

16 Fehlt nur noch der Dachflügel. Dieser ist bereits lackiert und muss nur noch angeschraubt werden.

17 Was ist denn das? Explodierende Spoiler? Was sich witzig anhört ist durchaus ernst zu nehmen, denn wenn der Hohlraum nicht belüftet ist, kann einem das Ding tatsächlich um die Ohren fliegen. Also die Löcher offen lassen.

18 Um die Position der Bohrlöcher exakt bestimmen zu können, hat sich Wings West etwas Cleveres einfallen lassen: Der Plastikstreifen wird in die Löcher eingehängt, der Spoiler angehalten und dann der Streifen an der Karosserie fixiert.

19 So gibt es eigentlich keine Ausreden mehr, wenn die Löcher an der falschen Stelle sitzen. Nicht vergessen, die Löcher mit einem Rostschutzmittel zu versiegeln.

20 Ein paar Tage und ein paar Liter Lack später kann der Saxo zur ersten Probefahrt antreten. Nicht schlecht, oder?

Detailarbeit

Ziel des Tunings ist einerseits, etwas Bestehendes zu verbessern. Andererseits aber auch, das Auto in ein unverwechselbares Einzelstück zu verwandeln. Das Problem dabei ist: Es gibt mehr Leute, die Tunen, als Produkte, die in Frage kommen. Wer also unbedingt ein Einzelstück fahren möchte, hat keine andere Wahl, als die Tuningteile noch einmal zu tunen.

Ein Beispiel gefällig? Nehmen wir den Golf 2 als eines der beliebtesten Tuning-Objekte. Obwohl hier das Angebot riesig ist, wird man früher oder später doch auf einen Golf mit den gleichen Felgen stoßen. Oder auf jemanden, der genau den gleichen Spoiler angebaut hat. Oder sogar beides und dann sogar noch in der gleichen Farbe?

Wir könnten jetzt Wahrscheinlichkeitsrechnungen anstellen, wie groß die Chance ist, dass sich zwei identisch aufgebaute Autos begegnen, aber viel wichtiger ist doch das sichere Gefühl, ein Unikat zu besitzen. Also nehmen wir jedes Teil noch einmal in die Hand und überlegen, was wir noch damit anstellen können.

Pro
Chrom sieht fantastisch aus, die Oberflächen lassen sich leicht reinigen und sind perfekt geschützt.

Kontra
Verchromen ist aufwändig und entsprechend teuer. Wird dabei geschlampt, fällt das Chrom nach einiger Zeit einfach ab.

Verchromen

Jeder weiß, wie es aussieht, aber wer weiß eigentlich, was Chrom wirklich ist?

Chrom ist ein Metall, das in einem Galvanischen Betrieb auf Werkstoffe aufgebracht werden kann. Damit wird auch das Trägermaterial weitgehend resistent gegen Umwelteinflüsse. Das ist auch der Grund, warum Stoßstangen (als es noch welche gab) verchromt wurden. Das Zweite, was man wissen sollte, ist, dass Chrom an sich nicht glänzt. Das funktioniert nämlich nur, wenn darunter eine Nickel-Schicht sitzt und die Oberfläche anschließend poliert wird.

Wie funktioniert das Verchromen?

Das Verchromen ist eine aufwändige und langwierige Geschichte. Das Chrombad ist sehr giftig und auch gefährlich, bei der Verarbeitung entsteht explosives Knallgas.

Zunächst wird das Werkstück in einem agressiven Säurebad von allen möglichen Rückständen befreit. Dann wird das Teil gründlich poliert, um eine glatte und saubere Oberfläche zu erreichen.

Nach mehreren Reinigungsdurchgängen mit verschiedenen Mitteln ist das Werkstück dann bereit für die Beschichtungen. Dazu kommt es bis zu zwei Stunden lang in ein Bad aus flüssigem Nickel. Danach wird es erneut gereinigt und dann für ein paar Minuten in das Bad mit dem Chrom gehängt. Die Bäder selbst sind elektrisch geladen, wobei das Bad den einen Pol und das Werkstück den anderen Pol darstellt.

Was kann ich überhaupt verchromen lassen?

Heutzutage kann fast alles verchromt werden – auch Kunststoff. Nichtleitende Werkstoffe werden dazu einfach mit einer oder mehreren Schichten Metall überzogen.

Leider ist das Verchromen wegen der teuren Bäder und den dazu nötigen Maschinen sehr teuer und nun wirklich nichts für Heimwerker. Einen Satz Felgen verchromen zu lassen, kann leicht 1000 Euro kosten. Wenn sich überhaupt ein galvanischer Betrieb mit solchem "Kleinkram" abgibt. Dazu kommt jede Menge Handarbeit beim Polieren. Das kann man eventuell noch zu Hause erledigen, wobei das Polieren bei Aluminium oder Edelstahlteilen auch eine echte Alternative sein kann. Der Glanz ist zwar nicht ganz so resistent gegen Umwelteinflüsse und muss von Zeit zu Zeit aufgefrischt werden – wer jedoch genügend Zeit und Mühe investiert, kann auch mit dem Polieren glänzende Ergebnisse erzielen.

Vergolden

Beim Vergolden wird statt Chrom einfach 24-karätiges Gold aufgetragen. Alles nur eine Frage des Geldbeutels.

Wie wird genau vergoldet?

Das Metallteil bekommt einen Minuspol angehängt, der dafür sorgt, dass unerwünschte Bestandteile abgestoßen werden, und wird so in einem speziellen Bad gereinigt. Dann wird der Pluspol drangehängt und das Teil in ein Goldbad gehängt. Das Gold verteilt sich dann gleichmäßig am Werkstück.

Was kann alles vergoldet werden?

Im Prinzip jedes Metall. Aluminum sollte allerdings poliert sein und muss unbedingt vorher vernickelt werden. Auch Plastik kann vergoldet werden, solange es vorher bereits verchromt wurde. Natürlich ist Vergolden an großen Werkstücken sehr teuer: pro Felge kann man getrost mit rund 600 Euro rechnen. Immer vorausgesetzt, es wurde vorher durch Verchromen schon eine makellose Oberfläche geschaffen.

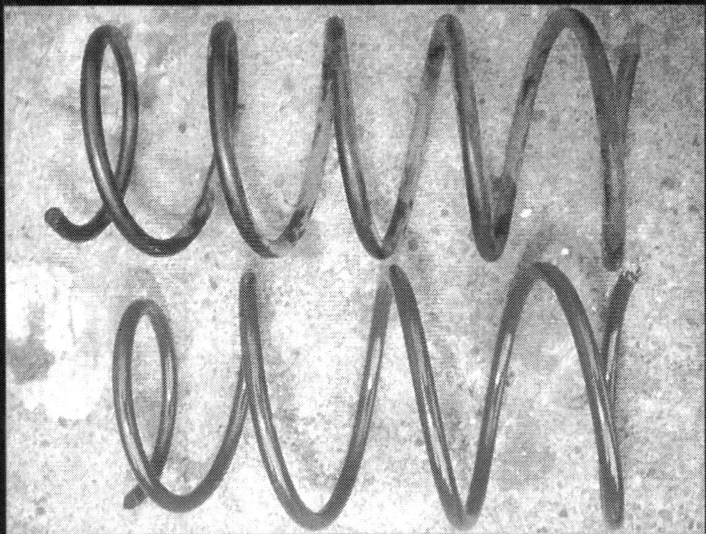

Pulver Beschichten

Bei der Pulverbeschichtung wird keine flüssige Farbe verwendet, sondern in einem elektrochemischen Prozess eine Schutzschicht aus Kunststoff aufgebracht.

Wie funktioniert das Pulverbeschichten?

Das Werkstück wird elektrisch geladen und der Kunststoff in Pulverform aufgesprüht. Das Pulver setzt sich auf dem Werkstück ab und bildet einen schlag- und kratzfesten Überzug. Inzwischen ist die Farbvielfalt recht groß. Auch sind heute glänzende, matte und sogar Oberflächen mit Metallic-Effekt machbar.

Was kann pulverbeschichtet werden?

Sinvollerweise alles, was höheren mechanischen Anforderungen ausgesetzt ist. Ist die Schutzschicht allerdings erst einmal aufgebrochen, saugt sich Feuchtigkeit durch die Kapillarwirkung erst recht unter die Beschichtung.

Folien Beklebung

Aufkleber waren eine ganze Zeit verpönt, schlichte Zierstreifen sogar ein absolutes Tabu. Seitdem grafisch am Computer alles machbar ist, erlebt der Aufkleber sein Comeback.

Wie funktioniert die Folierung?

Am besten man fotografiert sein Auto und malt erst einmal auf Papier drauf los. Wer fit am Computer ist, kann in einem Grafikprogramm sogar seinen eigenen Aufklebersatz erstellen. Wer sich mit Vektor-Grafiken nicht so gut auskennt, fragt einen Grafiker.

Die Daten können dann auf einer CD gespeichert und zu einem Werbetechniker gebracht werden. Den Rest erledigt der Plotter direkt auf der Folie. Davon gibt es übrigens unzählige Arten, die sich hauptsächlich in Dicke, Beständigkeit und natürlich Preis unterscheiden. Das Bekleben selbst ist auf großen Flächen etwas kniffelig, vielleicht erledigt das der Werbetechniker gleich mit. Auf jeden Fall ist ein Foliendesign günstiger als eine Lackierung.

Effekt **Lackierungen**

Längst haben auch die Werke erkannt, dass mit langweiligen Lackierungen heute niemand mehr zufriedenzustellen ist. Auch ab Werk gibt es schon Metallic, Metal-Flake, Perleffekt und Flip-Flop-Lackierungen.

Das kann uns nur recht sein, denn so kann man die Farben in Ruhe begutachten, bei jedem Lackierer nachmischen lassen und sogar Lackstifte kaufen. Wer sich eine einmalige Farbe zurechtmixen lässt, hat im Reperaturfall größere Probleme.

Das gilt besonders für die Metallic-Lacke, bei denen mikroskopisch kleine Metallteile im Lack eingebettet sind. Sind die Metallteile größer beziehungsweise zu größeren Stücken zusammengebacken, spricht man von Metal-Flake. Wer dabei an Cornflakes denkt, die in Milch schwimmen, liegt nicht ganz verkehrt.

Metal-Flake-Lackierungen sind zwar aufwändig und damit etwas teurer, an der Wirkung gemessen aber jeden Cent wert.

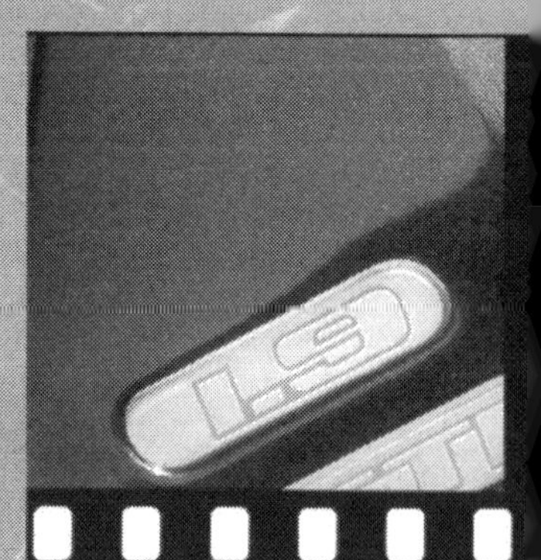

Noch aufwändiger sind Perleffekt oder Mehrschichtlackierungen. Dabei werden verschiedene Lackschichten übereinander gelegt, um eine Tiefenwirkung zu erreichen. Dabei können durchaus unterschiedliche Farben verwendet werden. Perleffekt kann man auch wörtlich nehmen: So hat ein Lackierer nach dem Basislack Wasser aufgesprüht, danach eine weitere Lage aufgelegt und das Ganze dann mit Klarlack fixiert. Jetzt sieht das Auto aus, als ob es gerade geregnet hätte. Dieses Beispiel zeigt, dass der Kreativität keine Grenzen gesetzt sind. Aber auch, dass das Ergebnis hauptsächlich von dem Wissen, der Begabung und der Erfahrung des Lackierers abhängt.

Und natürlich von der Qualität der Vorarbeiten. Beim stundenlangen Spachteln, Schleifen und Reinigen kann eine Menge Geld gespart werden. Überlässt man das den Profis, ist schnell noch einmal ein Tausender weg. Allerdings können nur die Profis wirklich beurteilen, ob die Vorarbeiten gut genug sind. Erstaunlich, wo sie noch Kratzer oder Beulen an einem Auto erkennen. Den Abschluss der Vorarbeiten sollte man also ruhig dem Lackierer überlassen – der letzte Durchgang und das Abkleben muss ohnehin in der staubfreien Lackierbox stattfinden. Um es noch einmal ganz klar zu sagen: Lackieren ist und bleibt teuer, die Vorarbeiten sollten deshalb so gründlich wie möglich ausgeführt werden. Nichts ist ärgerlicher als Beulen oder Kratzer unter dem frischen Lack.

Das gilt ganz besonders für die teuerste Art der Lackierung: Der letzte Schrei sind nämlich die so genannten Flip-Flop-Lacke. Dabei wechselt die Farbe je nach Lichteinfall und Betrachtungswinkel. Allein das Material kostet mindestens das Doppelte eines gewöhnlichen Metallic-Lacks und ist nicht ganz einfach zu verarbeiten. Es gibt aber auch Lacke, die das Zehnfache kosten, dann aber auch bis zu vier verschiedene Farben in sich vereinen. Da sollte der Lackierer schon wissen, was er tut. Bevor man also eine solche Arbeit in Auftrag gibt, sollte man sich ein paar Arbeitsproben ansehen und den Lackierer das Verfahren erklären lassen. Dann wird meistens schon klar, wieviel Erfahrung der gute Mann mit solchen Lacken hat.

Pro

Die Farbe trägt wesentlich zum Gesamteindruck bei. Nichts geht also über eine Lackierung, die dem Look Rechnung trägt.

Kontra

Bei einem Schaden wird die Reparatur extrem kompliziert und teuer. Noch einmal den exakt gleichen Farbton zu treffen, ist ein echtes Meisterstück.

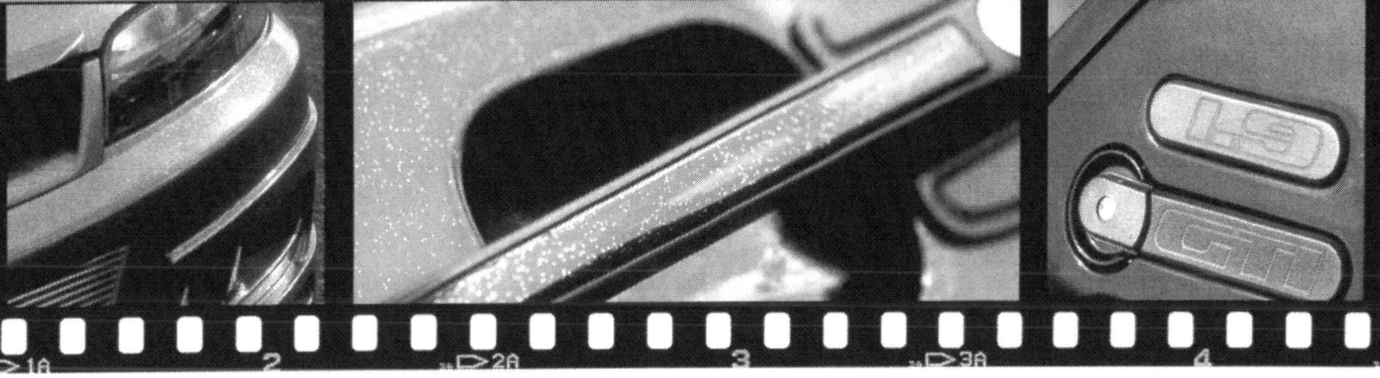

06 Sound-Check

Sound-Check

Am Anfang jeder guten Anlage steht eine gutes Radio. Nur wenn hier ein vernünftiges Signal rauskommt, kann der dicke Verstärker das ordentlich aufblasen und an die hoffentlich hochwertigen Lautsprecher weitergeben. Damit die Aufgabe nicht zu einfach wird, verstecken wir bei unserem Saxo noch einen CD-Wechsler im Handschuhfach.

01 Mit einem halbierten DIN-Entriegelungshaken kann das Original-Radio aus seinem Schacht gezogen werden. Wer nicht weiterkommt, fährt beim Citroën-Händler vorbei und leiht kurz die Original-Haken aus.

02 Mittlerweile haben fast alle Radios ISO-Stecker an der Rückseite. Bei dem neuen Sony-Radio werden die nötigen Adapter mitgeliefert. Der Anschluss der Stromversorgung ist also kein Problem. Hinten am Original-Radio ist ein Teil zu sehen, das im Armaturenbrett für zusätzlichen Halt sorgt.

03 Sobald Original-Radio und Rahmen entfernt sind, kann der neue Käfig in den Schacht geschoben werden. Dann werden die Haltelaschen nach unten gebogen, um den Käfig zu fixieren. Ist kein DIN-Ausschnitt vorhanden, gibt es Blenden, die den Ausschnitt auf das richtige Maß bringen.

04 Hier werden noch die Line-Out-Kabel zum Verstärker und das Unilink-Kabel zum CD-Wechsler angeschlossen. Damit ist das Thema Radio schon fast erledigt.

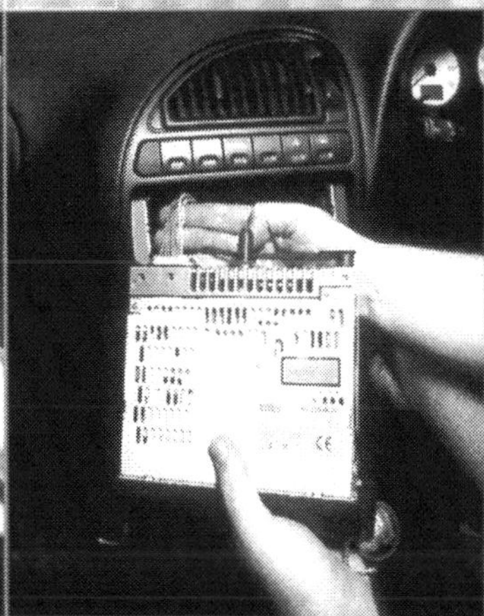

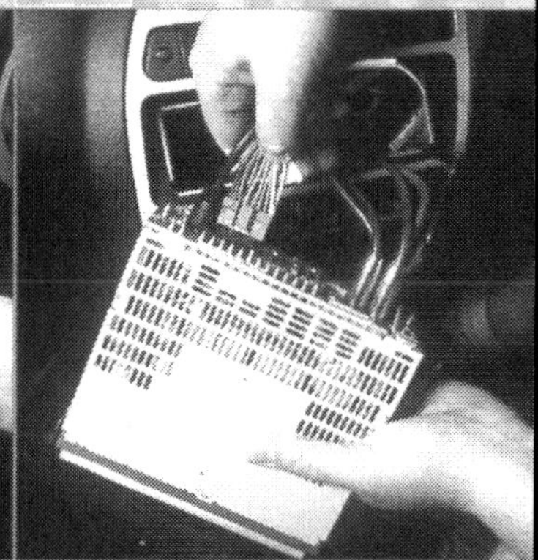
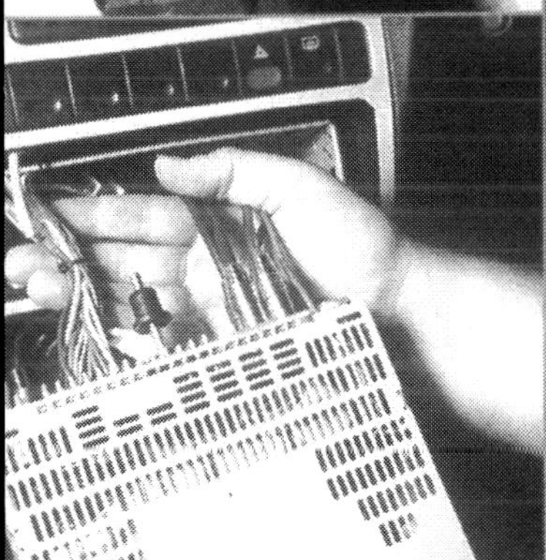
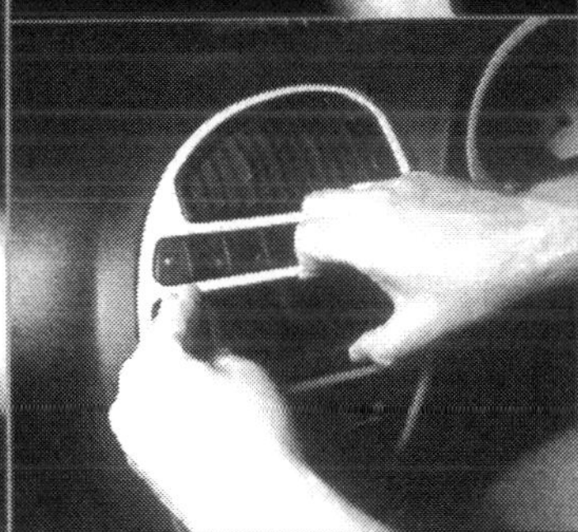

05 Den zusätzlichen Halter haben wir ebenfalls umgebaut. So kann das Radio nicht mehr wackeln.

06 Weil doch einige Kabel dazugekommen sind und der Schacht im Saxo sehr eng ist, hatten wir einige Schwierigkeiten, das Radio in den Schacht zu schieben. Nach einigem Hin und Her ging es dann aber doch.

07 Für das Handschuhfach fertigten wir eine Blende aus Kunststoff an und bezogen diese mit Teppich. Im Handschuhkasten selbst war nur ein kleines Loch für die Durchführung der Kabel nötig.

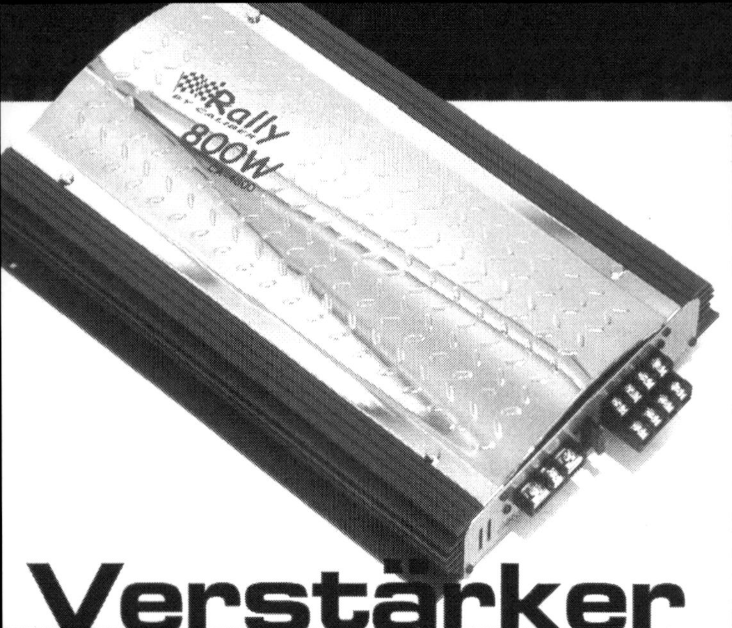

Verstärker

Sound-Check

Für den richtigen Sound ist ein kräftiger Verstärker absolut notwendig.

Wir wählen einen Vierkanal-Verstärker, der mit zwei Ausgängen die vorderen Lautsprecher ansteuern soll und mit den anderen zwei parallel einen Subwoofer versorgt. Zusätzlich soll das Radio selbst noch zwei kleine Lautsprecher versorgen.

01 Da wir den Verstärker auf der linken Seite im Kofferraum an der Seitenverkleidung befestigen wollen, schneiden wir zunächst eine Schablone zurecht...

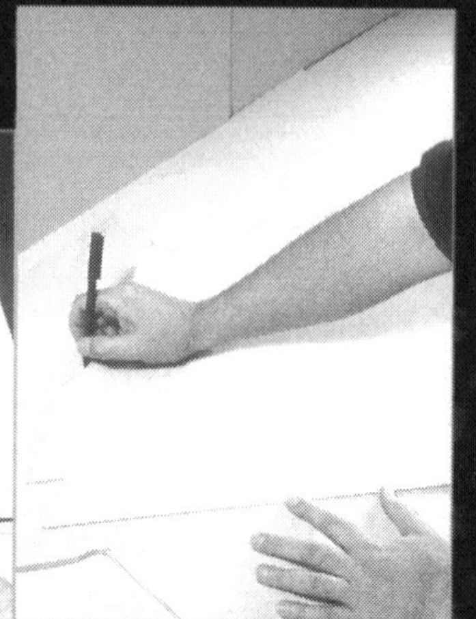

02 ...und übertragen diese dann auf eine massive MDF-Holzplatte. Diese wird dann an den Rändern mit drei Leisten unterlegt, um etwas Abstand für die Kabel zu bekommen.

03 Als nächstes wird der Verstärker auf der Holzplatte ausgerichtet und die Löcher für die Kabeldurchführungen gebohrt. Die Kabel selbst sollen hinter der Platte liegen und erst kurz vor den Anschlüssen aus der Verkleidung treten. Das sieht mit Abstand am besten aus.

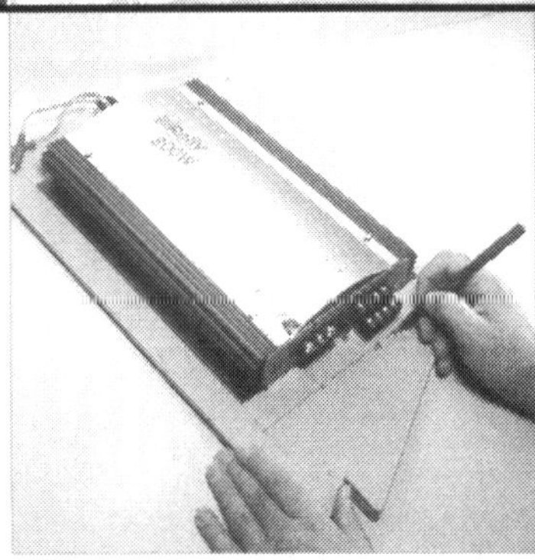

04 Auf der Rückseite bringen wir noch einen Winkel an, mit dem die Platte später an der Halterung der Rücksitzlehne befestigt wird. Dann beziehen wir die Vorderseite der Platte mit Teppich.

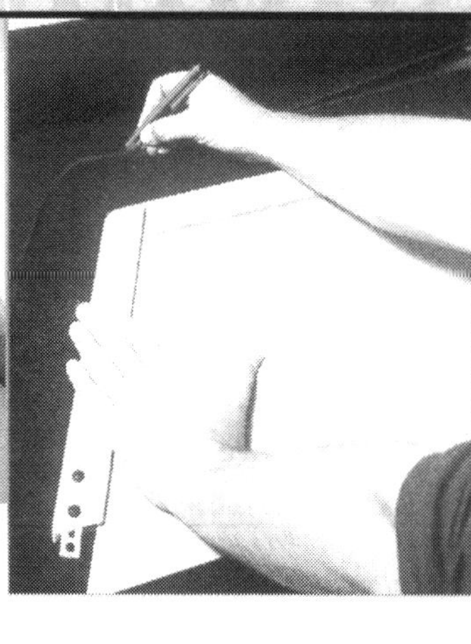

05 In der Zwischenzeit sind auch die Kabel im Heck angekommen - fein säuberlich mit Schrumpfschlauch überzogen. Jetzt kann die Platte angeschraubt werden, auf die Platte der Verstärker. Ganz unten rechts im Bild haben wir die Masseleitung angeklemmt. Je kürzer die Wege und je dicker die Kabel, umso weniger Leistung geht verloren.

06 Ein kleiner Blick in die Zukunft: So sieht das Ganze einmal aus, wenn alles fertig ist.

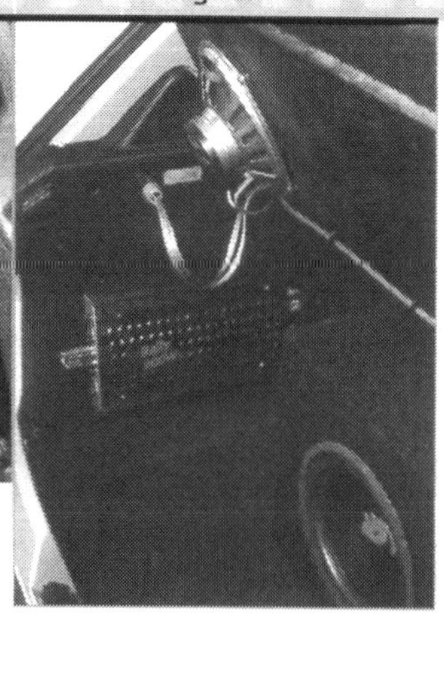

Tür Lautsprecher

Die Original-Türlautsprecher hätten den Attacken des Verstärkers wohl nicht lange standgehalten. Also spendieren wir dem Saxo ein paar JBL-Mehrwege-Syteme, die aus relativ großen Mitteltönern, einer passiven Frequenzweiche und extra Hochtönern bestehen. Das Signal vom Verstärker wird also zerlegt, und jeder Lautsprecher bekommt nur das, was ihm zusteht. Außerdem bekommt die Tür noch eine Anti-Dröhnmatte verpasst.

01 Die Türverkleidung ist nur mit zwei Torx-Schrauben befestigt - eine in der oberen Ecke und eine am Türgriff. Der Rest sind einfache Clips. Dummerweise sind die Original-Lautsprecher vernietet – aber kein Problem für unseren Mann an der Bohrmaschine!

02 Als nächstes befreien wir die Tür mit Bremsenreiniger gründlich von Dreck und Wachs, um eine Dämpfungsmatte von Dynamat Xtreme aufkleben zu können.

03 Mit einer kleinen Walze wird die Matte ordentlich angedrückt. Eine lose Matte kann schließlich nichts mehr dämpfen.

04 In die Vertiefung neben der Lautsprecheröffnung bohren wir ein Loch, um dort die Frequenzweiche anschließen zu können.

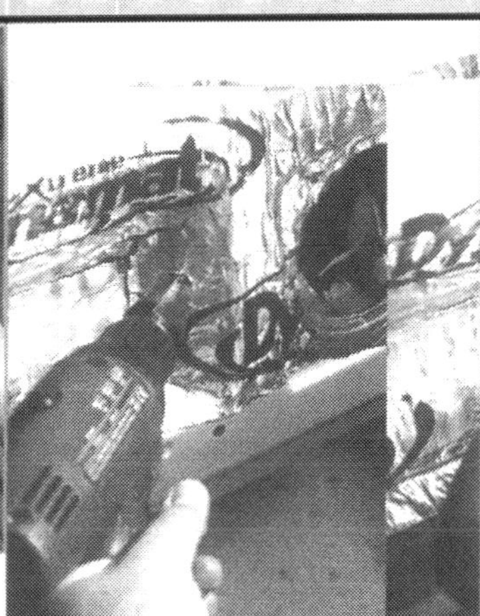

05 Natürlich wird das Loch versiegelt und zusätzlich eine Gummidurchführung eingesetzt.

06 Die alten Lautsprecher-Stecker können ab, daran wird jetzt eine Verlängerung gelötet.

07 Die Lötstellen isolieren wir mit Schrumpfschlauch.

08 Das Kabel läuft einmal zur Weiche und von dort aus zurück zum Lautsprecher. An diese Enden kommen jetzt die passenden Stecker.

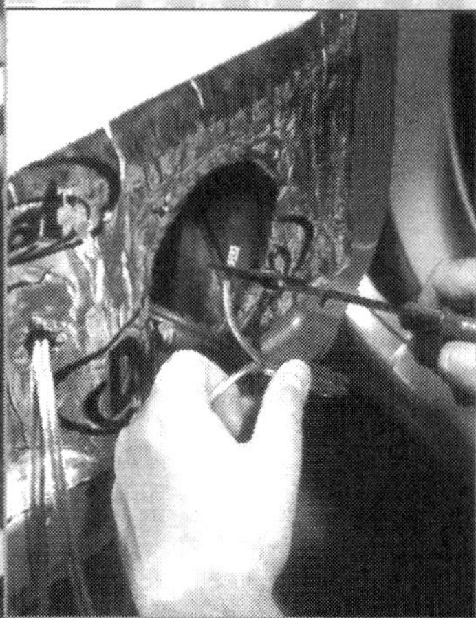

09 Dann kann der Lautsprecher auch schon fest in der Tür verschraubt werden.

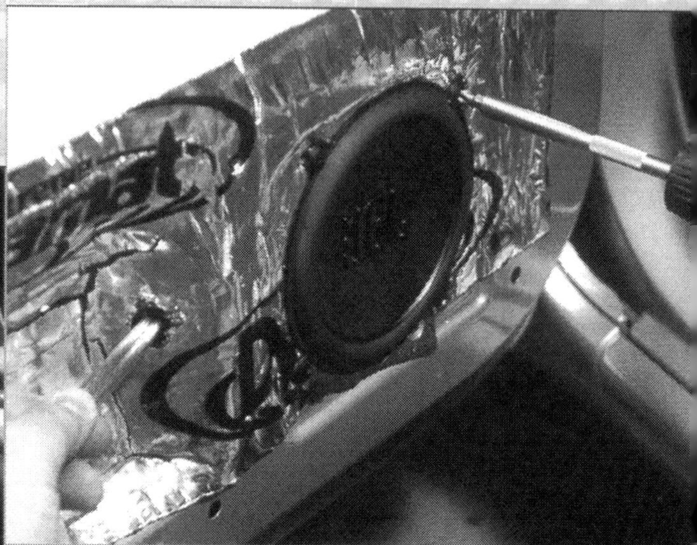

13 Der Hochtöner kann in der Halterung gekippt werden und sollte für optimalen Klang in etwa auf den Innenspiegel zielen.

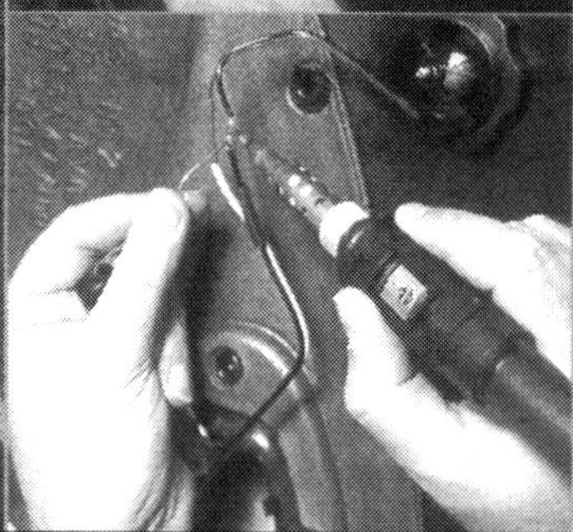

14 Auch der Hochtöner muss an die Frequenzweiche angeschlossen werden. Leider ist das Kabel dazu zu kurz. Also muss wieder der Lötkolben her.

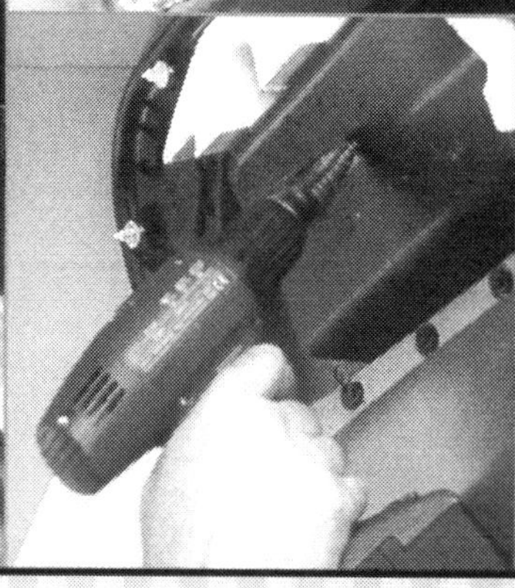

15 Um die Kabel zur Weiche zu bekommen, mussten wir noch ein Loch im Bereich der Türtasche bohren.

16 Die Zuleitung kleben wir an der Rückseite der Türverkleidung gut fest.

10 Der Hochtöner sollte so weit oben wie möglich sitzen. Allerdings muss hinter der Türverkleidung auch genügend Platz sein. Mit einem kleinen Loch markieren wir die Stelle...

11 ...und sägen dann mit einem Lochbohrer eine passende Öffnung.

12 Der Halter wird eingesetzt und von hinten verschraubt.

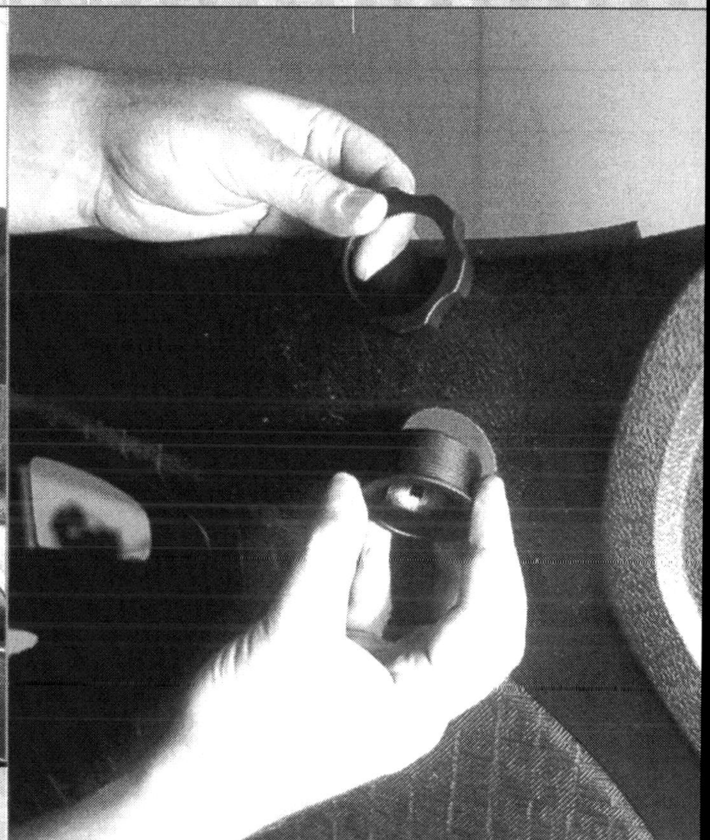

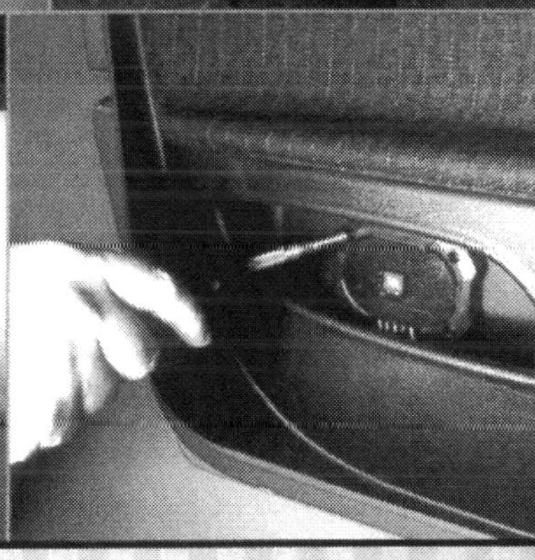

13 Dann führen wir alle übrigen Leitungen aus dem gleichen Loch, montieren die Türverkleidung und schließen die Frequenzweiche an.

14 Mit dem Festschrauben der Weiche sind wir mit dieser Tür fertig. Jetzt das gleiche Spiel noch einmal auf der anderen Seite.

Sub Woofer

Die perfekte Ergänzung zu den prickelnden Höhen und knackigen Mitten aus den Türen ist ein leistungsstarker Tiefbass im Kofferraum.

Ein guter Rat vorweg: Der Subwoofer sollte ordentlich befestigt werden. Wenn die Kiste im Kofferraum herumpurzeln kann, sind innerhalb kurzer Zeit die Verkleidungen zerstört, oder aber es reißen die Anschlusskabel ab. Das alleine tut schon weh, richtig schlimm wird es allerdings im Falle eines Unfalls: Dann wird aus dem Freudenspender nämlich blitzschnell ein kantiges Geschoss mit der Masse einer halben Tonne. Das hört sich vielleicht etwas übertrieben an, doch es sind tatsächlich schon Menschen von ihren eigenen Subwoofern erschlagen worden. Nur weil jemand zu faul war, das Ding mit paar Schrauben zu fixieren!

01 Wer sein Gehäuse selber baut, sollte nicht vergessen, das Innere mit Dämmstoff auszufüllen. Das Material, das wir dazu benutzt haben, wird sonst als Innenleben für Stofftiere verwendet.

02 Nach dem gleichen Schema kann übrigens auch eine Platte für die Reserveradmulde hergestellt werden. Oder für eine der Seitenverkleidungen im Kofferraum.

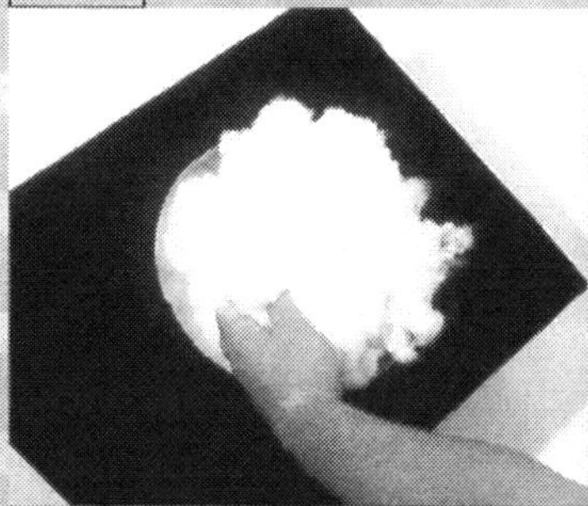

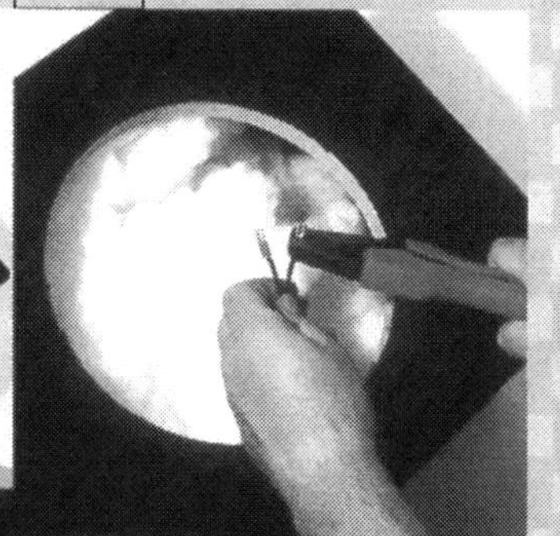

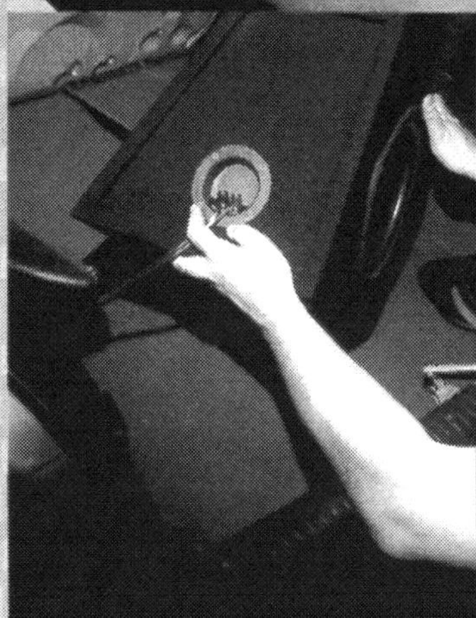

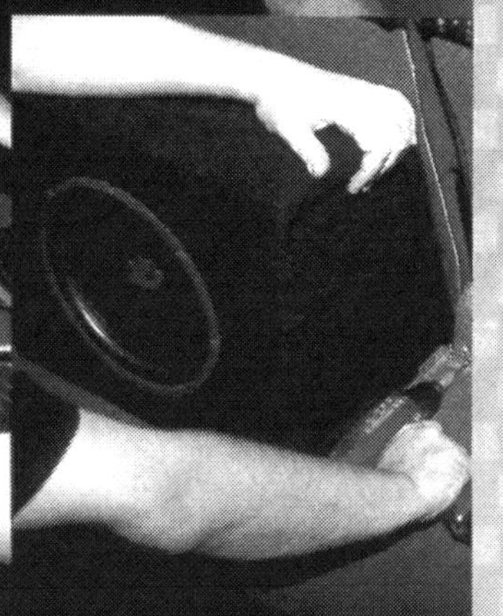

03 Wichtig ist, dass der Lautsprecher fest sitzt und die Polarität der Anschlusskabel stimmt.

04 Mit den üblichen Schraubanschlüssen kann der Subwoofer bei Bedarf schnell ausgebaut werden. Wer will kann aber auch einen Stecker dazwischen setzen.

05 Mit Metallwinkeln wird die Basskiste am Boden befestigt. Eine ganz edle Lösung sind Spannhaken, wie sie oft an Werkzeugkisten zu finden sind.

Sound Board

Um anständige 6x9-Lautsprecher im Heck unterzubringen, bauen wir uns nun noch eine neue Hutablage aus einer MDF-Platte.

Damit die Lautsprecher gut klingen, muss die Platte dick und stabil genug sein. Damit kommen natürlich einige Kilo zusammen. Womit wir wieder beim Thema ungesicherter Gegenstände im Auto wären.

Es ist dringend empfohlen, ja eigentlich schon Pflicht, das Soundboard fest mit dem Auto zu verschrauben. Wer ein solches Trumm nur lose in die Halterungen legt, spielt nicht nur mit seinem, sondern auch mit dem Leben seiner Mitfahrer.

Irgendwelche Schnüre daran zu befestigen in der Hoffnung, die Heckklappe könnte das Brett beim Beladen mit hochziehen, ist ziemlich aussichtslos. Wer das unbedingt probieren will, kann mit einem Klavierband das Brett an den Rücksitzlehnen befestigen. Besser ist es aber in jedem Fall, ein paar Schrauben mehr zu spendieren.

Achtung!
Beim Sägen und Schleifen von MDF-Platten grundsätzlich eine Atemschutzmaske tragen!

01 Sobald das Brett die richtige Form hat, messen wir die Position der Lautsprecher aus.

02 Mit der Blende können wir die Bohrungen für die Schrauben exakt anzeichen.

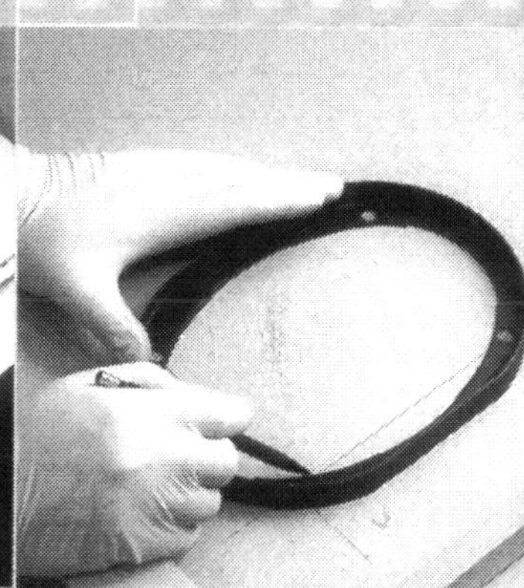

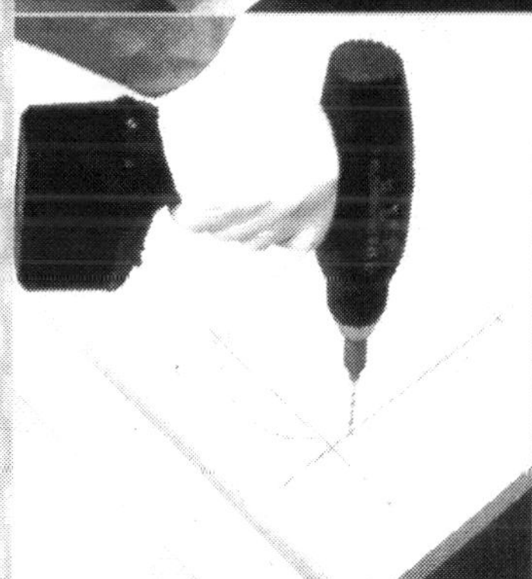

03 Zur Sicherheit übertragen wir den Ausschnitt auch auf die andere Seite. Die gebohrten Löcher dienen dabei als Anhaltspunkt für die Blende. Dann kommt die Stichsäge zum Einsatz.

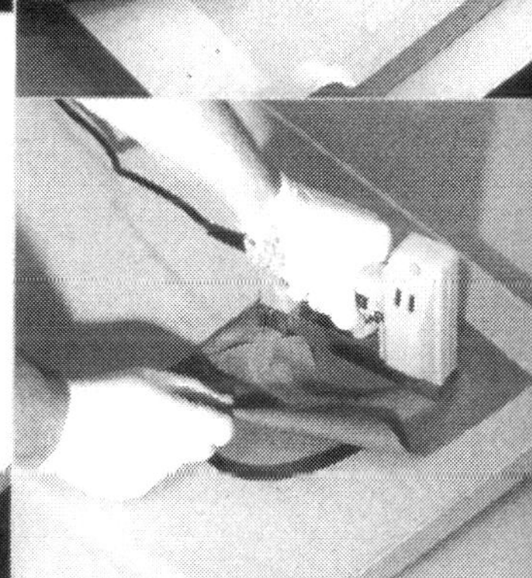

04 Auf der Oberseite spannen wir eine Lage Lautsprecherstoff über die Löcher. So kann der Bezug später nicht durchhängen.

05 Der Teppich, oder besser gesagt der Bezugsstoff, wird mit Sprühkleber fixiert. Dazu stellen wir das Brett an eine Wand und sprühen Brett und Stoff mit dem Kleber ein. Den Bereich der Lautsprecheröffnungen sparen wir dabei aber aus. Verklebter Stoff kann den Klang unschön beinflussen.

06 Dann wird das Brett auf den Stoff geklappt und gut angedrückt. Das überstehende Material wird um die Kanten gelegt und gut verklebt oder auch getackert. An den Ecken ist das nicht einfach und erfordert eine Menge Geduld und ein scharfes Messer.

07 Endlich können die Lautsprecher von unten befestigt werden. Vorsicht mit dem Schraubenzieher! Mit einem Loch in der Membran klingt auch der beste Lautsprecher nicht mehr!

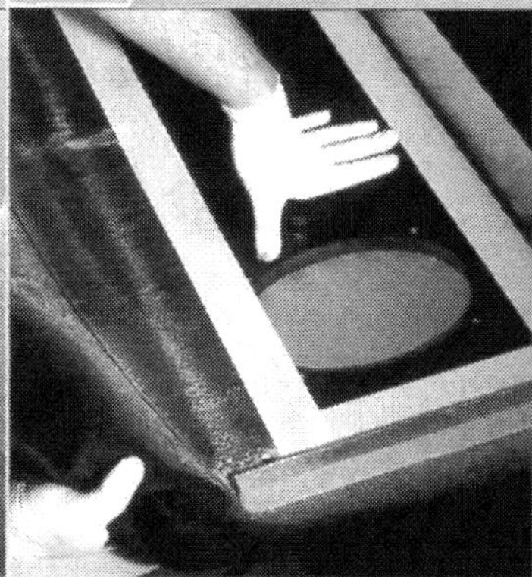

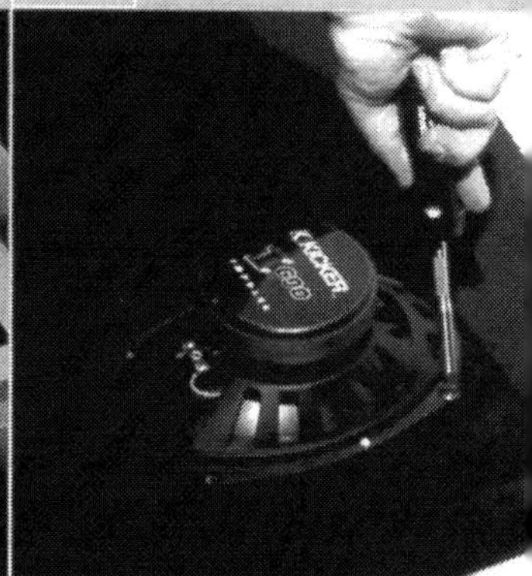

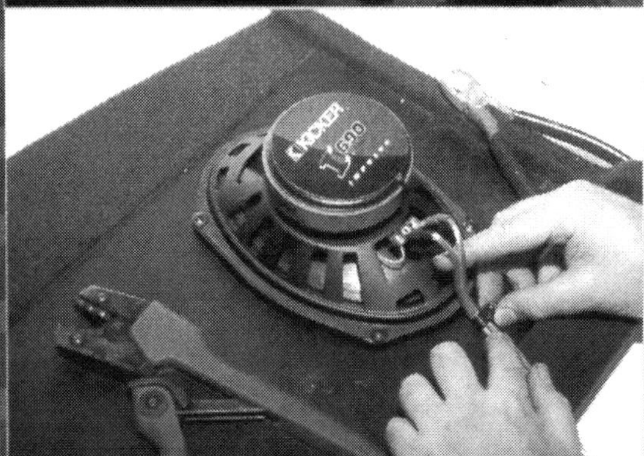

08 Als nächstes werden die Lautsprecher verkabelt.

09 Mit kleinen Klemmen aus dem Elektro-Fachgeschäft befestigen wir die Leitungen bis zu dem Punkt, an dem der Stecker sitzen soll.

10 Für die Verbindung von Lautprechern gibt es spezielle Stecker. Dieser hier sieht reichlich kompliziert aus, ...

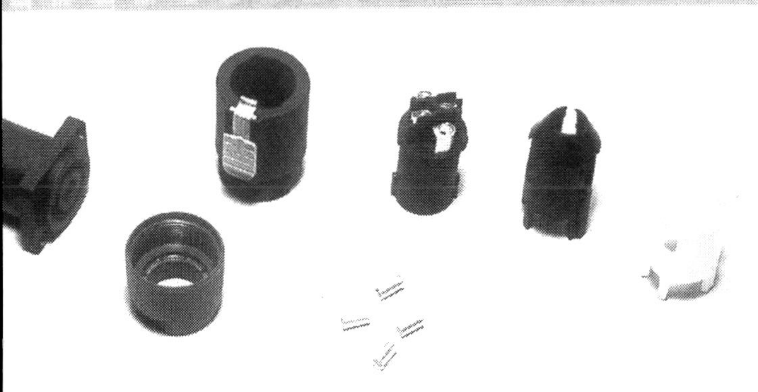

11 ...ist es aber im Grunde nicht. Auf der einen Seite werden die Leitungen, die vom Verstärker kommen, angeschlossen...

12 ...und auf der anderen Seite die Lautsprecherkabel mit kleinen Hülsen versehen.

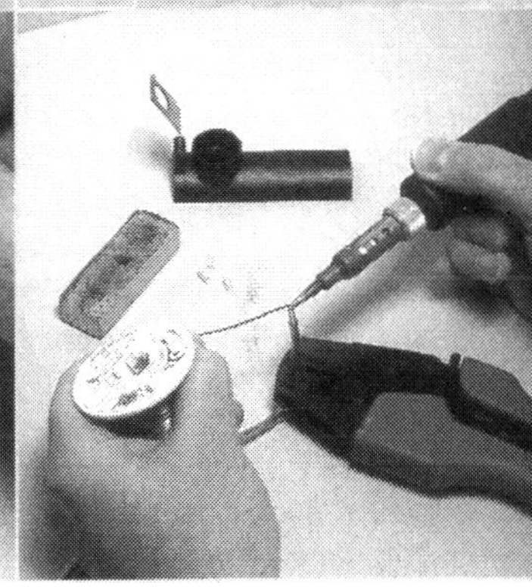

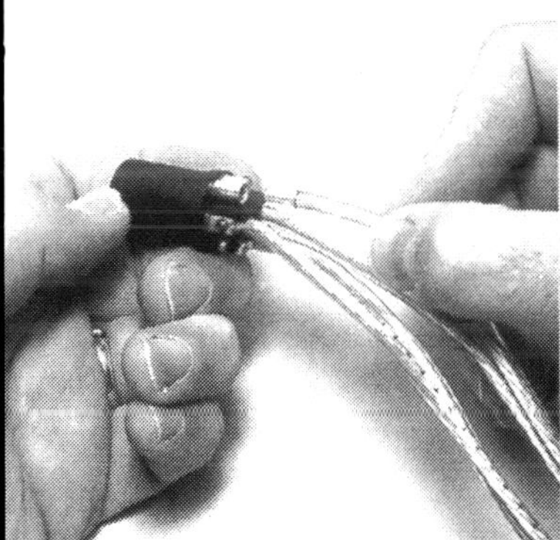

13 Bevor die Hülsen in die Fassung geschraubt werden, sollte man nicht vergessen, den Schraubring und die Isolierung aufzufädeln.

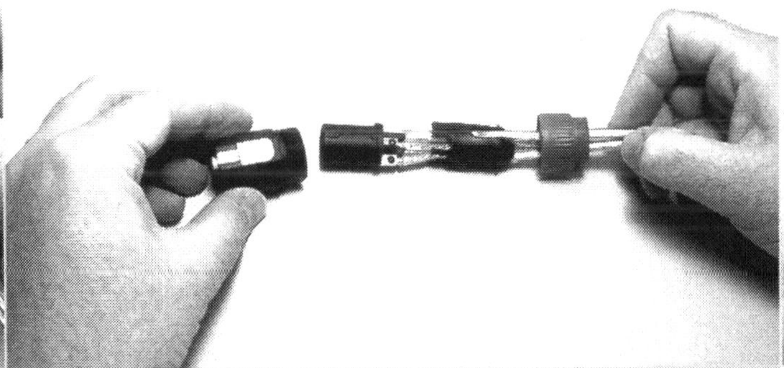

14 Der Stecker kann jetzt zusammengeschraubt werden...

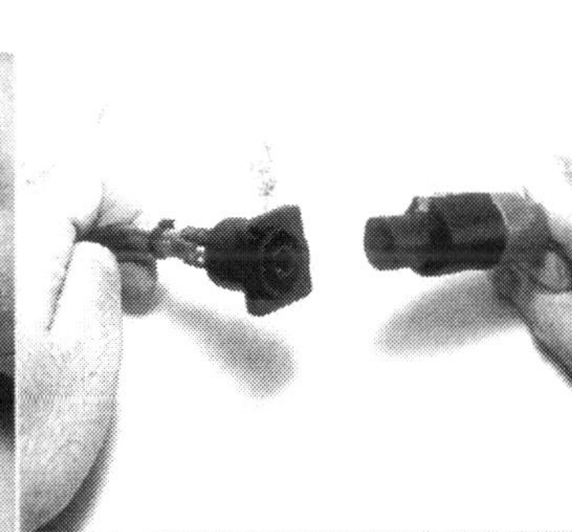

15 ...und findet sicheren Kontakt in seinem Gegenstück.

Verkabelung

Eine ordentliche Verkabelung garantiert störungsfreien Musikgenuss ohne Kurzschlüsse und Knackgeräusche. Eine schlampige Verkabelung sorgt im schlimmsten Fall dafür, dass das ganze Auto in Rauch aufgeht.

Das Pluskabel des Verstärkers erfordert besonders viel Sorgfalt. Gleich nach der Batterie muss eine Sicherung sitzen, und alle Karosseriedurchführungen müssen mit Gummis isoliert werden. Außerdem sollten in der Nähe keine wichtigen Kabel des Autos sein. Das gleiche gilt auch für die Signalleitung zum Verstärker. Wer auf Nummer sicher gehen will, nimmt abgeschirmte Kabel.

Als erstes verbinden wir das Hauptstromkabel mit dem Pluspol der Batterie – natürlich nicht, ohne vorher die Sicherung herausgenommen zu haben. Die Sicherung bleibt auch draußen, bis alles angeschlossen ist!

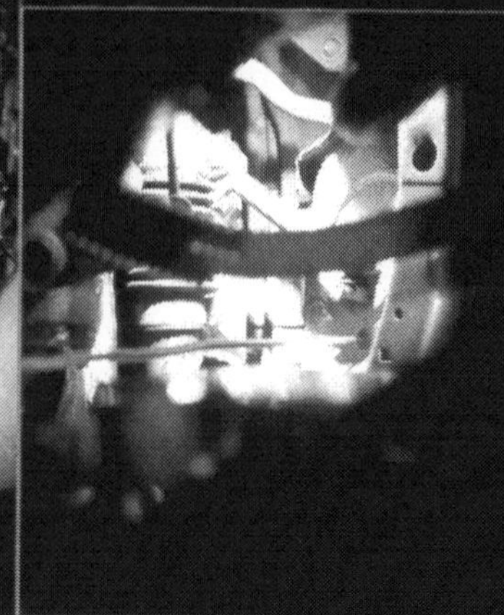

Leider finden wir an diesem Peugeot keine geeignete Stelle, um mit unserem Kabel in den Innenraum zu gelangen. Also bohren wir uns ein eigenes Loch.

Zuerst ein kleines, um herauszufinden, wo wir tatsächlich landen. Dann ein etwas größeres, in das wir einen passenden Gummistopfen einsetzen konnten.

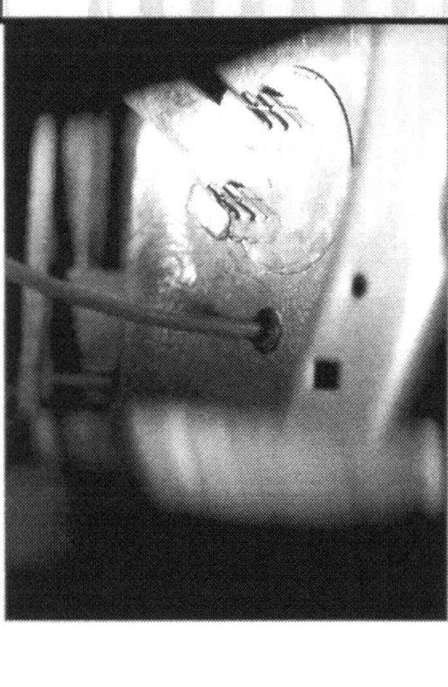

Zusätzlich dichten wir die Durchführung mit Silikon ab. Die Betonung liegt auf ZUSÄTZLICH, denn Silikon allein reicht nicht, um das Kabel gegen Durchscheuern zu schützen!

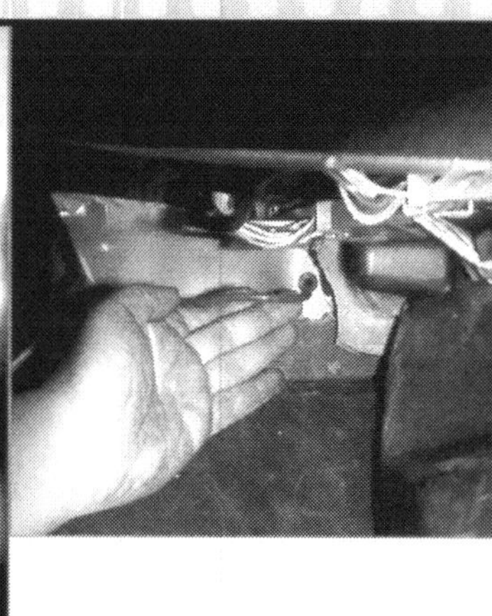

Da wir das Stromkabel durch die Mitte verlegen wollen, muss die Mittelkonsole weichen.

Diese ist mit ein paar Schrauben gesichert, eine versteckt sich unter dem Aschenbecher.

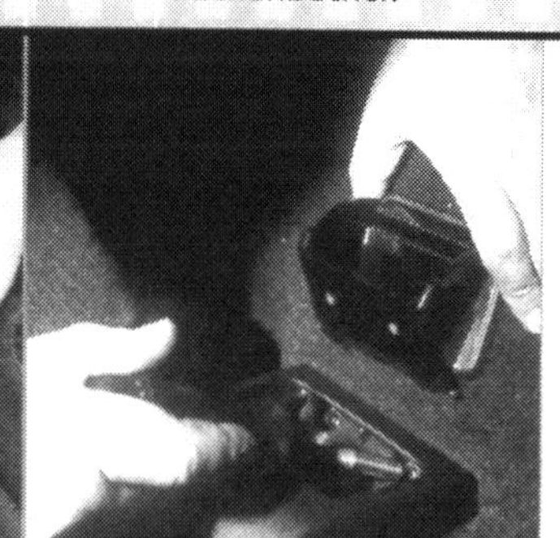

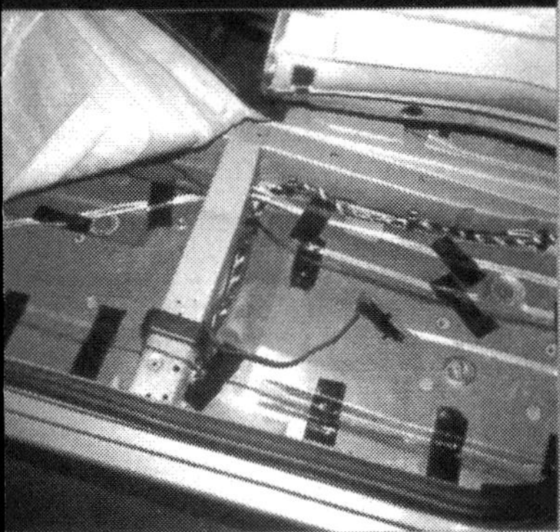

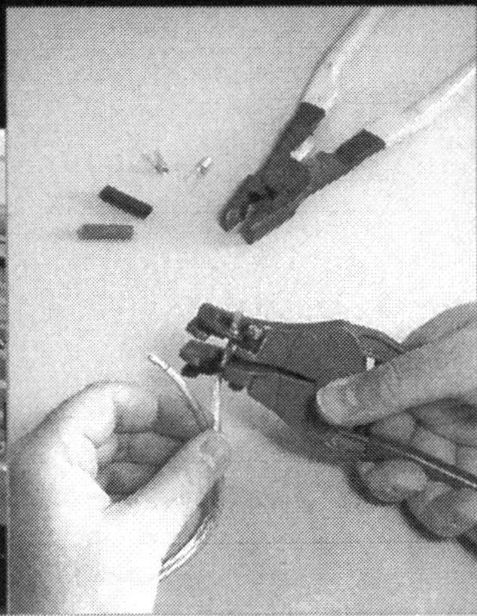

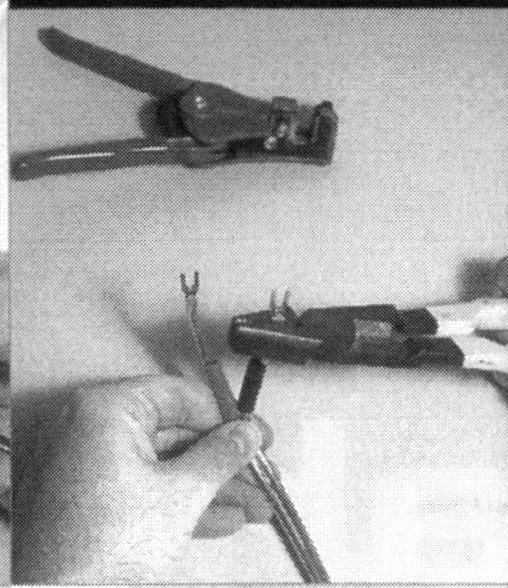

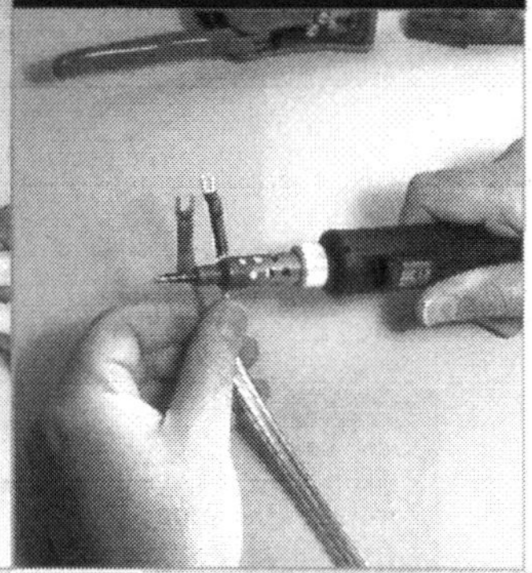

07 Hier sieht man schön, wo der Kabelbaum der Bordelektrik verläuft. Mit unseren Kabeln bleiben wir so weit wie möglich davon entfernt, um Störungen zu vermeiden.

08 Beim Herstellen der Anschlüsse sollte man sich Zeit lassen und gutes Werkzeug benutzen.

09 Mit den richtigen Zangen ist das Verpressen der Anschlüsse ein Kinderspiel.

10 Über die Anschlussklemmen sollten unbedingt Schrumpfschläuche gezogen werden. Die Klemmen liegen nämlich später sehr eng beisammen.

11 Um unser Signal in die Tür zu bekommen, müssen wir ein wenig tricksen und ein neues Kabel in den Kabelbaum einlöten. Für alle, die damit noch keine Erfahrung haben, folgt ein kleiner Grundkurs im Löten.

12 Zwei lose Kabelenden werden großzügig abisoliert und dann miteinander verzwirbelt. Um die Verbindung ordentlich isolieren zu können, wird vorher ein Stück Schrumpfschlauch über eines der Kabel geschoben.

13 Wenn der Lötkolben richtig heiß ist, wird auf der Spitze Lötzinn aufgetragen. Dann wird die Kabelverbindung in das Zinnbad gehalten. Sobald die Kupferdrähte ebenfalls heiß genug sind, saugt sich das Zinn von alleine zwischen die Drähte.

14 Der Schrumpfschlauch wird über die Verbindung geschoben und mit einem Feuerzeug, dem Lötkolben oder ganz vorsichtig mit einer kleinen Gasflamme erhitzt. Dabei zieht sich das Material zusammen und legt sich fest um die Verbindung.

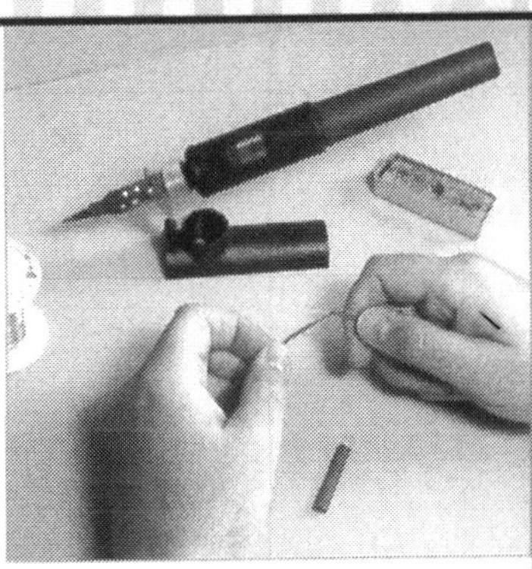

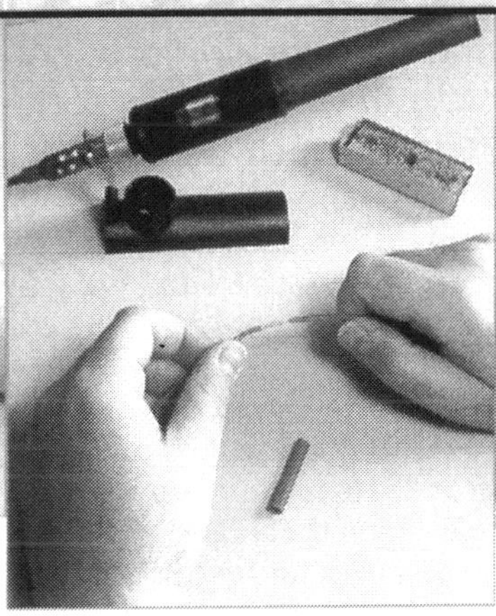

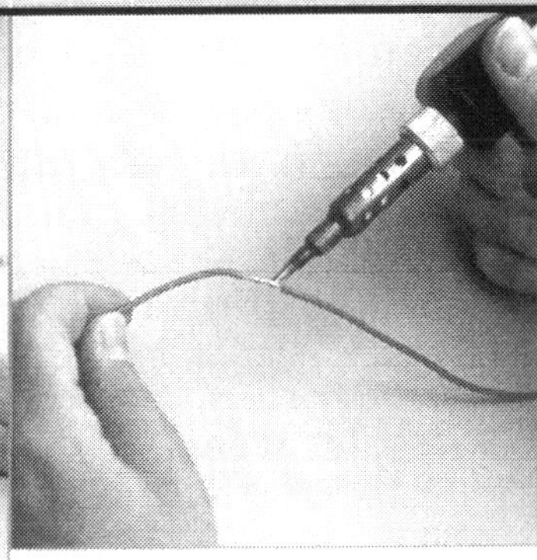

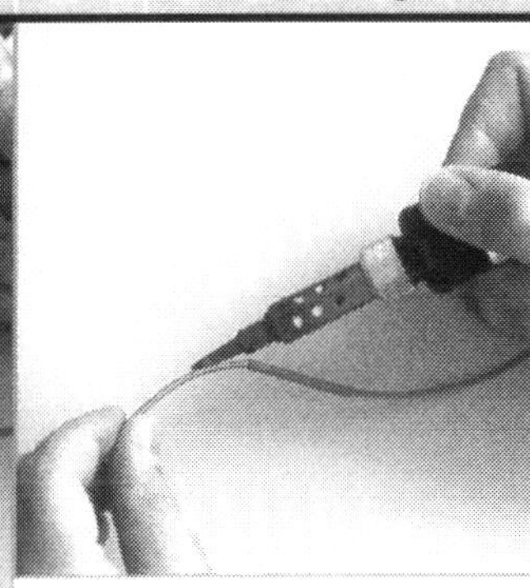

07 Fahrwerk

Fahrwerk

Serienfahrwerke sind immer nur ein Kompromiss. Und Kompromisse sind nicht das, was wir wollen. Also legen wir das Auto tiefer – auch wenn dabei der Komfort völlig auf der Strecke bleibt.

Die Räder füllen die Radhäuser bis in die letzte Rundung, und die Frontschürze schnüffelt gierig am Asphalt. Keine Frage – das sieht viel besser aus als mit dem storchenbeinigen Serienfahrwerk. Theoretisch bringt das Tieferlegen aber auch fahrdynamische Vorteile: Der Schwerpunkt senkt sich Richtung Asphalt, und damit auch das Rollzentrum. Je tiefer dieser Punkt liegt, umso weniger kann sich das Auto gegenüber der Straße bewegen. Was wiederum dafür sorgt, dass die Reifen besseren Kontakt zur Straße halten. In der Praxis lassen sich damit aber nur auf der topfebenen Rennstrecke bessere Zeiten fahren. Hat das Fahrwerk nämlich zu wenig Rest-Federweg, springt das Auto auf normalen Straßen mehr, als dass es fährt.

Im Prinzip gibt es drei Möglichkeiten, sein Auto näher zur Straße zu bringen.

1 *Tieferlegungsfedern*

2 *Komplettfahrwerk, bestehend aus Federn und passenden Dämpfern*

3 *Gewindefahrwerk mit manueller Höheneinstellung*

Wie tief ist möglich?

Die maximal mögliche Tieferlegung hängt stark vom Auto ab. 30 Millimeter sind eigentlich immer drin, manche Autos lassen sich aber auch um 100 Millimeter tieferlegen. Die Herren von TÜV und Dekra haben sich zu diesem Thema einen Klotz mit 80 cm Breite und 11 cm Höhe einfallen lassen. Wer da nicht drüberkommt, fällt durch! Der begrenzende Faktor sind oft auch die Reifen, die irgendwann im Radhaus schleifen. Natürlich kann man hier zusätzlich Platz schaffen oder aber mit Anschlägen (so genannten Bump-Stops) den Einfederweg begrenzen. Aber bleibt dann überhaupt noch Federweg übrig? Wenn das Auto später wie ein angeschossenes Karnickel über die Straße hoppelt, wird das Ganze nicht nur albern, sondern auch gefährlich!

Torsionsstab-Federung

Nicht alle Autos haben konventionelle Schraubenfedern. Die französischen Hersteller wie Citroën und Peugeot verwenden an der Hinterachse gerne Torsionsstäbe. Die Konstruktion ist nicht nur besonders platzsparend – beim Tieferlegen werden auch nur zwei Federn für die Vorderachse gebraucht.

Die Torsionsstäbe (auch Drehstäbe genannt) sind zwei quer liegenden Metallstangen, die auf einer Seite an den Lenkern der Hinterachse und auf der anderen Seite am Achsträger befestigt werden. Federt jetzt ein Hinterrad ein, wird der Stab verdreht. Je dicker das Material, umso mehr Widerstand bietet der Drehstab. Und umso härter ist die Federung.

Das selbe Prinzip wird auch beim Kurvenstabilisator angewandt, nur sind hier die Räder untereinander verbunden. Gegenüber der Karosserie kann sich der Stabi frei bewegen.

Beim Tieferlegen müssen die Torsionstäbe theoretisch nur an einem der Befestigungspunkte umgehängt werden. In der Praxis sind die Verbindungsstellen jedoch meistens so verrostet, dass die Stäbe ohne einen Schlaghammer kaum aus ihren Führungen zu bekommen sind.

Torsionsstäbe umsetzen

Wie bereits erwähnt, ist das Tieferlegen von Autos mit Torsionsstäben theoretisch eine ganz einfache Geschichte: Stäbe aus den Halterungen ziehen, um einen oder zwei Zähne versetzen und alles wieder zusammenbauen. In der Praxis gibt es mindestens so viele Probleme wie Autotypen mit dieser Art von Federung. Deshalb können wir hier auch nur eine grobe Arbeitsanleitung geben. So wie es in der Theorie klappen sollte.

Die Arbeitschritte, sofern alles glatt läuft:

1. *Auto hinten aufbocken und die Räder abnehmen.*
2. *Den Kurvenstabilisator und die Halteplatten komplett abbauen.*
3. *Jetzt die Fahwerkhöhe ausmessen oder noch besser: Eine Gewindestange statt des Stoßdämpfers einbauen.*
4. *Die Abdeckungen der Torsionsstäbe entfernen und den Stab auf einer Seite aus der Verankerung ziehen.*
5. *Den Stab um ein oder zwei Zähne versetzt wieder einschieben. Danach auf der anderen Seite das gleiche tun. Beide Seiten müssen jetzt unbedingt die gleiche Höhe haben.*
6. *Bei dieser Gelegenheit sollten gleich neue Stoßdämpfer montiert werden. Diese sind meist kürzer und wesentlich härter als gewöhnliche Stoßdämpfer, da sie an einer anderen Stelle montiert werden.*
7. *Wer sich unsicher ist, sollte diese Arbeit einer Fachwerkstatt überlassen. Werden hier Fehler gemacht, kann das fatale Folgen haben!*

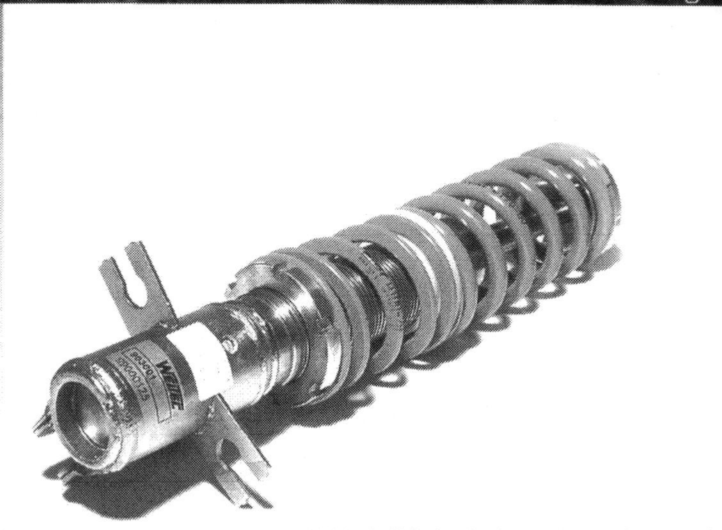

Tieferlegungs-Federn

Pro: Diese Option ist sicherlich die günstigste. Ein Federsatz ist schon für rund 100 Euro zu haben. Das Fahrverhalten kann sich geringfügig verbessern.

Kontra: Die Seriendämpfer sollten in Top-Zustand sein, sonst wird das Fahrverhalten unberechenbar. Das gilt auch für Federn, die nicht sauber abgestimmt wurden.

Empfehlung: Weniger ist hier mehr. Federn, die in Verbindung mit Seriendämpfern eine Tieferlegung um mehr als 40 Millimeter versprechen, können eigentlich nicht funktionieren. Solche Federn hängen beim Ausfedern lose im Sitz und müssten sehr hart sein, um ein Durchschlagen zu verhindern. Das harmoniert garantiert nicht mehr mit der Charakteristik der Seriendämpfer.

Komplettfahrwerke

Pro: Tieferlegungsfedern können in Verbindung mit speziell darauf abgestimmten Stoßdämpfern das Fahrverhalten erheblich verbessern. Vernünftige Fahrwerke sind schon ab rund 400 Euro zu haben. Wenn die Seriendämpfer ohnehin schon etwas älter sind, ist das eine lohnende Investition.

Kontra: Da Federn und Dämpfer härter sind, bleibt natürlich eine Menge Komfort auf der Strecke. Oft muss auch die Zuladung verringert werden.

Empfehlung: Fahrwerke mit progressiven Federn bieten meist noch genug Restkomfort, ohne auf welligen Straßen gleich durchzuschlagen. In einigen Fällen sind die Dämpfer einstellbar und können dem persönlichen Geschmack angepasst werden.

Gewindefahrwerke

Pro: Die Höhe kann auf die persönlichen Wünsche eingestellt und jederzeit verändert werden. Die meisten Fahrwerke bieten eine Tieferlegung im Bereich von 20 bis 80 Millimetern. Oft können auch hier die Dämpfer justiert werden. Damit kann ein Top-Fahrverhalten erreicht werden.

Kontra: Ein solches Fahrwerk kann nicht billig sein. Ist es jedoch billig, lassen sich die Federteller meist schon nach kurzer Zeit wegen Korrosion am Gewinde nicht mehr drehen.

Empfehlung: Wenn schon, denn schon! Vollverzinkte Fahrwerke mit justierbaren Dämpfern und austauschbaren 60er-Rennfedern bieten alle Optionen. Die optimale Einstellung und auch die Eintragung könnten allerdings schwierig werden.

Fahrwerks Kunde

Bump-Stop

Ist das Fahrwerk zu tief oder zu weich, schleifen auf Unebenheiten entweder die Räder im Radhaus oder die Stöße werden ungefiltert an die Karosserie weitergeleitet. Dabei können auch Aufhängungsteile oder der Dämpfer selbst zu Bruch gehen. Abhilfe können Bump-Stops schaffen. Das sind kleine Dämpfungspuffer auf der Kolbenstange, die kurz vor dem Durchschlagen zusätzliche Energie aufnehmen.

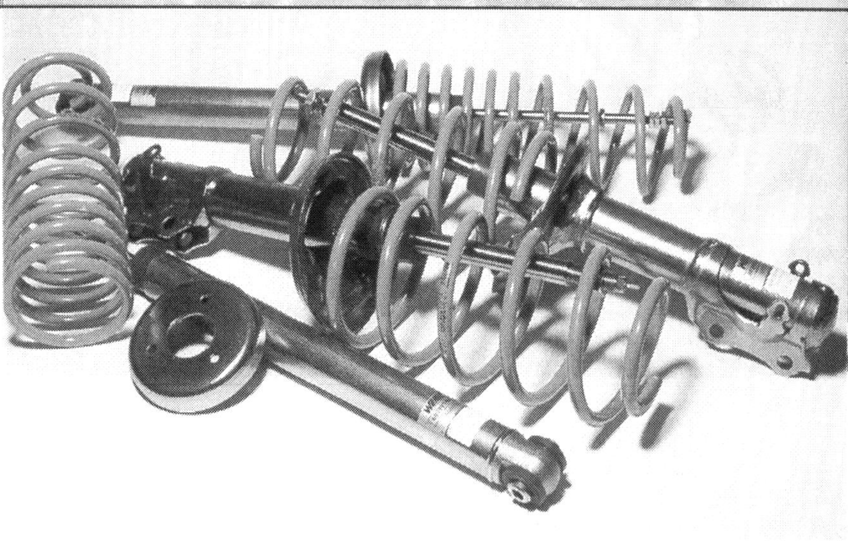

Nutenverstellung

Mit einem kleinen Stahlring kann der untere Federteller in verschiedenen Höhen eingehängt werden.

Dämpferrate

Je härter die Feder, umso härter muss auch der Stoßdämpfer sein, um deren Kräfte zu bändigen.

Federrate

Die Federrate wird üblicherweise in Newton pro Millimeter angegeben und hängt von der Dicke des Drahts und der Zahl der Windungen ab.

Hilfsfeder

Bei Gewindefahrwerken ist über der Hauptfeder oft noch eine Zusatzfeder installiert, die verschiedene Aufgaben übernehmen kann. Meist dient eine weiche Hilfsfeder nur dazu, die Hauptfeder beim Ausfedern in ihrem Sitz zu halten. Im Stand wird sie vom Eigengewicht des Autos vollständig zusammengedrückt. Eine harte Hilfsfeder kann aber auch wie ein Bump-Stop wirken und beim tiefen Einfedern zusätzliche Reserven bieten.

Progressive Wicklung

Wenn die Abstände zwischen den Windungen zu einer Seite hin abnehmen, verhält sich die Feder nicht mehr linear. Das bedeutet: Je stärker die Feder zusammengedrückt wird, umso härter wird sie.

Fahrwerkshöhe

Eigentlich entscheidend für das Fahrverhalten ist die Höhe des Schwerpunkts oder genauer gesagt des Rollzentrums. Dabei gilt normalerweise: Je tiefer, umso besser. Als offizielle Richtlinie gilt allerdings eine Bodenfreiheit von mindestens 110 Millimetern.

Verzinkung

Dabei werden die Metallteile mit einem Überzug aus Zink versehen. Das Zink verhindert die Reaktion mit Luft und Wasser. Ein solches Teil kann also nicht rosten. Besonders wichtig bei Gewindefahrwerken!

Federteller

Eine Tieferlegung kann auch durch Versetzen der unteren Federaufnahme erreicht werden. Dazu gibt es für einige Typen spezielle Federteller. Auf keinen Fall darf die Feder aber beim vollständigen Ausfedern aus ihrem Sitz fallen!

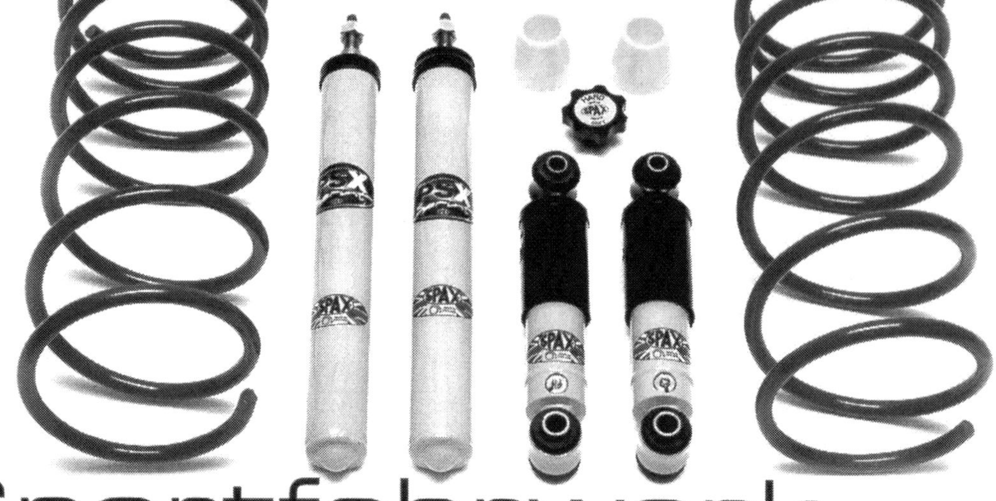

Sportfahrwerk

Genug der Theorie – unser Saxo bekommt jetzt ein komplettes Sportfahrwerk verpasst. Für alle, die sich wundern, warum hier nur zwei Federn im Bild sind: Der Saxo ist eines der Autos mit Torsionsstäben an der Hinterachse. Wir zeigen in diesem Kapitel jedoch nur den Einbau an der Vorderachse.

Wie bei vielen andere Sportfahrwerken, können auch die Spax-Dämpfer aus unserem Fahrwerks-Kit in der Härte eingestellt werden. Es empfiehlt sich dabei, die Dämpfer zunächst weich zu lassen und erst später in Richtung hart zu drehen.

Praxistipp

Um die Dämpfereinsätze a Federbein zu bekommen, ein Spezialschlüssel erford Der sollte natürlich vor Beginn der M bereit liegen. Oder man stattet mit d ausgebauten Federbeinen unter dem dem örtlichen Händler einen Besuch

01 Wir bocken das Auto stabil auf und nehmen die Vorderräder ab. Die Achsmutter ist verstemmt und muss erst einmal zurechtgebogen werden. Natürlich braucht man danach zwei neue Muttern.

02 Die Mutter der Achswelle sitzt sehr fest. Einen Helfer fest auf die Bremse treten lassen und eventuell eine Verlängerung verwenden. Zur Not das Auto nochmal auf die Räder stellen und die Nuss durch die Felge ansetzen.

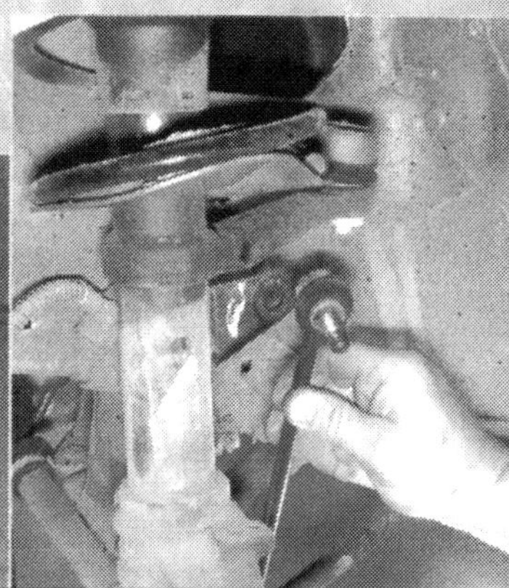

03 Ist der Stabi am Federbein angelenkt, reicht es, die Koppelstange zu lösen. Wirkt der Stabi auf den Querlenker, muss dort ebenfalls die Verbindung ab.

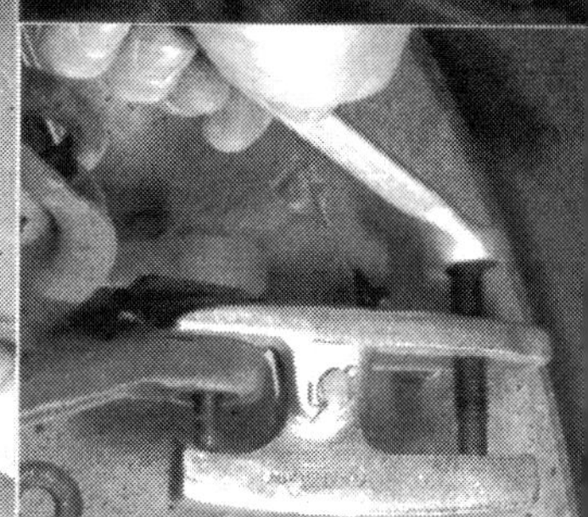

04 Mit einem solchen Kugelgelenk-Abzieher lässt sich der Spurstangenkopf relativ leicht vom Federbein trennen.

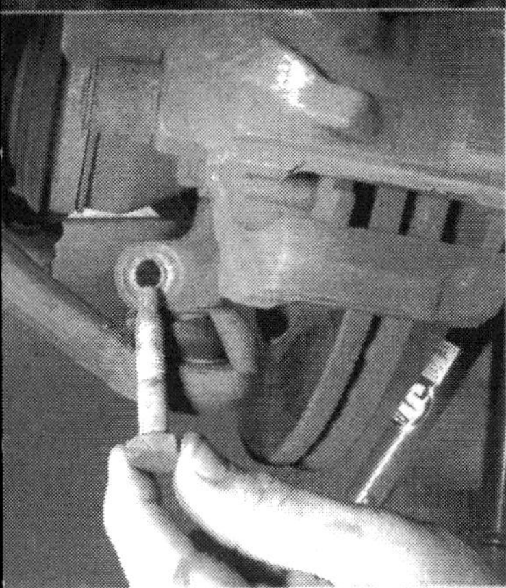

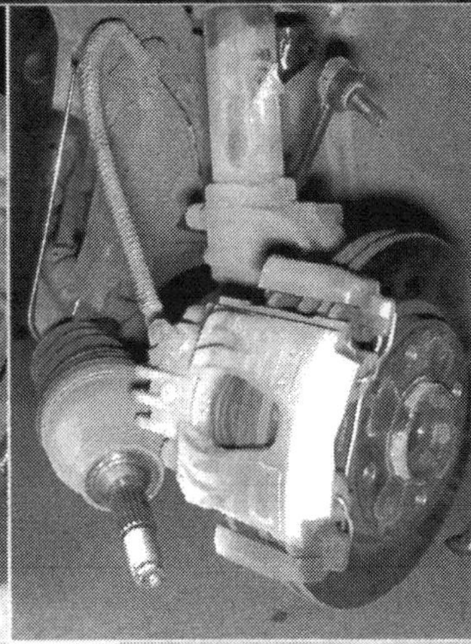

05 Das untere Traggelenk ist im Federbein mit einem Bolzen gesichert.

06 Mit einem Holz, einer langen Stange und einer Kette hebeln wir nun das Traggelenk aus seinem Sitz. Sollte das nicht auf Anhieb funktionieren, kann die Aufnahme am Schlitz mit einem Schraubenzieher ein wenig geweitet werden.

07 Als nächstes sollte die Antriebswelle aus der Radnabe flutschen. Wenn nötig, mit einem Kunststoffhammer etwas nachhelfen. Die Antriebswelle nicht abknicken lassen! Dabei können die Gelenke Schaden nehmen!

08 Der komplette Bremssattel wird nun vom Federbein abgeschraubt. Vorher die Beläge etwas zurückdrücken.

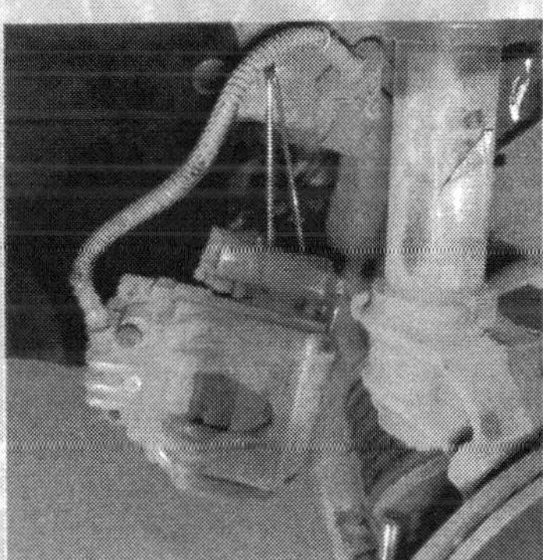

09 Auch den Bremssattel nicht hängen lassen. Der Bremsschlauch darf weder geknickt noch in die Länge gezogen werden.

10 Jetzt ist das Federbein nur noch mit dem Domlager befestigt.

11 Nach dem Lösen der Schrauben kann das Federbein herausgenommen werden.

12 Mit einem Federspanner wird die Feder so lange zusammengezogen, bis kein Druck mehr auf den Federtellern lastet. Achtung Verletzungsgefahr! In einer vorgespannten Feder steckt sehr viel Energie!

13 Ist die Feder gesichert, kann die Mutter von der Kolbenstange gelöst werden. Dazu die Kolbenstange gegenhalten.

14 Dann das Domlager, …

15 …die Lagerplatte…

16 …und den Federteller abnehmen.

21 Sitzt der Dämpfer fest, werden Anschlagspuffer und Schutzhülle wieder aufgeschoben.

22 Nachdem wir die Federspanner vorsichtig entspannt und von den alten Federn abgenommen haben, können die neuen Federn montiert werden.

23 Der obere Federteller muss mit seiner Nase auf dem Ende der Windung sitzen.

24 Als nächstes kommen das Lager und die Platte, …

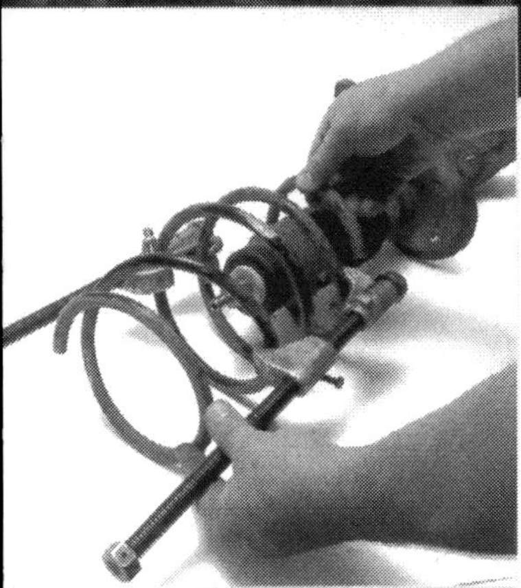

17 Danach die Feder...

18 ...und die Schutzhülle abnehmen.

19 Der Dämpfer wird in diesem Fall von einer Mutter mit drei Löchern im Federbein gehalten. Da brauchen wir wohl ein Spezialwerkzeug...

20 ...das auch beim Festziehen der neuen Einsätze nötig wird.

25 ...und zum Schluss das Domlager.

26 Das Ganze wird dann mit einer neuen Stopmutter befestigt. Dabei keinen Schlagschrauber verwenden und die Kolbenstange gegenhalten.

27 Sobald alles richtig sitzt, können die Federspanner entfernt werden. Nochmals prüfen, ob die Feder oben und unten richtig in den Tellern sitzt.

28 Das Federbein wird dann in umgekehrter Reihenfolge des Ausbaus montiert. Da sich durch das Tieferlegen die Radstellung verändert, sollte so bald wie möglich eine Achsvermessung durchgeführt werden.

Hintere Federn

01 Zunächst muss das Auto stabil auf Böcke gesetzt werden. Danach die Hinterräder abnehmen und die Achse gut abstützen. Die obere Verschraubung der Dämpfer befindet sich meist unter einer Verkleidung.

02 Nach dem Abnehmen der Gummikappe ist die Verschraubung zugänglich.

Praxistipp

Federspanner werden hinten meist nicht benötigt. Die Querlenker beziehungsweise die Hinterachse müssen aber mit einem Wagenheber abgestützt werden, damit die Hinterachse nach dem Lösen der Dämpfer nicht nach unten fällt. Dabei kann man sich böse verletzen oder aber auch Teile des Autos beschädigen!

03 Mit zwei Schlüsseln wird die Mutter abgeschraubt. Die Kolbenstange sollte sich dabei wenn möglich nicht mitdrehen.

04 Unter der Mutter sitzen eine Unterlagscheibe und ein Dämpfungsgummi. Beides muss raus.

05 Dann kann der Dämpfer am unteren Auge gelöst werden.

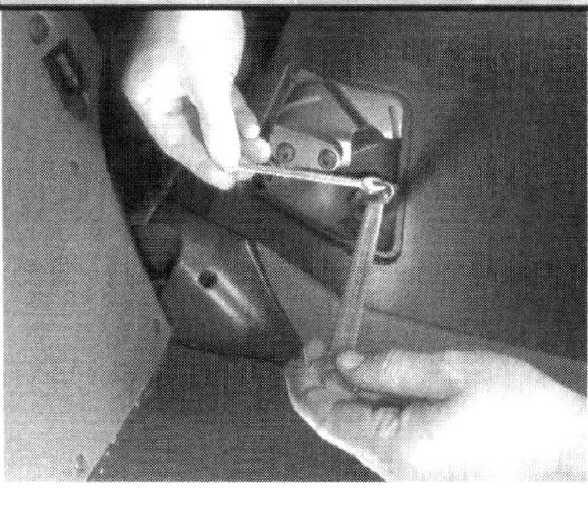

06 Der Dämpfer kann jetzt herausgenommen werden. Eventuell muss der Dämpfer zusammengedrückt oder die Achse dafür ein wenig abgelassen werden. Nicht zu weit ablassen, sonst können die Bremsleitungen überdehnt werden!

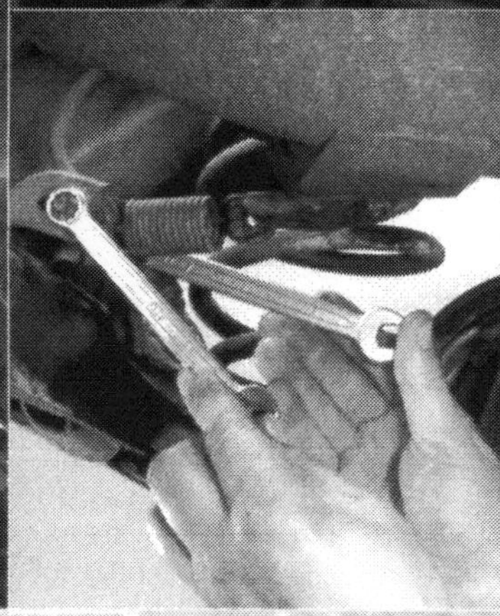

07 Bei einigen Autos gibt es noch einen mechanischen Bremskraftregler, der am besten ganz gelöst wird.

08 Dann die Feder aushängen.

09 Damit den Bremsleitungen nichts passiert, wenn die Achse weiter abgelassen wird, lösen wir die Bremsleitungen aus den Halterungen.

10 Auch weiter hinten in Richtung Rad ist die Bremsleitung noch einmal befestigt.

11 Jetzt können wir die Achse ganz vorsichtig absenken. Dabei unbedingt darauf achten, dass keine Teile überdehnt werden.

12 Die kürzeren Federn lassen sich jetzt leicht positionieren.

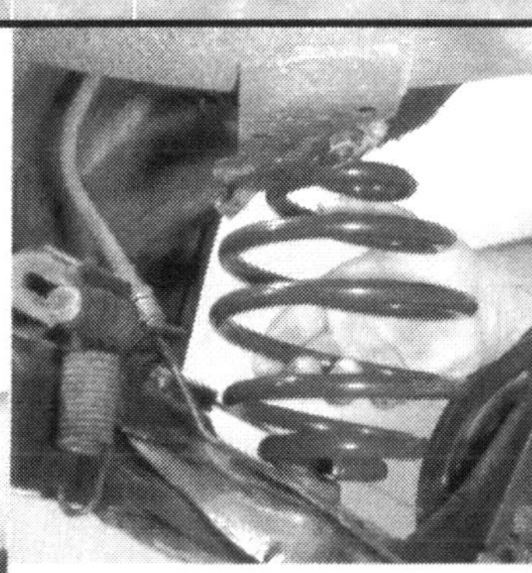

13 Dann wird die Achse vorsichtig so weit angehoben, bis beide Federn auch im oberen Sitz anliegen.

14 Bevor wir nun die schönen neuen Spax-Dämpfer einbauen, befestigen wir zunächst das kleine Verstellrädchen...

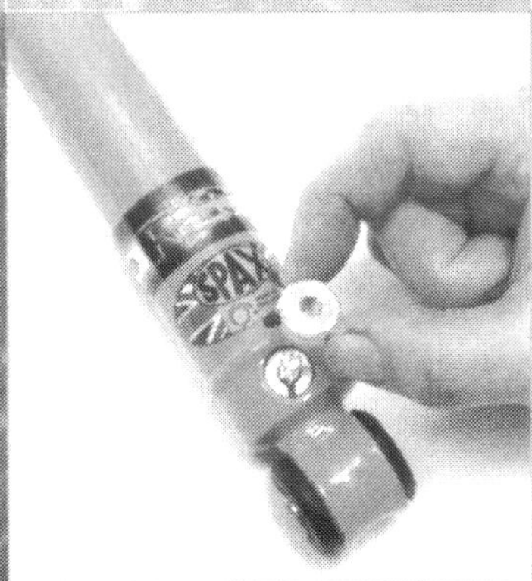

15 ...mit der kleinen Inbusschraube.

16 Diese Dämpfer können in 28 Stufen verstellt werden. Wichtig ist dabei, dass beide Dämpfer genau die gleiche Einstellung haben. Wir drehen also beide ganz nach links und zählen wie ein Tresorknacker die Klicks.

17 Dann geht es an den Einbau. Da der untere Bolzen ein wenig rostig war, spendieren wir einen neuen.

18 Der Bolzen sollte erst fest angezogen werden, wenn das Auto eingefedert ist. Also nachher nicht vergessen!

19 Auch die Bremsleitungen müssen wieder an Ort und Stelle!

20 Um die Dämpfer in die obere Befestigung zu bekommen, muss die Achse eventuell noch weiter angehoben werden. Aufpassen, dass das Auto nicht von den Böcken fällt! Am besten, ein Helfer lehnt sich dazu auf den Rand des Kofferraums.

21 Dann kommen das Anschlagsgummi, die Unterlagscheibe und die Muttern wieder an ihren Platz. Beim Festziehen sollte sich die Kolbenstange so wenig wie möglich mitdrehen.

Damit das Auto später an der Hinterachse nicht überbremst, müssen wir den Bremskraftregler noch neu justieren. Bei einer leichten Tieferlegung

22 reicht eventuell noch der serienmäßige Verstellbereich, ...

... in unserem Fall muss der Bremskraft regler allerdings gründlicher modifiziert werden.

23 Zwei Bleche mit Abstandhalter dienen als Verlängerung.

So sieht der modifizierte Regler

24 anschließend aus. Damit sollte die Hinterachse brav mitbremsen können.

Wenn der Regler eingebaut wird, muss das Auto auf den

25 Rädern stehen. Nur so kann die Vorspannung eingestellt werden.

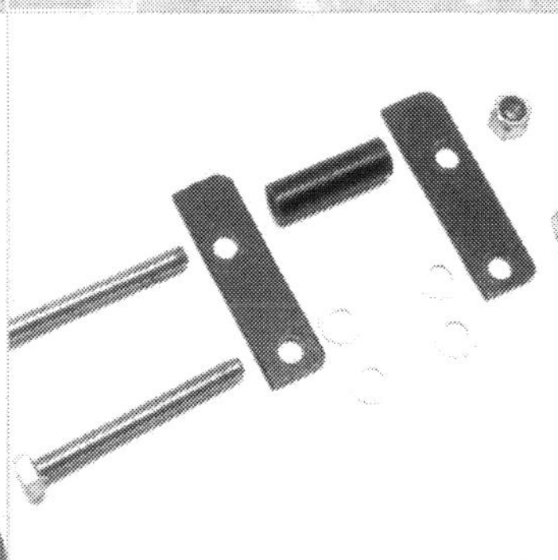

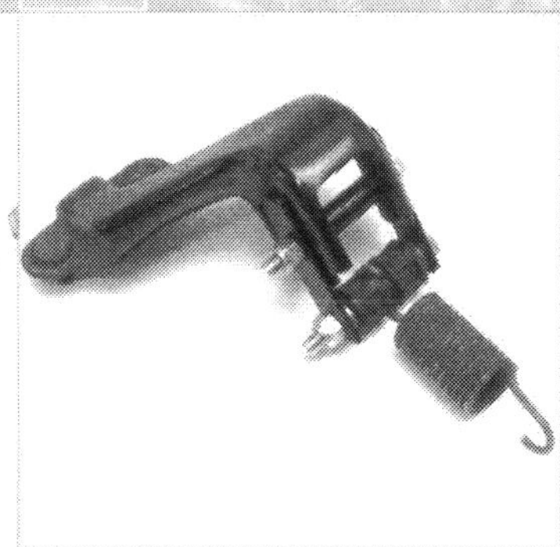

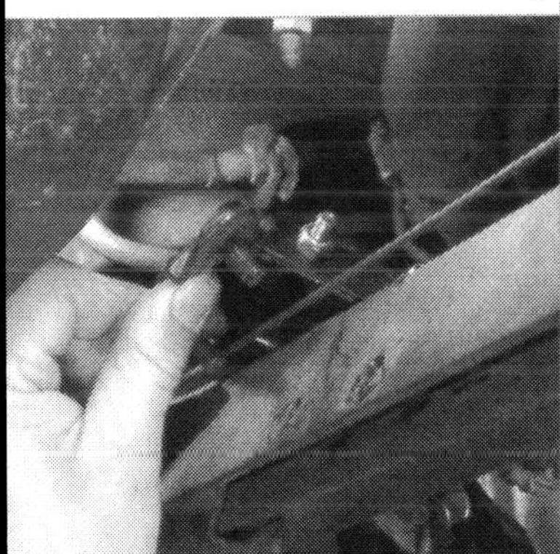

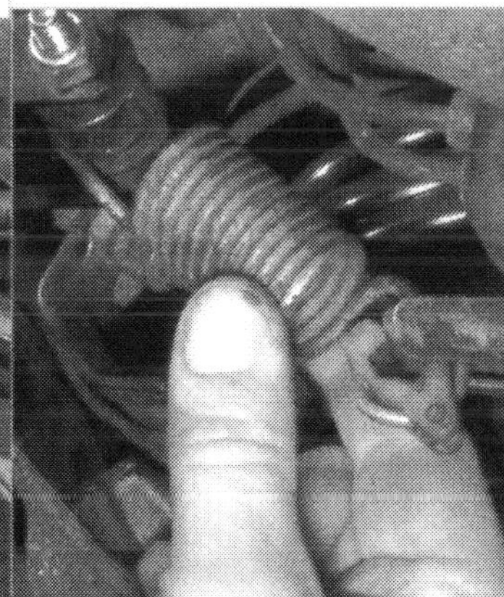

26 Zuerst kommt der Regler an seinen Platz...

27 ...und wird mit zwei Schrauben befestigt.

28 Die Halterung wird so weit verschoben, dass die Feder leicht gespannt ist, ...

29 ...und dann werden die restlichen Schrauben angezogen.

Wissenswertes

Es gibt auch andere Systeme zur Bremskraftregelung: Manche haben Drosseln in den Bremsleitungen, bei Autos mit ABS wird die Hinterachse meist von der Elektronik geregelt. Das Einstellen entfällt dann.

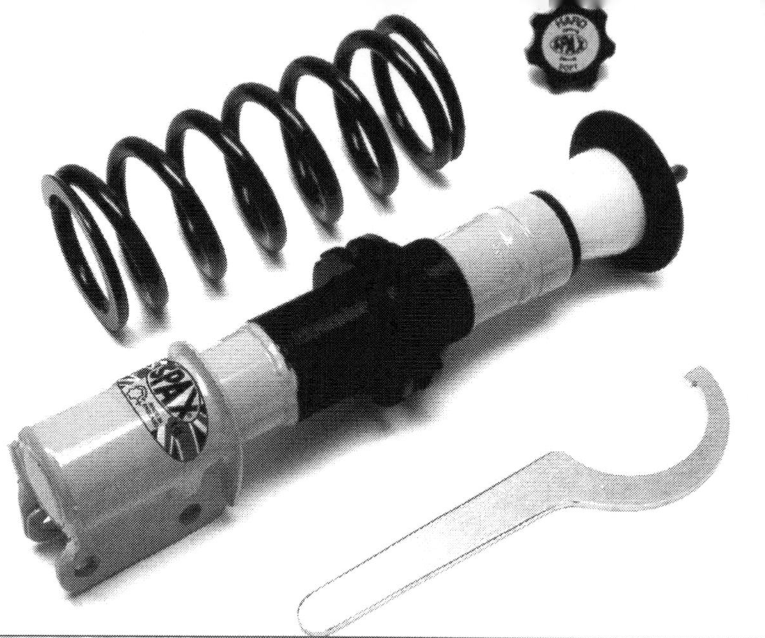

Gewinde-Fahrwerke

Federbeine mit verstellbaren Federtellern sind nicht ganz billig, unzweifelhaft aber die eleganteste Lösung aller Probleme: Wer nämlich feststellt, das er nicht mehr in die Hofeinfahrt kommt, dreht einfach einen Zentimeter höher – wer seine Kotflügelkanten gerade umgelegt hat, noch einen Zentimeter runter. Ein anderer Vorteil ist, dass die Federn standardisiert und damit unzählige Varianten der Abstimmung möglich sind. Schließlich kommt diese Technik aus dem Rennsport, und dort entscheidet das Set-Up über Sieg und Niederlage. Bei straßenzugelassenen Fahrwerken ist allerdings meist nur eine freigegebene Kombination möglich...

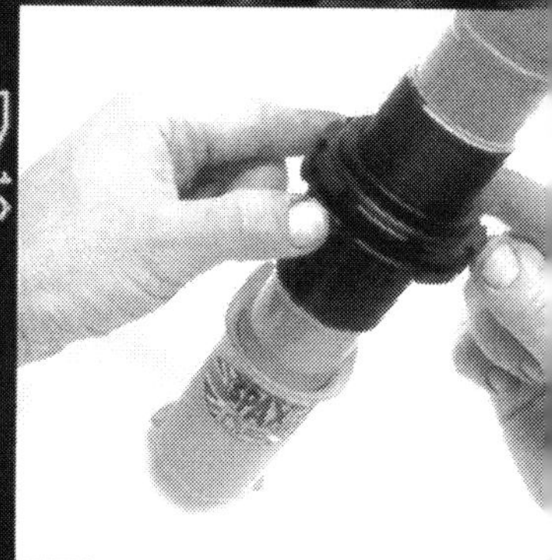

Fahrzeughöhe einstellen

Vor dem Einbau eines Gewindefahrwerks muss der untere Federteller auf beiden Seiten auf das selbe Maß eingestellt werden. Die beiden Ringe werden dann mit den Hakenschlüsseln gegeneinander gekontert. Dieses Maß ist oft im Gutachten angegeben und somit Grundlage für eine Eintragung. Dazu fordern die Prüfstellen oft noch eine Eingrenzung des Verstellbereiches – manchmal sogar durch einen Schweißpunkt auf dem Gewinde.

Wer die Sache ganz genau nimmt, kann mit Hilfe von Gewindefahrwerken sogar die Radlasten einstellen. Dazu wird jedes einzelne Rad auf eine Waage gestellt und an den Gewinderingen die Vorspannung justiert. Das Ziel ist, an jedem Reifen den gleichen Bodendruck zu erreichen. Damit kann das Fahrverhalten nochmals verbessert werden.

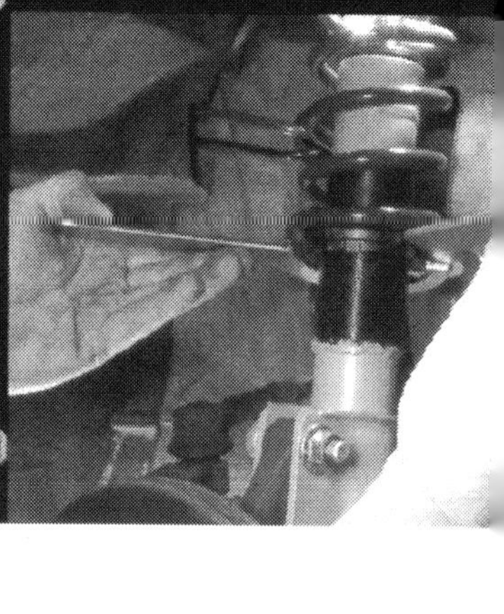

Unangenehme Nebeneffekte

Sturz und Spur

Bei jeder Tieferlegung verändern sich auch die Spur und Sturzwerte. Nach dem Einbau eines Sportfahrwerkes sollte deshalb der erste Weg zum Achsmessstand führen. Dort wird zunächst der Radsturz, also die Neigung des Rades oben zur Mitte hin, eingestellt. Kommt das Auto sehr X-beinig daher, ist das zwar gut für die Seitenführung in schnellen Kurven, doch die Bremsleistung und die Traktion lassen nach. Der Reifen läuft bei Geradeausfahrt dann nämlich nur auf seiner inneren Hälfte. Dadurch verschleißt das Gummi auch sehr viel schneller. Kommt dann noch eine verstellte Spur hinzu, ist der teure Reifensatz schon nach ein paar tausend Kilometern ruiniert.

Bremskraftregler

Auf keinen Fall vergessen sollte man das Nachjustieren des Bremskraftreglers. Gerade bei älteren Autos ohne ABS sitzt an der Hinterachse ein mechanisches Ventil, das die Bremskraft je nach Beladung anpasst. Ist das Auto vollgeladen, soll und kann die Hinterachse schließlich stärker mitbremsen als bei leerem Auto. Wird die Hinterachse nun tiefergelegt, "denkt" der Regler, das Auto wäre voll beladen. Beim Bremsen wirkt sich das fatal aus: Ähnlich wie beim Zug an der Handbremse ist ein Dreher kaum zu vermeiden. Am besten, man schaut sich die Lage und Einstellung des Reglers genau an, bevor es an das Tieferlegen geht. Autos mit ABS haben meist eine elektronische Bremskraftverteilung. Trotzdem nachschauen, ob da hinten so ein Teil mit einer Feder sitzt!

Domstrebe **einbauen**

Eine Domstrebe sollte man auf jeden Fall spendieren, schon allein wegen der Optik.

Die einen schwören darauf, die anderen halten die Domstrebe nur für zusätzlichen Ballast. Fakt ist: Ob die Domstrebe einen spürbaren Nutzen bringt, hängt wesentlich vom Auto, dem eingebauten Fahrwerk und der Fahrweise ab. Theoretisch verwindet sich nämlich bei extremer Kurvenfahrt jede noch so stabile Karosserie. Die eine mehr, die andere weniger. Bei Autos mit weicher Karosserie sorgt die Domstrebe tasächlich für mehr Stabilität, indem die Belastung der einen Federbeinaufhängung auf den gegenüberliegenden Dom weitergeleitet wird. Den Unterschied im Fahrverhalten spüren jedoch nur die besonders sensiblen Fahrernaturen ...

Auf jeden Fall sind die verchromten, lackierten oder eloxierten Streben aus Stahl oder Alu ein zusätzlicher Blickfang im Motorraum. Und allein das ist Grund genug für eine Einbauanleitung.

Praxistipp

Der beste Zeitpunkt, eine Domstrebe einzubauen, ist, wenn die vorderen Federbeine ausgebaut sind. Dann ist es ein Kinderspiel, die Schrauben am Dom einzufädeln.

01 Die Domstrebe sollte zuerst auf ihre Passgenauigkeit überprüft werden. Dazu legen wir die Strebe in den Motorraum und schauen, wo eventuell ein Teil abgebaut oder versetzt werden muss.

02 Wenn alles aus dem Weg geräumt ist, können wir in diesem Fall mit dem Bohren beginnen. Andere Streben werden direkt mit dem Domlager verschraubt, diese hier leider nicht.

03 Damit die Löcher möglichst exakt sitzen, bohren wir durch die Teller und setzen in jedem neuen Loch gleich eine Schraube ein. Da das Blech am Dom sehr dick ist, bohren wir in drei Stufen von 4, 6 und 8 Millimetern.

04 Alle Löcher werden dann entgratet und mit Rostschutzfarbe versiegelt.

Wenn die Farbe trocken ist, kann die vormontierte Strebe eingebaut werden. Bei unserer Strebe waren gar keine Schrauben dabei, so dass wir acht M8 Bolzen in passender Länge, 16 Unter-

05 lagscheiben und acht Stopmuttern besorgen mussten. Das Einfädeln der Schrauben beziehungsweise das Ansetzen der Muttern war nicht ganz einfach, ...

06 ...letztendlich konnten wir die Schrauben aber doch festziehen.

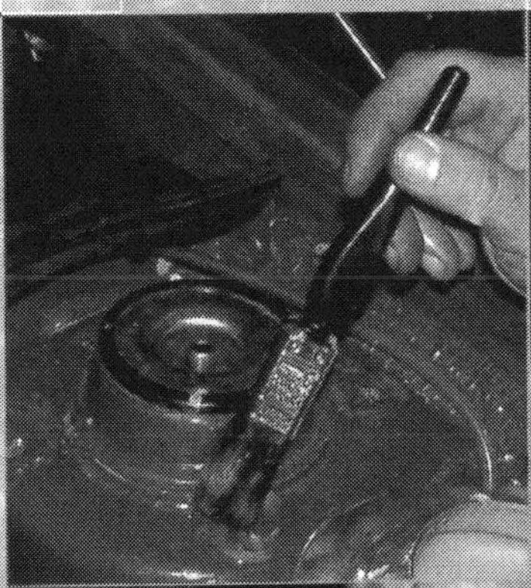

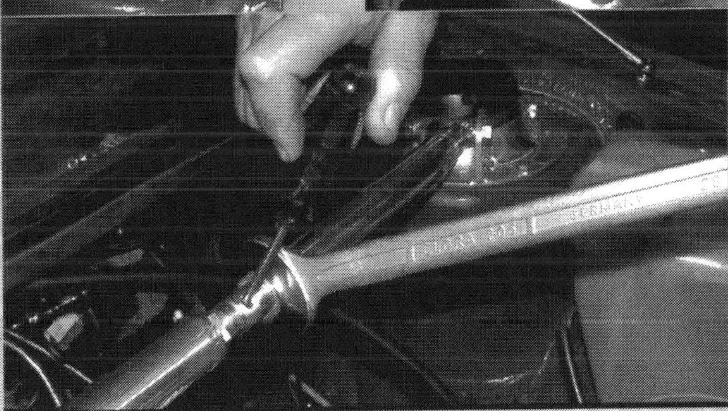

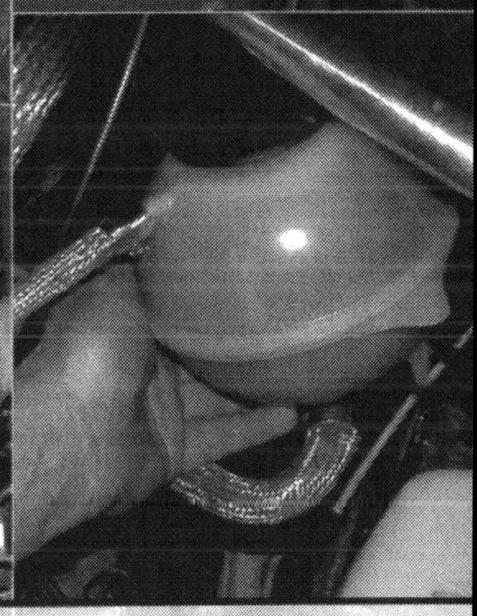

07 Als nächstes spannen wir die Strebe etwas vor. Ein klein wenig Spannung genügt, zumal die Strebe aus Aluminium ist. Dann gut kontern.

08 Zum Schluss werden die seitlichen Schrauben angezogen.

09 Wenn Teile (wie in unserem Fall der Ausgleichsbehälter) versetzt werden müssen, sollte man so wenig wie möglich vom Original-Einbauort abweichen.

Kotflügel bearbeiten

Wenn die 17-Zöller im Freien stehen und bei der kleinsten Bodenwelle streifen, ist es höchste Zeit, die Kotflügel zu bearbeiten.

Wer richtig große Räder fahren möchte, kommt um ein wenig zusätzliche Arbeit nicht herum. Denn auf keinen Fall dürfen die Reifen schleifen – weder beim Einfedern, noch beim Lenken. Und auch nicht, wenn beides gleichzeitig passiert. Wir zeigen hier, wie man das vordere Radhaus entrümpeln kann und Platz für stattliche 8x17 schafft.

01 Die Kunststoffschalen in den Radhäusern müssen als erstes raus, ...

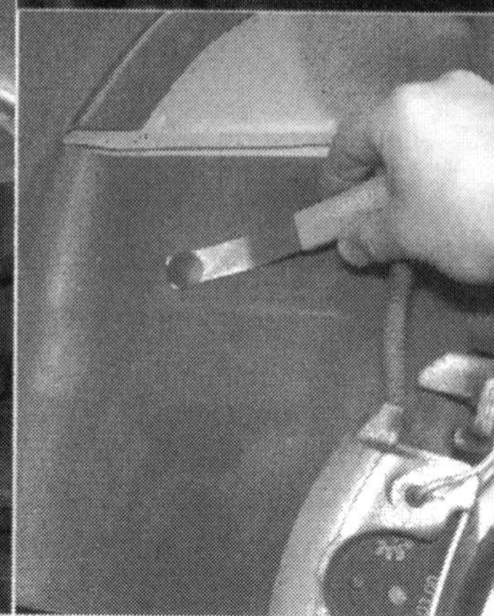

02 ...dazu entfernen wir alle Schrauben und auch die Plastik-Clips.

07 Dann plätten wir alle überstehenden Teile und Halter im Radhaus.

08 Nirgends darf mehr eine scharfe Kante stehen bleiben, sonst wird der Reifen aufgeschlitzt.

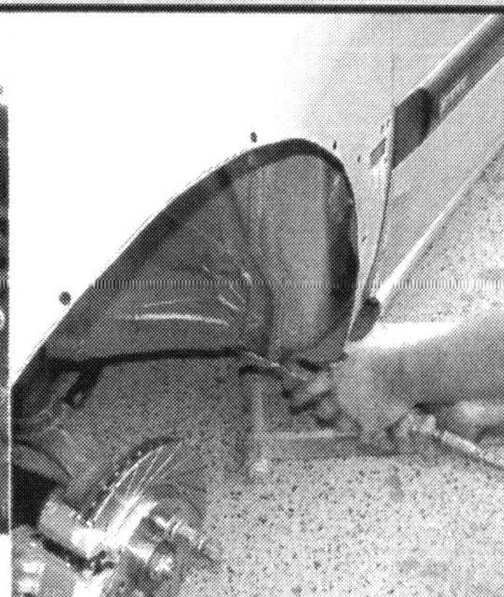

09 Sogar die Hupe haben wir verdreht.

10 Da jetzt der Innenkotflügel fehlt, bekommen die Radhäuser zum Schutz eine Extra-Portion Unterbodenschutz.

03 Auch die äußeren Radlaufblenden nehmen wir ab.

04 Das Material kurz unterhalb der Befestigungslöcher kann ebenfalls weg...

05 ...was wir kurzerhand mit einer Blechschere erledigen. Nicht vergessen, die blanken Blechränder zu versiegeln!

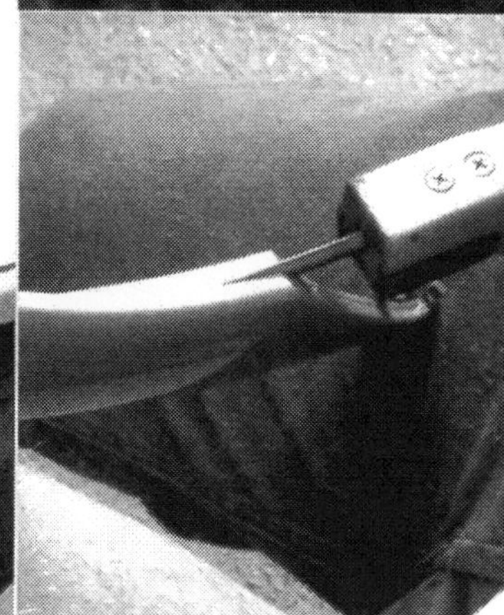

06 An der Kunststoffverbreiterung wird alles überstehende Material entfernt.

11 Jetzt ist die Stoßstange dran, ...

12 ...die zwei Halter verliert, die ohnehin nichts mehr zu halten hatten.

13 Verbreiterung und Stoßstange werden jetzt nämlich mit einer kleinen Schraube an einer neuen Stelle verbunden.

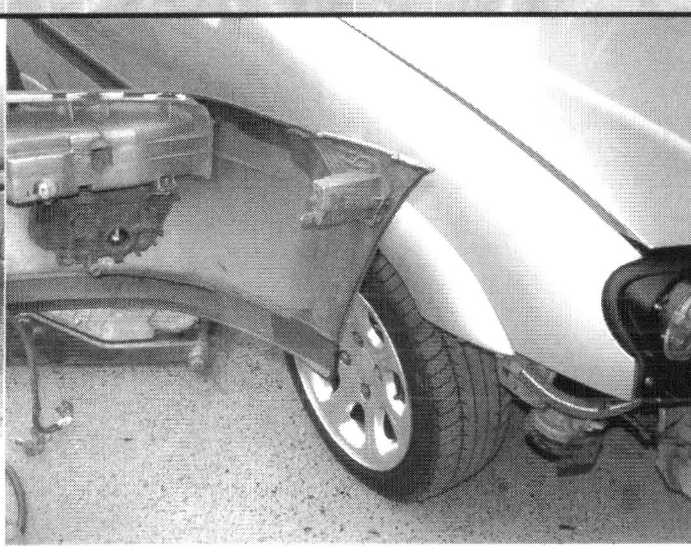

14 Das Einzige, was jetzt bei vollem Lenkeinschlag noch streift, ist der Behälter der Scheibenwaschanlage. Aber auch das bekommen wir in den Griff, indem wir das obere Loch, aus dem der Einfüllstutzen ragt, weiter nach vorne verlegen.

01 Stoßstange und Räder kommen als Erstes ab.

02 Dann entfernen wir dieses Plastikteil...

03 ...und die äußeren Verbreiterungen.

04 Da wir Größeres vorhaben, muss erstmal alles brennbare Material aus dem Weg, ...

Radhäuser hinten

Auch hinten haben wir mit den großen 17-Zöllern ein wenig Platzprobleme. Zwar müssen wir hier keinen Lenkeinschlag beachten, trotzdem geht es richtig zur Sache – wir brauchen sogar das Schweißgerät!

09 Am Radlauf wird das Blech an den Löchern abgeschnitten, ...

10 ...und auch der Halter im hinteren Bereich muss verschwinden.

11 An der Plastik-Verbreiterung entfernen wir den inneren Rand.

12 Da wir den hinteren Bereich doch stark verstümmelt haben, schweißen wir eine gerade Platte ein, ...

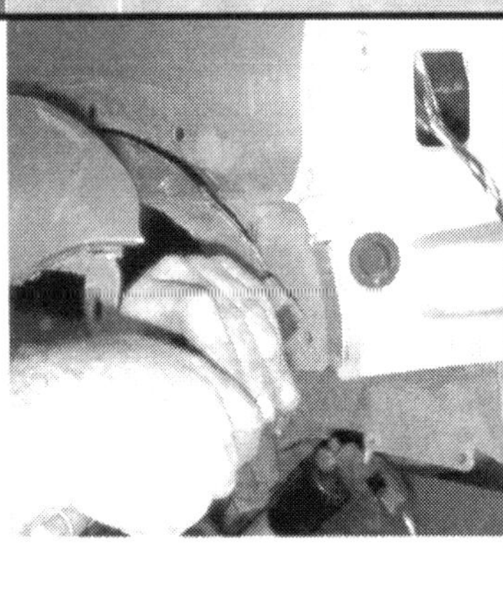

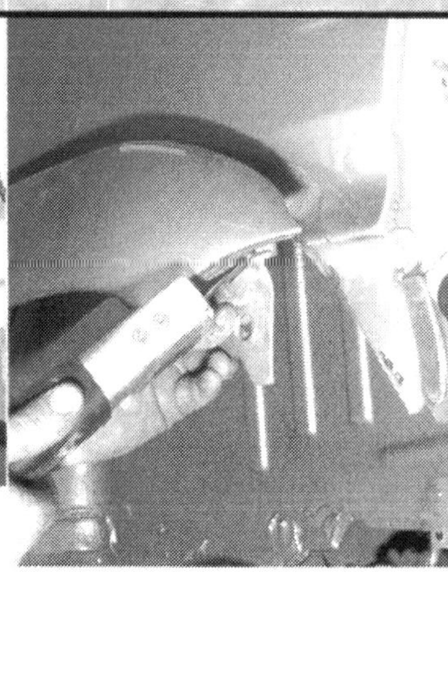

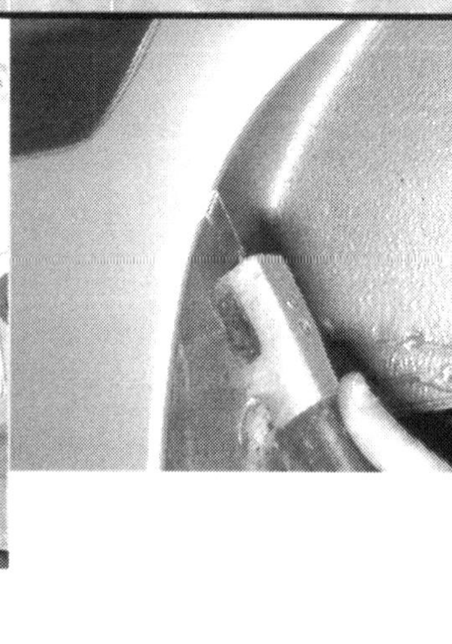

05 ...so wie dieses Stück Isoliermaterial.

06 Auch der Teppich muss weichen.

07 Mit einer Pressluftsäge schneiden wir zwei Schlitze in den hinteren Bereich...

08 ...und klopfen das Blech nach hinten. Nur so haben die großen Räder genug Platz.

Auch dort wird alles abgesägt, was im Wege stehen kann. Da wir auch die seitlichen Halter entfernen mussten, bleibt uns nichts anderes übrig, als die Stoßstange zum Schluss mit einer zusätzlichen Schraube zu fixieren. Aber auch die darf natürlich nicht überstehen.

13 ...die natürlich lackiert und abgedichtet wird.

14 Ein wenig Detailarbeit mit dem Hammer, ...

15 ...dann können wir uns der Stoßstange widmen.

16

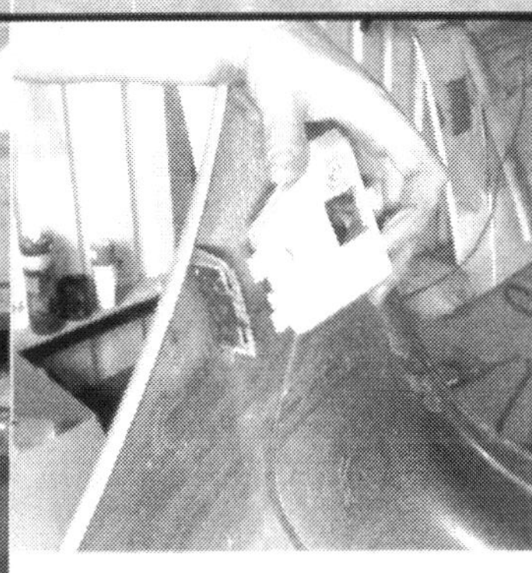

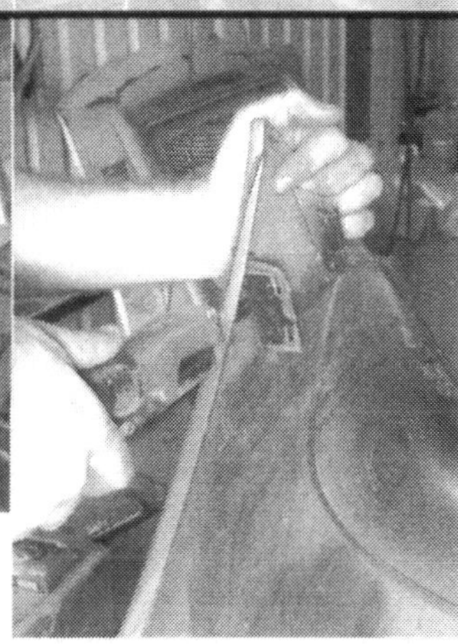

Räder&Reifen

Es soll ja Menschen geben, die sich keine Gedanken über ihre Bereifung machen und nicht einmal den Luftdruck kontrollieren. Reifen sind rund und schwarz und irgendwann abgefahren... Zu dieser Sorte gehören wir aber sicher nicht. Räder sind weit mehr als ein notwendiges Übel, Räder sind die Kontaktfläche zur Straße und die größte optische Aufwertung, die man in 30 Minuten haben kann.

1

Wie eigentlich alles in der Tuning-Szene kommt der Trend zu großen Rädern aus dem Motorsport. Denn wer große Bremsanlagen unterbringen will, braucht genügend Innendurchmesser. Auch bieten die dazugehörigen Niederquerschnittsreifen mit steifen Seitenwänden präziseres Handling. Aus den selben Gründen laufen heute auch die Serienautos mit immer größeren Rädern vom Band: 16-Zoll ist in der Mittelklasse schon Standard, 18-Zoll wird als Option geboten, und bei den SUV nähern sich die Hersteller den 20-Zoll-Dimensionen. Das alles soll uns recht sein, denn dadurch wird das Felgenangebot viel größer und die Reifenpreise erträglich. Die einzige Schwierigkeit dabei ist, den passenden Felgentyp auszuwählen. Einige Felgenhersteller oder große Zubehörhändler bieten deshalb im Internet Felgensuchmaschinen an. Dort kann virtuell schon mal der Radsatz auf das eigene Auto montiert werden. Hat man sich dann für ein Design entschieden, werden auch gleich die möglichen Dimensionen vorgeschlagen. Es macht wenig Sinn, davon abzuweichen, denn eine Sondereintragung ist eine aufwändige Sache. Weichen die Durchmesser stark von der Serie ab, muss der Tacho angeglichen werden. Sind Einpresstiefe oder Breite sehr großzügig gewählt, sind umfangreiche Karosseriearbeiten fällig. Aber auch das Fahrverhalten kann unter allzu großen Rädern leiden. Der Rollwiderstand steigt, und die Fahrwerksteile verschleißen deutlich schneller. Aber zugegeben: Große Räder sehen gut aus, riesige noch besser!

Einpresstiefe

Klar, jeder will möglichst große Räder. Doch leider ist nicht alles möglich. Beim Durchmesser ist der Abrollumfang die begrenzende Größe, bei der Breite gibt es zwei Faktoren, die eine Rolle spielen: Die Breite der Felge selbst und ihre Position im Radhaus. Nur in den seltesten Fällen wird die Felge nämlich in ihrer gedachten Mitte mit der Achse verschraubt. Das wäre dann Einpresstiefe Null. Eine acht Zoll breite Felge würde also vier Zoll nach innen und vier Zoll nach außen stehen.

Normalerweise werden die Felgen aber ein wenig nach innen in das Radhaus gerückt, das heißt: die Auflagefläche der Felge sitzt weiter außen. In einigen Fällen kann das mehrere Zentimeter ausmachen, beim Opel Astra beträgt die Einpresstiefe zum Beispiel 49 Millimeter. Wird eine gleich breite Felge mit Einpresstiefe 19 montiert, steht das äußere Felgenhorn drei Zentimeter weiter außen. Damit ist innen theoretisch mehr Platz, um eine Nummer größer zu gehen. Dummerweise kommt die Hälfte davon aber auch außen dazu. Spätestens dann wird es Zeit für Karosseriearbeiten.

Abrollumfang und Durchmesser

Um die Sache noch komplizierter zu machen, hängt die Größe des kompletten Rades nicht nur von der Felge und dem Querschnitt des Reifens ab. Auch die Breite des Reifens spielt eine Rolle.

Damit später der Tacho noch genau geht, muss bei einer größeren Felge ein flacherer Reifen montiert werden. Nur so stimmt noch der Weg, den das Rad bei einer Umdrehung zurücklegt. Im Grunde ist der Tacho nämlich auch nur ein Drehzahlmesser, der die Umdrehungen der Räder misst. Leider ist auf den Reifen aber nicht der Abrollumfang, sondern nur ein Höhe/Breite-Verhältnis angegeben. Ein breiterer Reifen ist bei gleichem Querschnitt im Umfang jedoch größer als ein schmaler.

Ein Beispiel gefällig? Ein Reifen der Größe 205/55x15 hat einen Abrollumfang von 607 mm. Ein Reifen im Format 215/40x17 legt pro Umdrehung 606 mm zurück. Eine Faustregel sagt: Bei einem um zwei Nummern größeren Innendurchmesser (17 statt 15 Zoll) muss der Querschnitt um zwei Nummern (von 55 auf 45) reduziert werden. Ist der Reifen eine Nummer breiter (215 statt 205), muss noch einmal ein niedrigerer Querschnitt (in diesem Fall 40) gewählt werden.

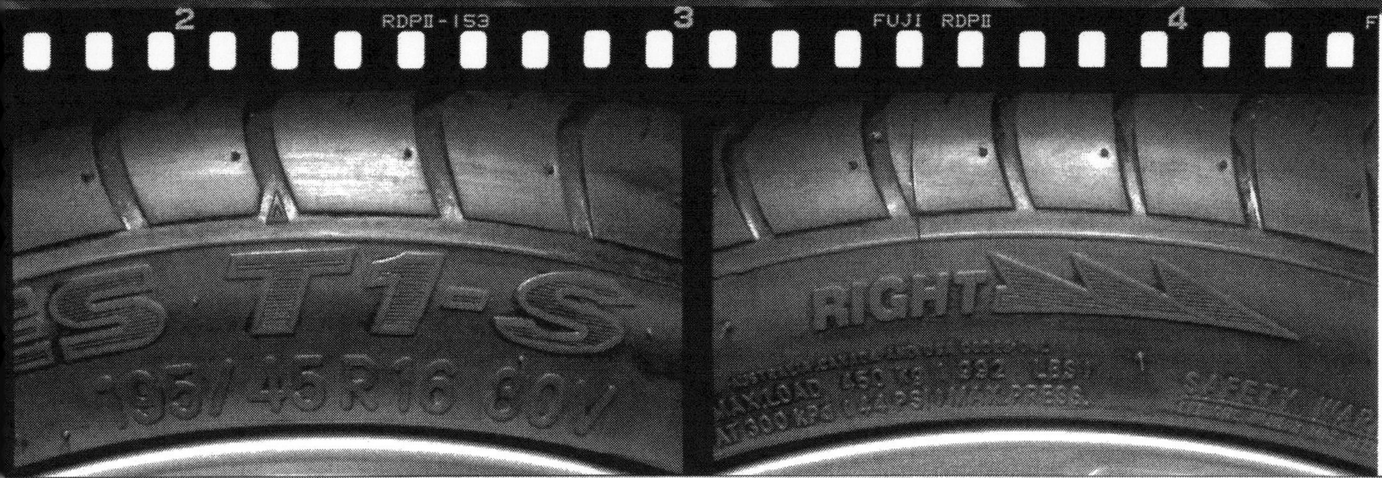

Was die Reifenflanke uns verrät

Seltsamerweise bestehen die Maßangaben auf dem Reifen aus einer Mixtur aus Zoll- und Millimeterangaben. Hier ein Beispiel:

195/45 R 16 80V

195 Breite der Lauffläche in Millimetern

45 Das ist das Höhe/Breite-Verhältnis von Seitenwand zu Lauffläche. In diesem Fall also 45 Prozent. 45% von 195 mm sind 88 mm. So hoch ist der Reifen von der Anlage in der Felge bis zur höchsten Stelle der Lauffläche.

R Lage der Karkasse, in diesem Fall radial.

16 Innendurchmesser des Reifens.

80 Load index (lbs), also die Tragfähigkeit des Reifens.

V Speed Index, also die Geschwindigkeit, bis zu der die Festigkeit des Reifens garantiert wird (V entspricht 240 km/h).

Speed Index

Die maximal zulässige Geschwindigkeit ist durch Buchstaben verschlüsselt.

T bis 190 km/h

H bis 210 km/h

V innerhalb der Reifenbezeichnung (225/50 VR 16) über 210 km/h

V außerhalb der Reifenbezeichnung (185/55 R 15 V) bis 240 km/h

W bis 270 km/h

Y bis 300 km/h

Z innerhalb der Reifenbezeichnung (255/40 ZR 17) über 240 km/h

Lochkreis

Damit die Felge überhaupt an das Auto montiert werden kann, muss der so genannte Lochkreis stimmen. Eine der üblichsten Größen ist 4x100 (VW und Opel). Es sind also vier Befestigungslöcher vorhanden, die alle auf einem Kreis mit dem Durchmesser von 100 Millimetern liegen. In letzter Zeit werden aber immer mehr Räder mit fünf Löchern befestigt, zudem kocht jeder Hersteller sein eigenes Süppchen. Andere übliche Lochkreise sind zum Beispiel 98mm (italienische Autos) und 108 (Ford). Selbst die Mittenbohrung unterscheidet sich ab und zu. Dafür gibt es aber Distanzringe. Wer Spurverbreiterungen anbaut, kann ab einer gewissen Dicke aber auch den Lochkreis ändern. Diese Adapterplatten haben ganz einfach innen ein anderes Maß als außen.

Was passst **zu welchem Auto?**

Um die Entscheidung ein wenig einfacher zu machen, haben wir hier eine Liste von populären Autos und der jeweils empfohlenen und maximal möglichen Bereifung zusammengetragen.

Marke	Modell	LK	ET	Felge	Reifen	max.Felge	max.Reifen
Alfa	156	5x98	45	7.5x17	225/45x17	8x18	225/40x18
Audi	A3	5x100	38	8x18	225/40x18	9x18	215/35x18
	A4	5x112	38	8x18	225/40x18	9x18	215/35x18
	TT	5x100	31	8x18	225/40x18	9x18	215/35x18
BMW	E30	4x100	35	7.5x17	215/40x17	7.5x18	215/35x18
	E30 M3	5x120	27	8x17	215/40x17	8x18	215/35x18
	E36	5x120	42	8.5x18	225/40x18	8x19	235/35x19
	E36 Coupe	5x120	42	8.5x18	225/40x18	8x19	235/35x19
Citroën	AX GT	3x98	14	6.5x15	195/45x15	6x16	195/45x16
	AX GTi	4x108	20	6.5x15	195/45x15	6x16	195/45x16
	Saxo	3x98	14	6.5x15	195/45x15	6x16	195/45x16
	Saxo VTR/VTS	4x108	16	7x16	195/45x16	7x17	205/40x17
	Xsara	4x108	19	7x17	205/40x17	7.5x18	215/35x18
Daihatsu	Charade GTti	4x100	45	6.5x15	195/45x15	7x17	205/40x17
Fiat	Cinquecento	4x98	36	5.5x13		6x14	185/50x14
	Seicento	4x98	36	5.5x13		6x14	185/60x14
	Uno	4x98	45	6.5x15	195/45x15	6x16	195/45x16
	Punto	4x98	40	7x15	195/45x15	7x17	205/40x17
	Bravo	4x98	43	7x16	195/45x16	7x17	205/40x17
	Coupe	4x98	40	7x17	205/40x17	7.5x18	215/35x18
Ford	Ka	4x108	41	7x15	195/45x15	6.5x16	195/45x16
	Fiesta Mk2	4x108	41	6x14	185/55x14	7x15	195/45x15
	Fiesta Mk3	4x108	41	7x15	195/45x15	7x17	205/40x17
	Puma	4x108	36	7x17	205/40x17	7.5x18	215/35x18
	Escort Mk3/4	4x108	36-41	7x16	195/45x16	7x17	205/40x17
	Escort Mk5/6	4x108	36-41	7x17	205/40x17	7.5x18	215/35x18
	Escort Cosworth	4x108	25	8.5x16	225/40x16	8x19	215/35x19
	Focus	4x108	52	7x17	205/40x17	7.5x18	215/35x18
	Sierra	4x108	40	7x17	205/40x17	7.5x18	215/35x18
	Mondeo	4x108	40-49	7x17	205/40x17	7.5x18	215/35x18
	Probe	5x114.3	40	8x18	225/40x18	8x19	215/35x19
Honda	Civic (91-95)	4x100	45	7x17	205/40x17	7x18	215/35x18
	Civic (ab 95)	4x100	45	7x17	205/40x17	7x18	215/35x18
	CRX (ab 93)	4x100	45	7x16	195/45x16	7x17	205/40x17
	Integra R	5x114.3	45	7x17	205/40x17	7x18	215/35x18
	Accord R	5x114.3	55	7.5x17	215/45x17	7x18	215/35x18
	Prelude (92-97)	4x114.3	50	7x17	205/40x17	7x18	215/35x18
Hyundai	Coupe (ab 96)	4x114.3	45	7x17	205/40x17	7x18	215/35x18
Lancia	Delta	4x98	42	6.5x15	195/45x15	6.5x16	195/45x16
Mazda	323 (80-89)	4x114.3	45	7x16	195/45x16	7x17	205/40x17
	323 (89-94)	4x100	45	7x16	195/45x16	7x17	205/40x17
	MX3	4x100	45	7x16	195/45x16	7x17	205/40x17
	MX5	4x100	35	7x16	195/45x16	7x17	205/40x17
	MX6	5x114.3	42	8x17	215/45x17	8x18	225/40x18
	RX-7	5x114.3	50	8x18	225/40x18	8.5x19	235/35x19

Marke	Modell	LK	ET	Felge	Reifen	max.Felge	max.Reifen
Mitsubishi	*FTO*	5x114.3	45	7.5x17	205/45x17	7.5x18	215/35x18
	Lancer Evo I-III	5x114.3	45-46	7.5x17	215/40x17	7.5x18	215/35x18
	Lancer Evo IV-VI	5x114.3	45-46	8x18	225/40x18	8x19	215/35x19
Nissan	*Sunny GTi-R*	4x114.3	45	7x17	205/40x17	7.5x18	215/35x18
	Almera GT	4x100	45	7x17	205/40x17	7.5x18	215/35x18
	Primera	4x114.3	45	7x17	205/40x17	7.5x18	215/35x18
	200SX (bis 95)	4x114.3	45	7x17	215/40x17	7.5x18	215/35x18
	200SX (ab 95)	5x114.3	40	7.5x17	215/45x17	7.5x18	215/35x18
	300ZX (vorn)	5x114.3	23	8x18	225/40x18	8.5x19	235/35x19
	300ZX (hinten)	5x114.3	23	9x18	255/35x18	10x19	265/30x19
Opel	*Corsa I*	4x100	49	6.5x16	195/45x16	7x17	205/40x17
	Corsa II	4x100	49	7x17	205/40x17	7x18	215/35x18
	Tigra	4x100	49	7x16	195/45x16	7x17	205/40x17
	Astra Mk2	4x100	49	7x16	195/45x16	7x17	205/40x17
	Astra Mk3	4x100	49	7x17	205/40x17	7.5x18	215/35x18
	Astra Mk4	4x100	49	7x17	205/40x17	7.5x18	215/35x18
	Astra Mk4 SRi	5x110	49	7x17	205/40x17	7.5x18	215/35x18
	Vectra Mk3	4x100	49	7x17	205/40x17	7.5x18	215/35x18
	Vectra Turbo/V6	5x110	49	7x17	205/40x17	7.5x18	215/35x18
	Vectra	5x110	49	7x17	205/45x17	7.5x18	215/35x18
	Calibra	4x100	49	7x17	205/40x17	8x19	215/35x19
	Calibra Turbo/V6	5x110	49	7x17	205/40x17	8x19	215/35x19
Peugeot	*106 std (-97)*	3x98	20	6.5x15	195/45x15	6.5x16	195/45x16
	106 std (97-)	3x98	20	6.5x15	195/45x15	6.5x16	195/45x16
	106 verbr. (-97)	4x108	16	7x16	195/45x16	7x17	205/40x17
	106 verbr. (97-)	4x108	16	7x16	195/45x16	7x17	205/40x17
	205	4x108	19-28	6.5x15	195/45x15	6x16	195/45x16
	205 GTi	4x108	19-28	7x16	195/45x16	7x17	205/40x17
	206	4x108	34	7x16	195/45x16	7x17	205/40x17
	309	4x108	19	7x16	195/45x16	7x17	205/40x17
	306	4x108	19	7x17	205/40x17	7.5x18	215/35x18
	405	4x108	25-29	7x17	205/40x17	7.5x18	215/35x18
	406	4x108	19	7x17	205/40x17	7.5x18	215/35x18
Renault	*5 GT Turbo*	4x100	36	7x15	195/45x15	7x17	205/40x17
	Clio	4x100	42	6.5x15	195/45x15	7x16	195/45x16
	Clio 16V	4x100	42	7x17	205/40x17	7x18	215/35x18

Marke	Modell	LK	ET	Felge	Reifen	max.Felge	max.Reifen
Renault	19	4x100	42	7x17	205/40x17	7.5x18	215/35x18
	Megane	4x100	36	7x17	205/40x17	7.5x18	215/35x18
	21	4x100	36	7x17	205/40x17	7.5x18	215/35x18
	21 (5-Loch)	5x108	52	7x17	205/40x17	7.5x18	215/35x18
	Laguna	4x100	50	7x17	205/40x17	7.5x18	215/35x18
	Laguna (5-Loch)	5x108	50	7x17	205/40x17	7.5x18	215/35x18
Rover	200 (89-95)	4x100	40	7x17	205/40x17	7.5x18	215/35x18
	200 (95-00)	4x100	40	7x17	205/40x17	7.5x18	215/35x18
	600	4x114.3	50	7x17	205/45x17	7.5x18	215/35x18
Seat	Ibiza (93-)	4x100	45	7x17	205/40x17	7.5x18	215/35x18
	Cordoba (94-)	4x100	45	7x17	205/40x17	7.5x18	215/35x18
Subaru	Impreza	5x100	55	7x17	205/45x17	7x18	215/35x18
	Legacy	5x100	55	7x17	205/45x17	7x18	215/35x18
Suzuki	Swift	4x114.3	45	6.5x15	195/45x15	6.5x16	195/45x16
Toyota	Corolla (83-92)	4x100	39	7x17	205/40x17	7.5x18	215/35x18
	Corolla (92-97)	4x100	45	7x17	205/40x17	7.5x18	215/35x18
	Corolla (ab 97)	4x100	45	7x17	205/40x17	7.5x18	215/35x18
	MR2 Mk1	4x100	45	7x16	195/45x16	7x17	205/40x17
	MR2 Mk2	5x114.3	37	8x17	215/40x17	8x18	225/35x18
	Celica (90-94)	5x100	39-45	7x17	205/40x17	7.5x18	215/35x18
	Celica (94-00)	5x100	39-45	7x17	215/40x17	8x18	225/35x18
	Supra (86-93)	5x114.3	37	8x18	225/40x18	8x19	215/35x19
	Supra (93-), vorn	5x114.3	50	8x18	235/40x18	8.5x19	235/35x19
	Supra (93-), hinten	5x114.3	50	9x18	265/35x18	10x19	265/30x19
VW	Polo Mk3	4x100	38	6.5x15	195/45x15	6.5x16	195/45x16
	Polo Mk4	4x100	38	7x16	195/45x16	7x17	205/40x17
	Golf Mk1	4x100	38	7x16	195/45x16	7x17	205/40x17
	Golf Mk2	4x100	38	7x17	205/40x17	7.5x18	215/35x18
	Golf Rallye	4x100	38	7.5x17	205/40x17	7.5x18	215/35x18
	Golf Mk3	5x100	38	7.5x17	205/40x17	7.5x18	215/35x18
	Golf Mk4	5x100	38	8x18	225/40x18	8x19	215/35x19
	Jetta (86-92)	4x100	38	7x17	205/40x17	7.5x18	215/35x18
	Bora	5x100	38	8x18	225/40x18	8x19	215/35x19
	Corrado	4x100	38	7x17	205/40x17	7.5x18	215/35x18
	Corrado VR6	5x100	43	7x17	205/40x17	7.5x18	215/35x18

09 Bremse

Wie die Bremsanlage funktioniert

Physikalisch gesehen ist die Bremse ein Energiewandler. Die kinetische Energie, deren Höhe von der Masse und der Geschwindigkeit des Autos abhängt, wird beim Bremsvorgang in Wärme umgewandelt. Da es sich dabei um Arbeit handelt, die in einer gewissen Zeit geleistet wird, kann man Bremsleistung sogar in PS ausdrücken. Top-Bremsanlagen können bis zu 1000 PS leisten!

Voraussetzung dafür ist Reibung. Dazu werden die Bremsbeläge gegen Metall gepresst. Je stärker gedrückt wird, je größer die Reibfläche und je besser die Materialien aufeinander abgestimmt sind, umso stärker ist die Reibung. Und damit auch die Hitze. Damit wird auch klar, warum größere Autos größere Bremsanlagen brauchen.

Bremspedal

Auch das mittlere Pedal ist Teil einer Bremsanlage – wenn nicht sogar das wichtigste überhaupt. Schließlich wird auf dieses Teil bei einer Vollbremsung mit rund 75 Kilo gedrückt. Dabei wirkt das Pedal wie ein Hebel: unten lang und oben kurz. Sonst wäre noch viel mehr Kraft nötig.

Bremskraftverstärker

Damit die Bremskraft am Pedal noch weiter reduziert werden kann, besitzen alle Autos einen Bremskraftverstärker. Dazu wird auf der einen Seite einer Membran ein Unterdruck erzeugt, der beim Betätigen des Bremspedals dem Fahrer hilft.

Hauptbremszylinder

Hier wird der hydraulische Druck erzeugt, mit dem an den Rädern die Bremsbeläge angepresst werden. Auch dabei wird die Kraft nochmals vergrößert. Der jeweilige Kolben im Hauptbremszylinder ist immer kleiner als der an den Radbremsen. Zur Sicherheit gibt es zwei Bremskreise.

Bremsflüssigkeit

Wird das Bremspedal gedrückt, schiebt der Kolben im Hauptbremszylinder die Bremsflüssigkeit durch die Schläuche und Rohre zu den Radbremszylindern und Bremskolben. Da sich eine Flüssigkeit nicht zusammenschieben lässt, können auf diese Weise sehr hohe Kräfte übertragen werden. Sobald aber Luft in dieses System gelang, ist es mit der Kraftübertragung vorbei. Luft lässt sich sehr wohl zusammenpressen.

Leider hat Bremsflüssigkeit die Eigenschaft, Wasser an sich zu binden. Im Wasser ist wiederum Sauerstoff, der bei hohen Temperaturen freigesetzt wird. So wie in einem Topf mit kochendem Wasser. Bei starker Belastung der Bremse kann auf diese Weise doch Luft in der Leitung entstehen, weshalb die Bremsflüssigkeit alle zwei Jahre erneuert werden sollte. Bremsflüssigkeit gibt es in verschiedenen Qualitäten von DOT 3 bis DOT 5.1. Je höher die Zahl, umso mehr Temperatur verträgt in der Regel die Flüssigkeit.

Handbremse

Nicht nur für Schleuderwenden und zum Parken gut! Die mechanische Verbindung ist vorgeschrieben und dient als Notanker, falls die hydraulische Bremsanlage ausfällt.

Bremsschläuche

Den größten Teil des Weges fließt die Bremsflüssigkeit durch Metallleitungen. Überall dort, wo eine gewissen Flexibilität nötig ist, werden Schläuche verwendet. So zum Beispiel an den Vorderrädern, die federn und lenken müssen. Auch die Schläuche altern und sollten regelmäßig ersetzt werden. Spätestens aber nach zehn Jahren. Wer will, kann auf Teflonschläuche umrüsten, die sich unter hohem Druck weniger ausdehnen.

Bremssättel

Der Bremssattel umfasst die Bremsscheibe wie eine Faust. Beim Bremsen fährt ein Kolben aus, die Faust wird quasi durch den hydraulischen Druck geschlossen und presst die darin gelagerten Beläge an die Scheibe. Üblich sind Bremssättel mit einem Kolben, während stärkere und schnellere Autos auch Sättel mit zwei, vier oder sogar sechs Kolben haben.

Bremsscheiben

Die Bremsscheiben sind mit der Radnabe verbunden und übertragen damit die Bremskraft auf die Räder. Da bis zu 90 Prozent der gesamten Bremsleistung von der vorderen Bremsanlage aufgebracht werden müssen, sind die Scheiben relativ groß dimensioniert. Je größer die Scheiben, umso mehr Reibfläche steht zur Verfügung. Ist die Belastung besonders hoch, werden innenbelüftete Scheiben verwendet, die in der Mitte einen Luftspalt haben.

Bremstrommeln

Im Inneren der Bremstrommel spreizt ein Hydraulikzylinder zwei Bremsbacken auseinander, die dann die Reibung erzeugen. Heute nur noch an der Hinterachse zu finden, da die Hitzeableitung schlecht funktioniert.

Bremsbeläge

Auf einer stabilen Trägerplatte sitzt der eigentliche Bremsbelag. Wegen der enormen Hitze, die an der Reibfläche entsteht, war dem Material früher Asbest beigemischt. Heute sind die Beläge aus organischem oder metallischem Material. Die metallischen Beläge vertragen mehr Hitze und nutzen sich weniger ab, verschleißen aber die Bremsscheibe schneller und neigen zum Quietschen.

Anti-Blockier-System

Ursprünglich wurde das ABS für Flugzeuge erfunden, die beim Bremsen keinesfalls aus der Spur geraten dürfen. Heute sind nahezu alle Neuwagen mit ABS ausgestattet. Um ein Rad am Blockieren zu hindern, überwachen Sensoren ständig die Drehzahl der Räder. Neigt ein Rad zum Blockieren, sorgt die Hydraulikeinheit für ein kurzzeitiges Lösen der Bremse am jeweiligen Rad. Dadurch bleibt das Auto auch bei einer Vollbremsung noch lenkbar und neigt auch nicht zum Ausbrechen. Wer in der Schule aufgepasst hat, weiß zudem, dass die Haftreibung immer höher ist als eine Gleitreibung. Rutscht das Rad blockierend über die Straße, kann es weniger Kräfte übertragen als ein Rad, das sich gerade noch dreht. Ein modernes ABS regelt darum genau an dieser Haftgrenze.

Wenn die Scheiben ohnehin fällig sind und die Beläge abgenutzt, lohnt sich die Überlegung, auf Sportbremsscheiben mit entsprechenden Belägen umzurüsten. Wunder sollte man sich davon nicht erwarten – aber vielleicht ein wenig mehr Standfestigkeit und besseres Ansprechen bei Nässe.

Scheiben und Beläge

01 Sobald das Auto aufgebockt und das Rad abgeschraubt ist, entfernen wir den Sicherungsbügel am Bremssattel.

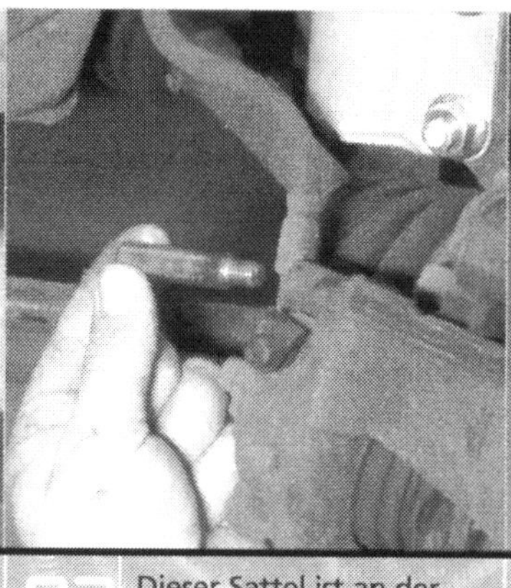

02 Dieser Sattel ist an der Innenseite mit zwei 7-mm-Inbusschrauben gesichert.

03 Meist reicht es, die untere Schraube zu entfernen. Dann kann der Sattel hochgeklappt werden. Wir bauen ihn aber ganz ab.

Achtung!
Hier wird an einem Corsa gearbeitet, die gezeigten Arbeitsschritte sind also nicht auf jedes Auto übertragbar. Wer sich nicht absolut sicher ist, sollte die Finger von den Bremsen lassen!

04 Der innere Belag ist im Kolben eingehängt und lässt sich leicht ausbauen.

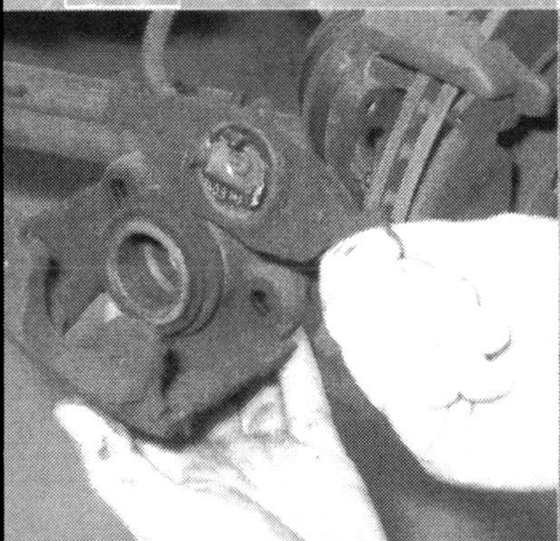

Es gibt verschiedene Methoden, um den Kolben zurückzudrücken. Am besten funktioniert ein Rücksetzwerkzeug, ähnlich einer Schraubzwinge. Aber auch eine Wasserpumpenzange funktioniert. Nur im Notfall sollte man die gezeigte Methode anwenden. Der Kolben und die Manschette dürfen auf keinen Fall beschädigt werden!

05

06 Der Sattel darf auch nicht an der Bremsleitung baumeln! Mit einem Draht, einer Schnur oder einem Kabelbinder wird der Sattel aufgehängt.

07 Der äußere Belag steckt noch im Bremssattelträger – der als nächstes abgebaut wird.

08 Zwei 10-mm-Inbus-Schrauben halten den Träger. Die Schrauben haben eine Beschichtung mit Schraubensicherungslack, die beim Einschrauben aufplatzt und die Schraube sichert. Deshalb unbedingt neue Schrauben nehmen!

09 Jetzt kann der Träger abgenommen werden, ...

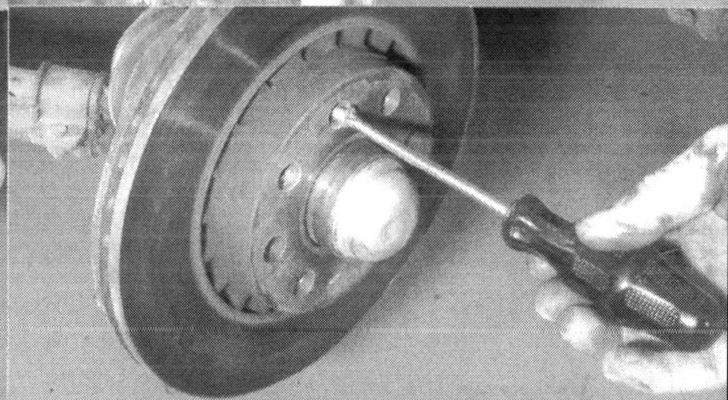

10 ...und anschließend die Scheibe. Wenn da nicht diese störrische kleine Schraube wäre, die meistens festgebacken ist. Die Reihenfolge der Behandlung ist: Rostlöser einwirken lassen, auf das Schraubenzieherende schlagen oder Schlag-Schraubendreher verwenden, und wenn das alles nichts nützt: Ausbohren!

11 Endlich haben wir die alte Scheibe in der Hand!

12 Bevor die neue Scheibe montiert wird, muss die Auflagefläche absolut sauber sein. Ansonsten eiert die Scheibe und damit beim Bremsen das ganze Auto.

13 Diese Scheiben haben eingefräste Nuten, um Wasser und Schmutz besser zu verdrängen. Die Nuten müssen nach hinten weglaufen (das hier ist die linke Seite) und die Scheibe muss gründlich entfettet werden.

14 Dann kann der Träger wieder montiert werden. An den neuen Schrauben ist der blaue Sicherungslack gut zu erkennen.

15 Mit dem vorgeschriebenen Drehmoment werden die Schrauben dann angezogen.

16 Der äußere Belag kommt zuerst an seinen Einsatzort, ...

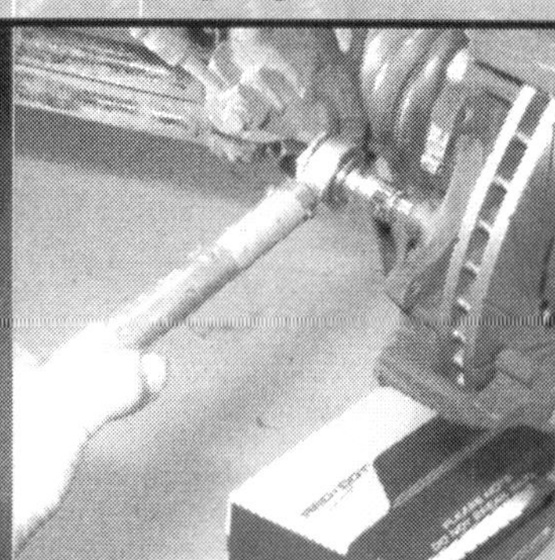

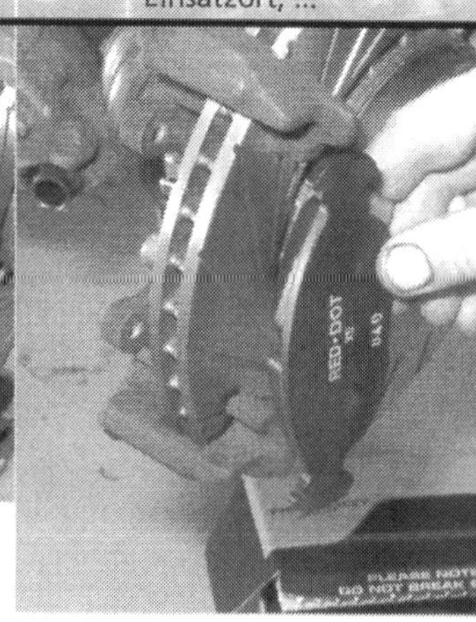

17 ...dann der innere. Um Quietschen zu vermeiden, tragen wir auf der Rückseite ein wenig Kupferpaste auf.

18 Dann kann der Belag in den Kolben eingesteckt werden.

19 Auch der äußere Belag bekommt noch ein wenig Kupferpaste, ...

Praxistipp

Nicht vergessen, das Bremspedal nach der Montage ein paar mal zu betätigen! Die zurückgedrückten Bremskolben müssen zuerst in ihre neue Position gepumpt werden. Wer das nicht beherzigt, tritt ins Leere! Wäre doch schade, wenn das Auto mit neuen Bremsen gleich einen Blechschaden erleidet!

Wissenswertes

Bremsen müssen eingefahren werden! Damit sich die Beläge an die Scheibe anpassen können, sollten die ersten 200 Kilometer möglichst sanft angegangen werden. Erst danach trägt der Belag richtig auf der Scheibe und die Bremswirkung entspricht den Erwartungen. Wer die neue Bremse zu hart beansprucht, wird mit verglasten Belägen bestraft!

20 ...und schon kann der Bremssattel montiert werden. Hoffentlich war der Kolben weit genug zurückgedrückt!

21 Auch hier kommt der Drehmomentschlüssel zum Einsatz!

22 Alles, was jetzt noch fehlt, ist der Sicherungsdraht. Wer nicht mehr genau weiß, wie dieser sitzen muss, kann auf der anderen Seite nachschauen.

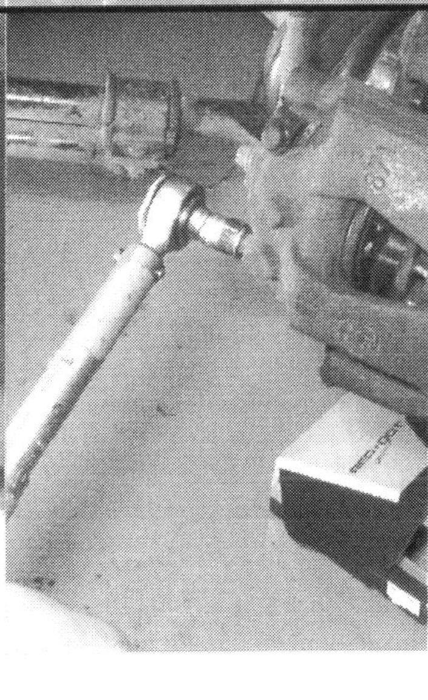

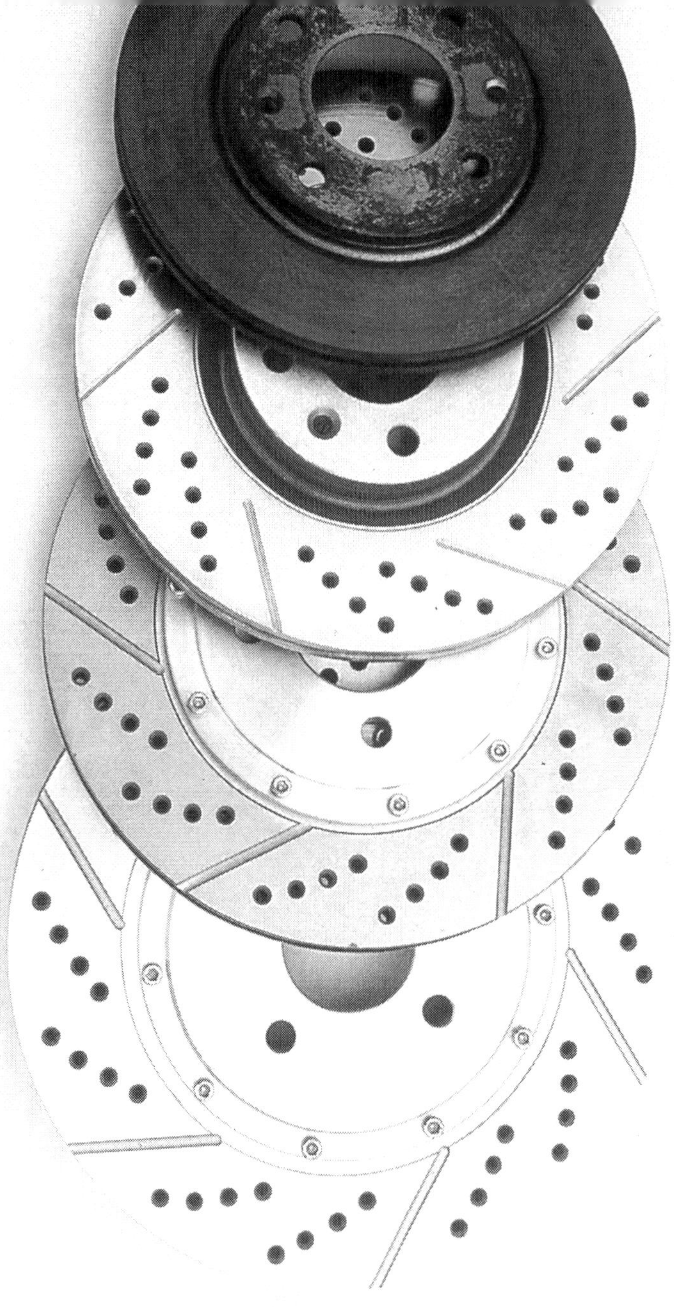

Die Peugeot-Sättel sind mit einer 13er Schraube befestigt, das Schiebestück muss mit einem 17er Maulschlüssel gegengehalten werden.

01

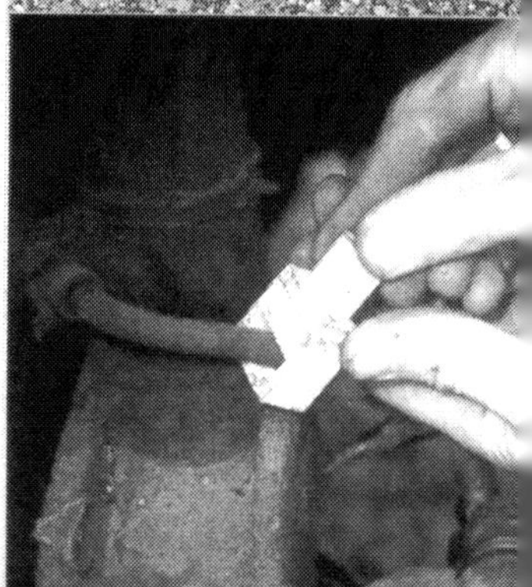

Große **Bremse**

05

Damit nicht alle Bremsflüssigkeit aus der Leitung läuft, benutzen wir eine Schlauchklemme.

Jetzt wird es spannend! Wir spendieren einem Peugeot 205 eine große Bremsanlage!

Da ein serienmäßiger Peugeot 205 GTI lediglich 240 mm große Scheiben hat, wollen wir eine erhebliche Verbesserung der Bremsleistung. Drei Kits stehen zur Wahl:

1. 283 mm große Scheiben in Verbindung mit den Seriensätteln, die noch unter die normalen 15-Zoll-Felgen passen.
2. 308 mm große Scheiben mit Vierkolben-Festsätteln, die unter den meisten 16-Zoll-Felgen Platz finden.
3. 325-mm-Scheiben mit neuen Sätteln, die aber 17-Zoll-Räder erfordern.

Nach langem Überlegen entscheiden wir uns für Variante 2, die den besten Kompromiss aus Kosten, Alltagstauglichkeit und Performance verspricht.

02 Bevor der Sattel abgenommen wird, lösen wir die Bremsleitung um eine Umdrehung.

03 Dann schrauben wir beide Verbindungsbolzen ganz heraus...

04 ...und nehmen den Sattel ab. Eventuell muss dazu der Kolben ein wenig zurückgedrückt werden.

Achtung!
Selbst wenn kein Asbest mehr in den Bremsbelägen verwendet wird: Bremsstaub ist und bleibt giftig! Also besser eine Atemschutzmaske verwenden!

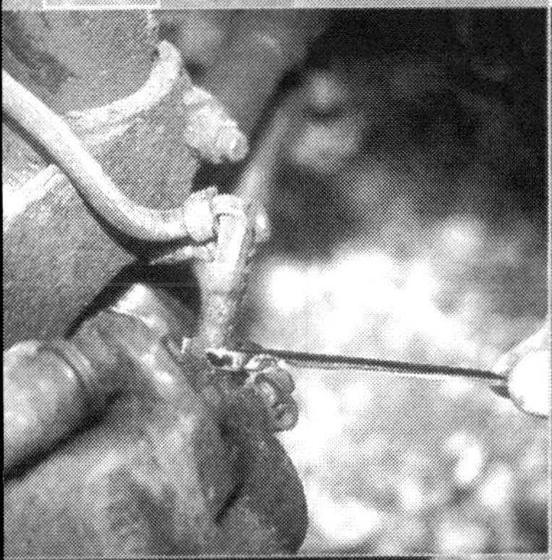

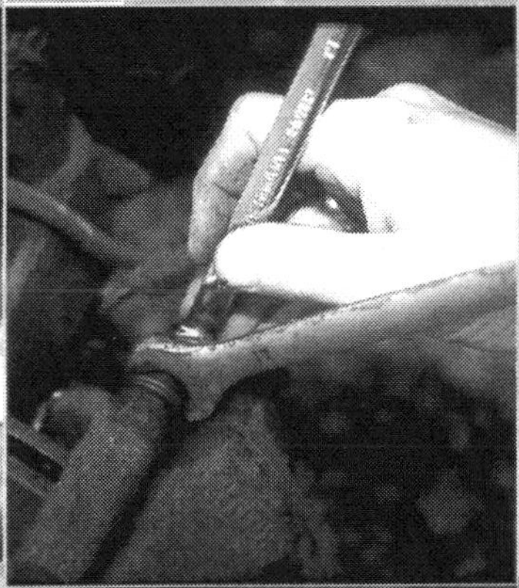

06 Jetzt kann der Sattel von der Leitung getrennt werden.

07 Wie bei einem normalen Bremsscheibenwechsel muss auch hier der Träger ab, ...

08 ...bevor die Bremsscheibe abgenommen werden kann.

>

Achtung!
Bremsflüssigkeit ist giftig und darf weder verschluckt werden, noch lange auf der Haut bleiben! Aber auch für Lack ist diese Flüssigkeit sehr schädlich. Verschüttete Bremsflüssigkeit sofort mit sehr viel Wasser abspülen!

09 Wenn die Bremsscheibe sich nicht einfach abnehmen lässt, kann man mit einem Hammer nachhelfen. Dabei nicht auf den Rand schlagen, sondern in der Mitte zwischen die Löcher zielen. Irgendwann löst sich die Scheibe dann.

10 Die ganze Radnabe muss gereinigt werden, damit die neue Scheibe perfekt sitzt.

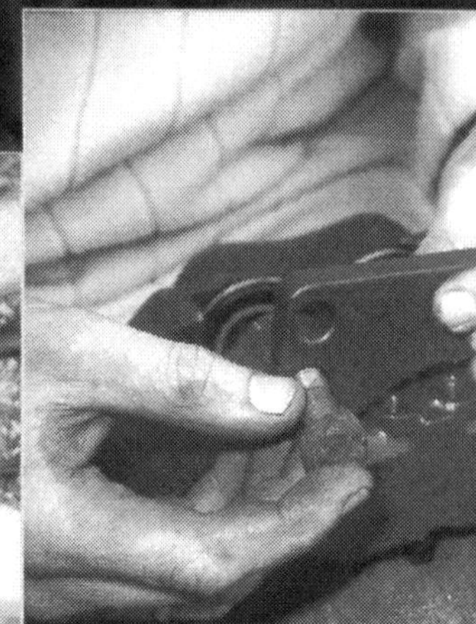

11 Am neuen Sattel wird ein Adapter angeschraubt, ...

15 Die Bremsbeläge werden bei den neuen Sätteln einfach von außen eingeschoben. Die Bremskolben sollten dabei natürlich ganz eingefahren sein, ...

16 ...sind sie es nicht, wird der Bremsbelag nicht in die Halterung rutschen. Beim Zurücksetzen erst eine Seite bearbeiten und den Belag einsetzen, dann die andere Seite.

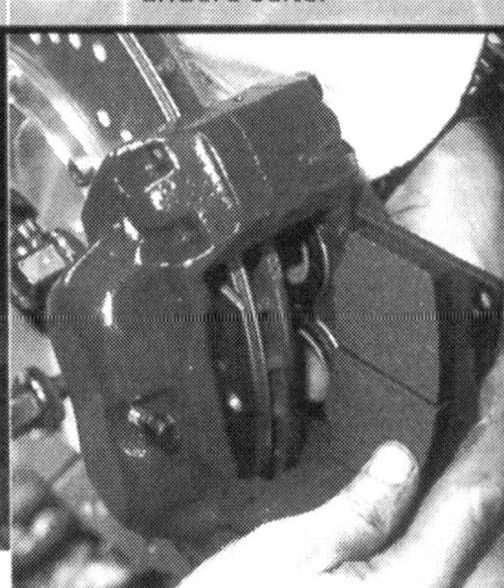

17 Mit zwei Stiften werden die Halteklammern und der Belag selbst gegen Herausfallen gesichert.

18 Das sieht doch gleich ganz anders aus!

12 ... die neue Scheibe mit ein paar Radbolzen provisorisch befestigt. Die kleine störrische Halteschraube gibt es hier nicht mehr.

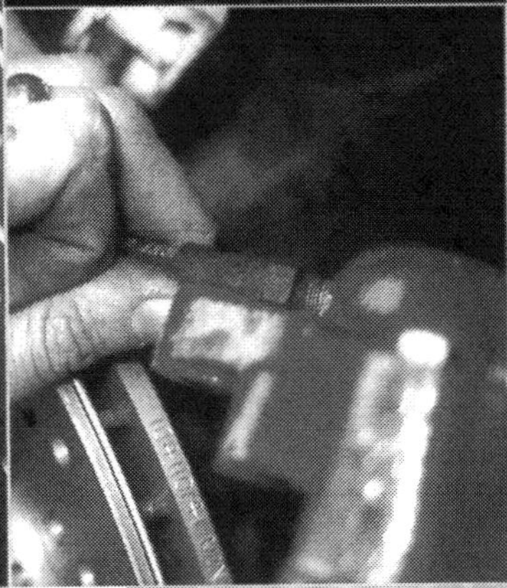

13 Die Bremsleitung wird so fest wie möglich an den neuen Sattel geschraubt, ...

14 ...und dann der Sattel an der Radnabe befestigt. Wir haben die riesige Scheibe zum Fotografieren noch einmal abgenommen. Dann die Bremsleitung noch einmal nachziehen!

Praxistipp

Idealerweise erneuert man bei dieser Arbeit gleich die Bremsschläuche oder rüstet auf Stahlflex-Leitungen um. Da das Bremssystem ohnehin entlüftet wird, sollte man auch gleich an den hinteren Bremsen die alte Bremsflüssigkeit entsorgen. Mit neuer Bremsflüssigkeit, Stahlflexleitungen und der großen Bremse wird das Auto kaum wiederzuerkennen sein.

19 Die Entlüftungsschrauben aufdrehen und durch Pumpen am Bremspedal alle Luft aus der Leitung entfernen. Dabei nicht vergessen, den Vorratsbehälter aufzufüllen!

Bremssättel **lackieren**

Große Felgen geben den Blick frei auf das, was dahinterliegt. Zum Beispiel auf die schöne neue Vierkolben-Bremsanlage. Die Realität sieht meistens anders aus: Das, was hinter der Felge zu sehen ist, sieht oft aus wie ein Klumpen Rost und Dreck und ist eine steinalte Serienbremsanlage.

Doch auch die kann mit ein wenig Farbe wieder ansehnlich werden. Das Ergebnis steht und fällt aber mit der Vorbereitung. Ist die Bremsanlage nicht sauber, fällt der Lack schon nach ein paar Tagen wieder ab.

Praxistipp

Wenn die Farbe zu dick aufgetragen ist, können Teile klemmen oder lassen sich esrt gar nicht zusammen bauen. Gewinde sollten daher grundsätzlich abgedeckt und die Farbe an den Kontaktstellen abgekratzt werden.

01 Damit keine Farbe auf die Bremsscheibe oder die Bremsbeläge läuft, haben wir beides demontiert.

02 Dann wird der Bremssattel mit Drahtbürste und Bremsenreiniger attackiert. Den Bremsstaub nicht einatmen!

03 Je sauberer der Sattel ist, umso besser kann die Farbe haften. Dabei auch nicht die kleinen Winkel und Ecken vergessen, in denen sich so gern der Schmutz sammelt. Entlüftungsventile sollten abgeklebt werden!

Bremstrommeln **lackieren**

01 Die Bremstrommeln müssen nicht unbedingt abgebaut werden. Zum Säubern ist es sogar von Vorteil, wenn die Trommeln bequem gedreht werden können.

Achtung!!
Bremsenstaub und Bremsflüssigkeit sind giftig! Deshalb die Reste als Sondermüll entsorgen und sich selbst mit einer Atemmaske schützen!

02 Die Auflagefläche der Felge muss abgeklebt werden, ansonsten können sich die Radbolzen später lösen! Es macht ja auch wenig Sinn, etwas zu lackieren, was man später nicht sieht...

03 Da Bremstrommeln manchmal sehr stark verrostet sind, ist es eine Überlegung wert, doch gleich ein paar neue zu spendieren. Mit dem Lacküberzug ist dann auch das Rostproblem beseitigt. Obwohl die Trommel die Innereien der Bremse gut abdeckt, trotzdem aufpassen, dass keine Farbe in die Bremse läuft! Den schmalen Schlitz also doch besser abkleben!

04 Spezieller Bremsenlack besteht häufig aus zwei Komponenten: Der Farbe und dem Härter. Einmal angerührt, bleiben nur vier Stunden Zeit zum Verarbeiten. Die Vorarbeiten sollten also abgeschlossen sein, bevor es an das Mischen geht.

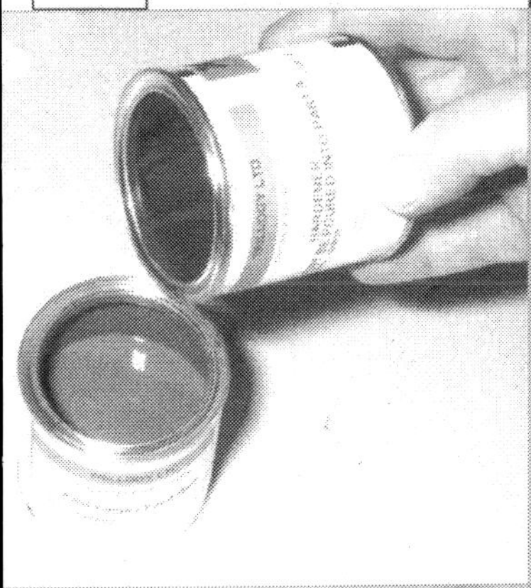

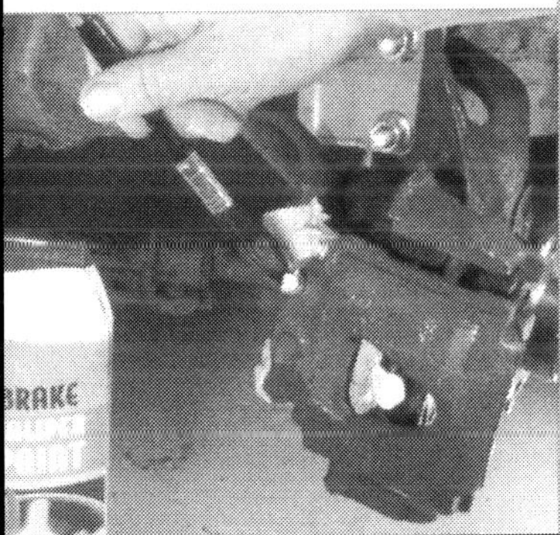

05 Jetzt kommt der schöne Teil! Da die Oberfläche der Teile ohnehin rau ist, wird die Bremse am besten mit einem Pinsel lackiert. Eine Spraydose nebelt nur die Umgebung voll. Tatsächlich müssen nur die Teile lackiert werden, die von außen zu sehen sind – und kein einziges Teil mehr! Niemals Dichtungen, Schrauben oder gar die Bremsbeläge mitlackieren!

Motor-Tuning

Leistung hat man nie genug, schließlich kann man die ja mit dem Gaspedal dosieren. Doch das Gefühl, tief in den Sitz gepresst zu werden, die Power nicht nur zu fühlen, sondern auch zu hören, ist doch das, was wir am meisten wollen.

Leider hat die Sache einen Haken: Um aus einem Serienmotor mehr Leistung herauszuholen, ist ein Haufen Geld nötig. Und je mehr Leistung, umso mehr Geld kostet das Ganze. Das macht natürlich nur Sinn, wenn der Serienmotor noch in Ordnung ist. Und vielleicht sollten wir diesem lieber eine große Inspektion gönnen, bevor wir anfangen, teure Teile einzubauen?

Also tauschen wir Benzin- und Luftfilter, die Zündkerzen (und eventuell die Zündkabel), stellen die Ventile und die Zündung ein (wenn möglich) und checken alle Kabel und Leitungen. Ganz Gewissenhafte messen sogar die Kompression. Spätestens dann wird klar, ob es sich noch lohnt, Geld zu investieren.

Dann können wir mit kleinen Modifikationen wie einem Sportauspuff oder einem Sportluftfilter das eine oder andere Pferdchen finden. Manchmal führt das auch nur dazu, dass der Motor besser

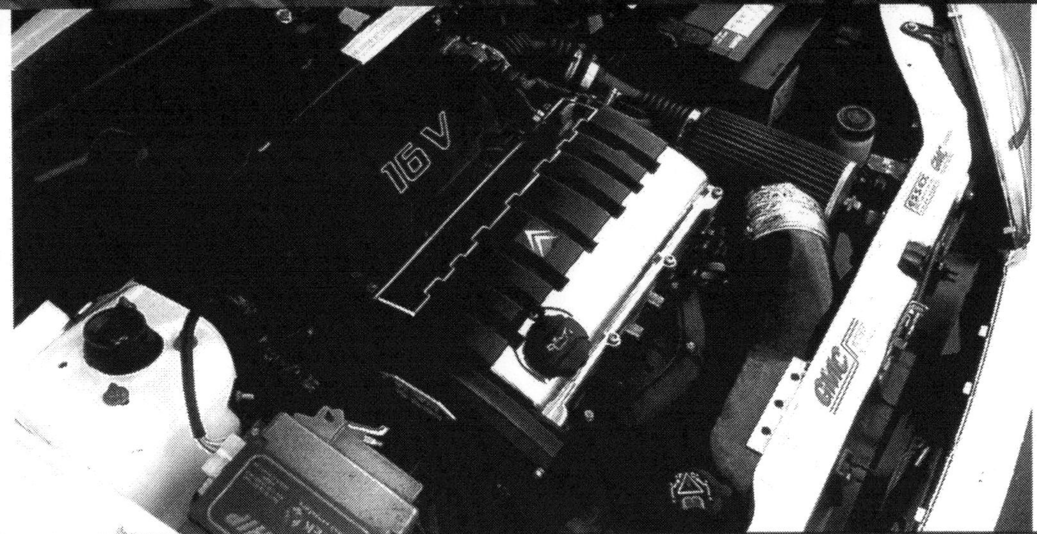

am Gas hängt oder wenigstens schneller klingt. Auch die optische Wirkung eines dicken Endrohres oder eines offenen Luftfilters ist natürlich nicht zu verachten. Dazu kommt, dass Sportauspuffanlagen häufig aus hochwertigem Edelstahl gefertigt sind und nicht mehr rosten können, oder Sportluftfilter ein Autoleben lang halten, da das Gewebe auswaschbar ist.

Wer wirklich auf der Suche nach Leistung ist, kommt kaum daran vorbei, den Motor neu aufzubauen. Dabei macht es natürlich Sinn, den jeweils stärksten Motor, der je in diesem Modell eingebaut war, als Ausgangsbasis zu nehmen. Ansonstens sind schnell ein paar Tausender in den 1,4-Liter geflossen und die 1,6-Liter-Serienautos fahren einem immer noch davon. Eine Ausnahme bilden die Turbos, denen durch eine simple und kostengünstige Erhöhung des Ladedrucks schnell 25 bis 50 Prozent Mehrleistung eingehaucht werden kann. Allerdings geht das immer auf die Lebensdauer. Wer also nicht ständig neue Kopfdichtungen oder Lader verbauen will, sollte sich mit 10 bis 20 Prozent Mehrleistung begnügen.

Natürlich sollte niemand auf die Idee kommen, ein Spielchen mit der Versicherung zu wagen. Weiterhin so zu tun, als wäre ein kleiner Motor unter der Haube und somit Versicherungsprämie zu sparen, fällt einem spätestens bei einem Unfall auf den Kopf. Dann aber richtig! Nicht wenige haben sich damit für den Rest ihres Lebens unglücklich gemacht. Also immer sauber bleiben und die Mehrleistung eintragen lassen!

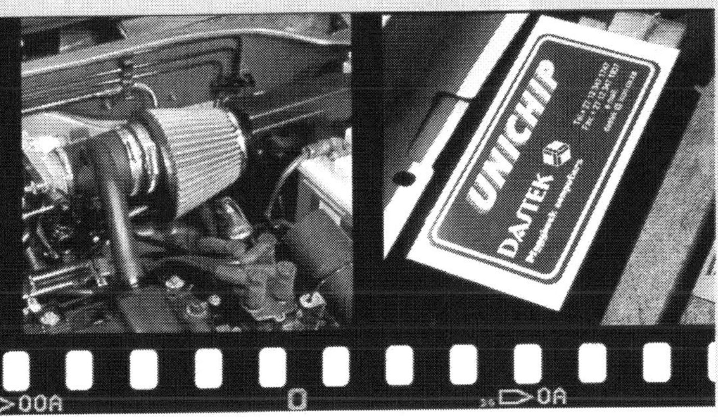

Modifikationen am Lufteinlass

Ein Sportluftfilter oder sogar ein komplett neues Ansaugsystem ist nach dem Sportschalldämpfer sicher ein einfacher und relativ kostengünstiger Weg, dem Motor auf die Sprünge zu helfen. Während die Werke zahlreiche Kompromisse eingehen müssen, kann so ein Nachrüst-Luftfilter ganz konsequent auf maximalen Luftdurchsatz optimiert werden. Zumindest fast, denn auch hier müssen noch ein paar Geräuschvorschriften beachtet werden. Ein offener Luftfilter ist nämlich nur zulässig, wenn auch damit das Auto die Grenzwerte noch erfüllt. Erst dann gibt es ein Gutachten dafür. Luftfilter ohne Gutachten sollte man bei straßenzugelassenen Autos nicht verbauen. Das Ansauggeräusch ist mächtig laut, und jeder Polizist sieht beim ersten Blick unter die Haube, dass hier etwas nicht der Serie entspricht.

Was die reine Leistung angeht, sollte man keine allzu hohen Erwartungen haben. Zwar lassen die Luftfilter theoretisch mehr Luft in den Ansaugtrakt (zu der dann auch ein wenig mehr Benzin beigemischt werden kann, was dann zu einem besseren Füllungsgrad führt, einen etwas heftigeren Knall im Brennraum verursacht und damit mehr Leistung bietet), doch in der Praxis gibt es viele andere Stellen, die einen höheren Füllungsgrad verhindern. Der Motor ist nämlich auf sein Serienansaugsystem abgestimmt und kann mit mehr Luft kaum etwas anfangen. Erst wenn der Zylinderkopf und die Nockenwellen geändert sind und die Einspritzmenge für jeden Betriebszustand ohne Rücksicht auf den Verbrauch angepasst wird, kann der Motor tiefer Luft holen. Dann gibt es auch eine deutliche Leistungssteigerung.

Was bei den offenen Luftfiltern gern vergessen wird: Der Motor mag kühle Ansaugluft viel lieber als warme. Denn kühle Luft ist viel sauerstoffreicher als warme Luft – und Sauerstoff ist das, was wir im Brennraum haben wollen. Es sollte also darauf geachtet werden, dass der schöne neue Sportluftfilter stets frische Luft aus dem vorderen Bereich erhält und gegen heiße Bauteile gut abgeschirmt ist. Wer seinen Filter unter der Haube schmoren lässt, braucht sich nicht zu wundern, wenn ihm das Serienauto doch wieder davonfährt.

Ansaugsystem

Wer den kompletten Ansaugtrakt umbaut, kann tatsächlich mit besserer Luftzufuhr rechnen. Mehr Leistung gibt es aber nur, wenn auch die Einspritzmenge dazu passt.

Bei diesem Kit wird der gesamte Luftfilterkasten und die Ansaugleitung ersetzt. Der Luftfilter kommt quasi genau vor den Luftmengenmesser. Damit sind alle potentiellen Drosselstellen entfernt. Genauso wichtig ist aber, dass der Luftfilter auch frische Luft erhält. Dazu legen wir eine neue Luftleitung von der Front bis zum Luftfilter. Damit sind die besten Voraussetzungen für die sommerliche Autobahnjagd geschaffen. Im Winter könnte das allerdings zu Problemen führen, denn die Ansaugluftanwärmung geht ebenfalls über Bord.

Bei unserem Opel entfernen wir als Erstes die Luftführung vom Frontblech zum Luftfilterkasten. Später wollen wir diese wieder

01 montieren, um frische, kühle Luft zum Filter zu leiten.

05 Hier ist der Luftfilterkasten nur mit ein paar Clips gesichert, bei anderen Autos ist der Kasten mit ein paar Schrauben befestigt. Der Kasten kann jetzt entfernt werden.

02 Auch die Ansaugleitung hinter dem Luftfilterkasten wird gelöst.

03 Dann öffnen wir den Kasten...

04 ... und legen ihn zusammen mit dem alten Luftfilter beiseite.

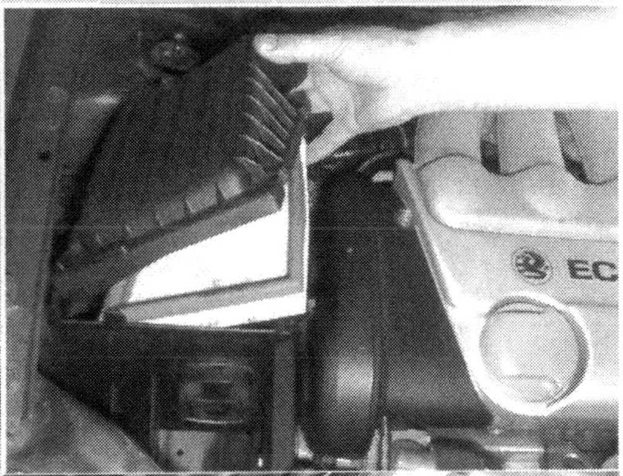

Über die Ansaugleitung kommt eine neue Schelle,...

...die den Adapter halten soll. An den Adapter kommt ein kleiner Halter,...

...der an der alten Halterung des Luftfilterkastens befestigt wird.

Über das Gummi kommen zwei große Scheiben, ...

...und dann wird das Ganze mit einem Bolzen befestigt.

Auf das Ende des Adapters wird der Luftfilter aufgeschoben...

... und mit einer Schelle befestigt.

Die mitgelieferte Kaltluftleitung führen wir durch die Schürze, ...

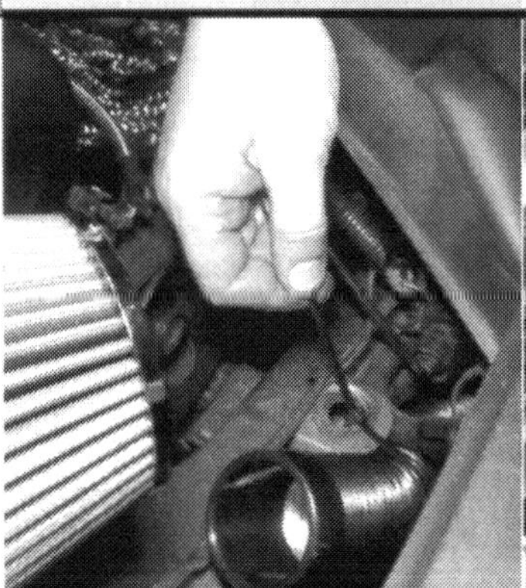

...während von oben die alte Luftführung für eine Extra-Portion Frischluft sorgt.

Abstimmungsarbeit

Wer das Optimum herausholen will, sollte auf einem Leistungsprüfstand die Abgaswerte prüfen lassen. Nicht immer kann der Motor in seinem Regelbereich genug Kraftstoff beisteuern. Läuft der Motor durch den Luftüberschuss zu mager, steigen die Temperaturen im Brennraum extrem an und die Kolben können Schaden nehmen.

Andere Methoden

Ein alter Trick, das typische Ansauggeräusch der offenen Luftfilter zu erreichen, ist, den Luftfilterkasten unterhalb des Luftfilters wie einen Schweizer Käse zu löchern. Das bringt zwar garantiert keine Leistung, dafür aber den kernigen Klang.

01 Einfacher geht es nun wirklich nicht. Den Kasten öffnen, ...

02 ...den Filter heraus-nehmen, ...

03 ...den Kasten von innen reinigen...

04 ...und den neuen Filter einsetzen. Manche Filter haben eine Einbaurichtung. TOP sollte immer nach oben zeigen. Die meisten dieser Filter müssen vor dem Einbau mit Öl benetzt werden, damit der Staub gebunden wird. Im Zweifel die Gebrauchsanleitung lesen und das spezielle Öl der gleichen Marke verwenden.

Austausch **Filter**

Sportluftfilter mit den Maßen eines Serienfilters sind ein sehr dezenter Weg, um den Ansaugtrakt zu optimieren.

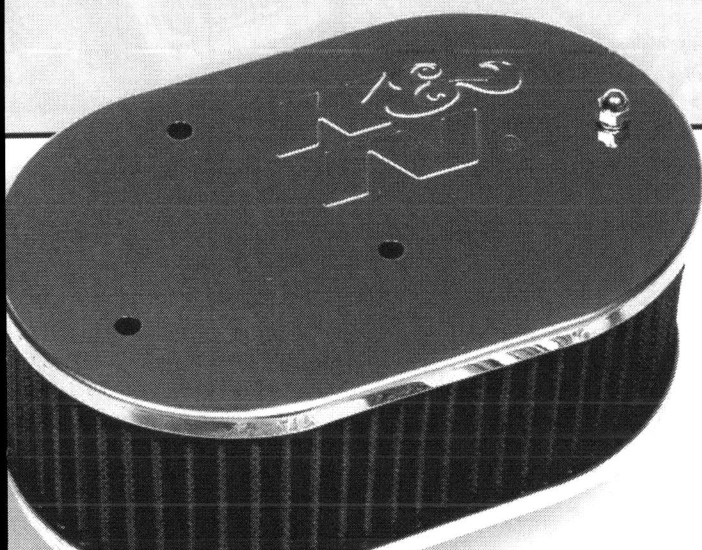

Aufschraub Filter

Für Vergasermotoren gibt es Luftfilter in verschiedenen Höhen, die direkt auf dem Vergaser befestigt werden. Sieht sehr schick aus, vor allem bei Doppelvergaseranlagen...

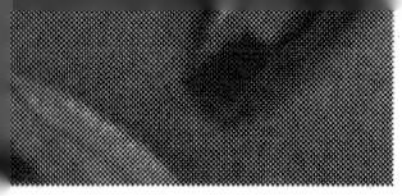

Chip Tuning

Der Microchip: ein kleines Teil mit lauter kleinen Füßchen dran, das wahre Wunder vollbringen kann...

Hand aufs Herz: Wer weiß genau, wie so ein Chip funktioniert? Wahrscheinlich die wenigsten. Viel wichtiger ist aber, was es bewirkt. Und da gehen die Meinungen ziemlich weit auseinander. Die einen schwören darauf, die anderen winken enttäuscht ab. Über kein anderes Ding wird so viel gesprochen, dabei ist Chip nicht gleich Chip.

Die Wahrheit ist, dass die serienmäßige Motorsteuerung nicht alle Toleranzen ausreizt. Die vom Werk vorgegebene Abstimmung ist immer auf der sicheren Seite und trägt auch dem Umweltgedanken Rechnung. Die Abgas- und Verbrauchswerte sind schließlich vielen Menschen wichtiger als die Höchstleistung. Dieser Toleranzbereich und der Kompromiss in Sachen Umwelt können ausgereizt werden. Dazu muss allerdings die Motorsteuerung umprogrammiert werden. In jedem Auto schlummern also noch einige Pferdestärken, die darauf warten, geweckt zu werden. Beim einen mehr, beim anderen weniger.

Doch wie funktioniert das Chip-Tuning in der Praxis? Zunächst hängt das davon ab, ob der Chip nur eingesteckt ist oder fest mit dem Steuergerät verlötet. Die Steckversion kann ganz einfach nach dem Öffnen des Steuergeräts ausgetauscht werden. Der Sockel, auf dem der Chip sitzt, verteilt die Signale dann an verschiedene Schaltkreise. Jeder Computer zu Hause ist genauso aufgebaut.

Etwas schwieriger wird das Ganze, wenn der Chip fest mit dem Steuergerät verbunden ist. Dann muss er entweder ausgelötet oder von außen mit einem neuen Programm beschrieben werden. Bei fast allen neueren Autos mit On-Board-Diagnosesystem ist der Chip fest eingebaut. Manchmal kann die Software aber über die Diagnose-Schnittstelle geändert werden – vorausgesetzt, der Tuner hat ein Programm das ihm erlaubt, in das Steuergerät einzudringen. Das haben aber meist nur die Werksvertretungen, die damit zum Beispiel im Rahmen einer Inspektion das neueste Software-Update aufspielen können. Bei modernen Autos verarbeitet der Prozessor inzwischen unzählige Informationen: Außentemperatur, Ansauglufttemperatur, angesaugte Luftmasse, Motortemperatur, Abgaszusammensetzung, Drehzahl, Gaspedalstellung – um nur die Wichtigsten zu nennen.

In Sekundenbruchteilen entscheidet das Steuergerät dann, wie viel Kraftstoff eingespritzt und wann gezündet wird. Bei Turbomotoren kommen noch eine Menge weitere Daten hinzu. Da der Chip auch über den Ladedruck wacht, ist hier natürlich am meisten Mehrleistung möglich. Denn schon eine geringe Anhebung des Ladedrucks reicht, um deutlich mehr Dampf in den Motor zu zaubern. Vorausgesetzt, die Einspritzmenge wird entsprechend angepasst, und spätestens dann ist eine Neuprogrammierung des Chips erforderlich.

Alle Informationen müssen natürlich zum Steuergerät gelangen und von dort aus zu den entsprechenden Bauteilen. Das erfordert einen dicken Kabelbaum, an dessen Ende das Steuergerät an einer möglichst geschützten Stelle sitzt. Wer also sein Steuergerät sucht, muss nur die Kabel aus dem Motorraum verfolgen. Früher oder später stößt man dann auf die geheimnisvolle Kiste, in der ein Chip über das Wohlergehen des Motors wacht.

Um zu beurteilen, was ein Chip wirklich bringt, haben wir einem Tuner über die Schulter gesehen. Ein 94er Golf mit dem Zweiventil-Motor soll als Versuchskaninchen dienen. Da bei einem Saugmotor keine allzu hohen Leistungssteigerungen möglich sind, lauten die Vorgaben: mehr Kraft im mittleren Drehzahlbereich, ohne die Fahrbarkeit und den Spritverbrauch stark zu beeinträchtigen.

Eingangsmessung auf dem Leistungsprüfstand

Um zu sehen, ob der Motor überhaupt gesund und richtig eingestellt ist, sollte das Auto vor jedem Tuning auf den Rollenprüfstand. Nach der Optimierung sollte die Arbeit auf dem gleichen Prüfstand bei möglichst gleichen Bedingungen überprüft werden.

Unser Golf brachte 115 PS bei 5797 U/min und 126 Nm bei 2762 U/min.

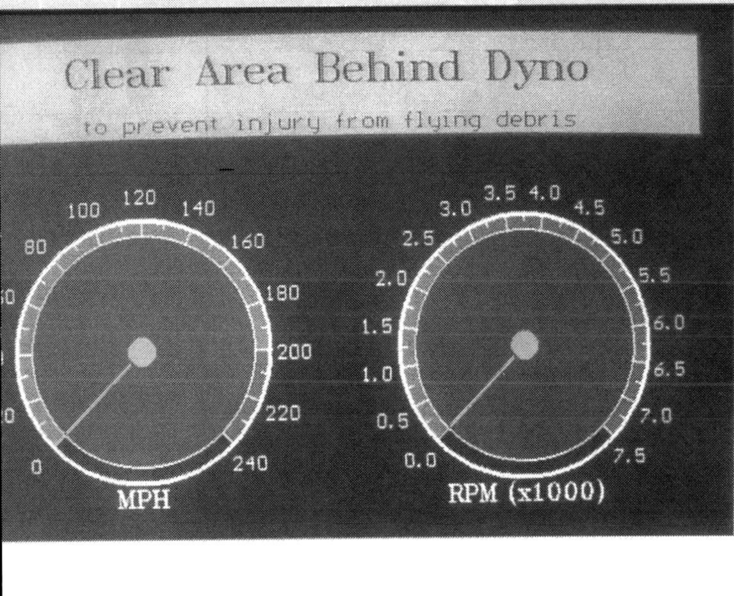

Auf der Suche nach dem Steuergerät

Um das Steuergerät öffnen zu können, müssen wir es zuerst ausbauen. Beim Golf sitzt es unter dem Windlauf.

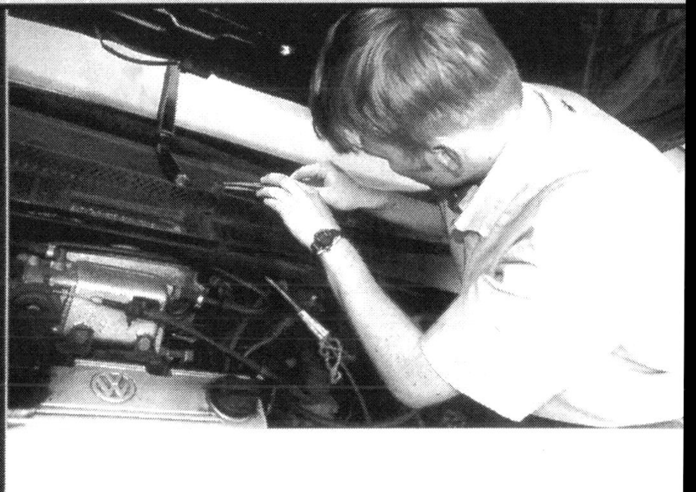

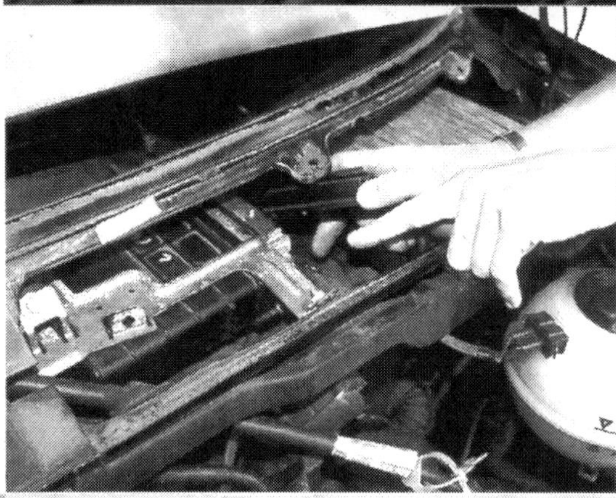

Der Stecker ist gesichert und gegen Spritzwasser geschützt. Das Gehäuse selbst ist schnell ausgebaut.

Der Chip wird ausgelötet, indem die Kontakte gleichmäßig erhitzt werden. Zu viel Hitze, und die Platine nimmt Schaden – zu wenig Hitze, und der Chip rührt sich keinen Millimeter. Eine Sache für Profis mit ruhigen Händen.

Noch schwieriger ist das Einlöten des neuen Chips, ...

...weshalb die Lötstellen unter dem Mikroskop genau untersucht werden. Jeder Kurzschluss hätte fatale Folgen.

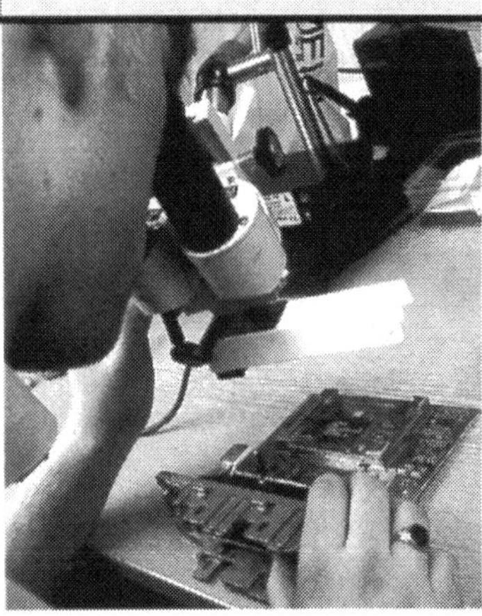

Nach dem Zusammenbau geht es zurück auf den Prüfstand. Sind die Ergebnisse nicht zufriedenstellend, muss die ganze Prozedur wiederholt werden.

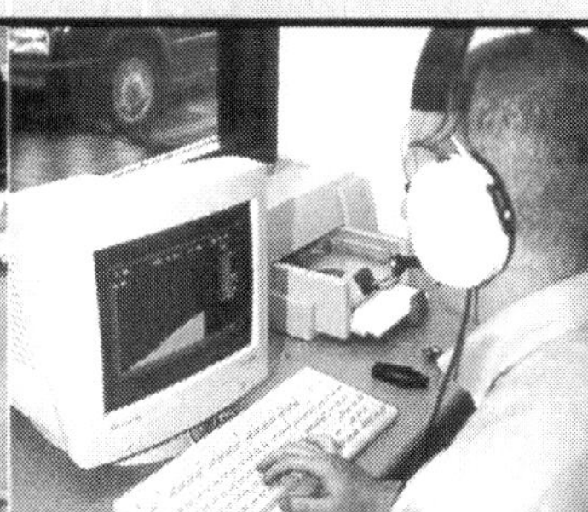

Bei der abschließenden Messung hat der Golf in der Spitzenleistung um neun PS und fünf Nm zugelegt. Kein berauschendes Ergebnis, das sich beim Fahren aber deutlicher bemerkbar macht, als es die nackten Zahlen vermuten lassen. Besonders im mittleren Drehzahlbereich ist zusätzliche Kraft zu spüren.

Ein großes Rätsel bleibt: Woher weiß der Tuner denn, was er verändern muss? In der Tat ist die Mehrleistung das Ergebnis zahlreicher Stunden am Prüfstand. Nur so kann für jedes Modell das optimale Kennfeld herausgefahren werden. Auf Basis dieser Werte kann dann jeder Motor noch individuell feingetunt werden.

Das Ergebnis bei unserem Golf ist erstaunlich: Besonders im Bereich von 3500 bis 4000 Touren beißt der Motor nun deutlich spontaner zu und dreht flotter hoch. Das ist genau die Drehzahl, mit der ein Überholvorgang gestartet wird. In der Praxis ist dieser Drehzahlbereich also viel wichtiger als die absolute Spitzenleistung.

Und wie funktioniert das Tuning bei einem Steuergerät mit aufgestecktem Chip? Logischerweise viel einfacher, da das Aus- und Einlöten entfällt. Nach ungefähr zwei Stunden ist die Arbeit erledigt.

An einem normalen PC mit angeschlossener Map-Station kann ein neuer Chip gebrannt werden. Es gibt Chips, die sich löschen und neu beschreiben lassen. Dann kann der Prozessor im Steuergerät bleiben.

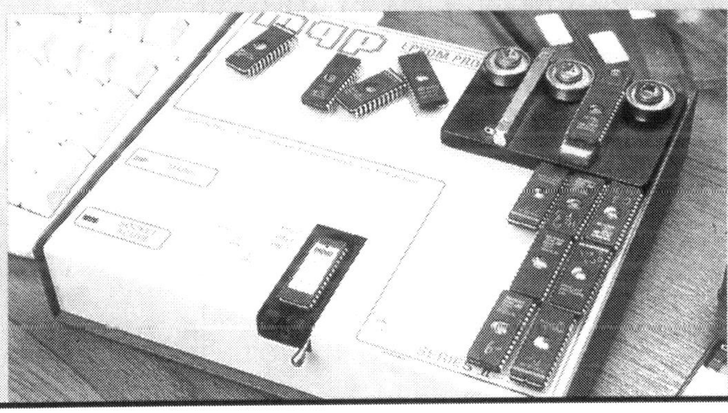

In solch einer Station werden die Chips eingesteckt und das neue Programm vom Computer übertragen. Das funktioniert ganz ähnlich wie beim Brennen einer CD.

Fazit

Das Schöne am Chiptuning ist die Möglichkeit, das Auto perfekt an die eigenen Bedürfnisse anpassen zu können. Ein mechanisch weitgehend unveränderter Motor kann auch jederzeit wieder in den Serienzustand zurückversetzt werden. Außerdem ist Chiptuning eine saubere Sache – kein Flexen, kein Spachteln und kein Lackieren.

ECU
Das Steuergerät, also quasi das Gehirn des Autos.

Chip
Der Mikroprozessor im Steuergerät, der das Programm enthält.

Mapping
Das Programm, mit dem der Chip verschiedene Signale aufbereitet.

integrierter Chip
Ein Chip, der fest auf der Platine verlötet ist.

Plug-in Chip
Ein Chip, der in einen Sockel eingesteckt wird.

Zylinder-Kopf

Der untere Teil des Motors, oft auch Block genannt, beherbergt die Kolben, die mit der Kurbelwelle verbunden sind. Die Kolben wandern nach oben, verdichten das Kraftstoff/Luft-Gemisch und werden durch die Verbrennung nach unten gedrückt. Bei der nächsten Aufwärtsbewegung drücken die Kolben das Abgas in den Auspuff. Damit wird schon klar: Je besser der Gaswechsel funktioniert, umso mehr Leistung wird produziert.

Gute Zylinderköpfe

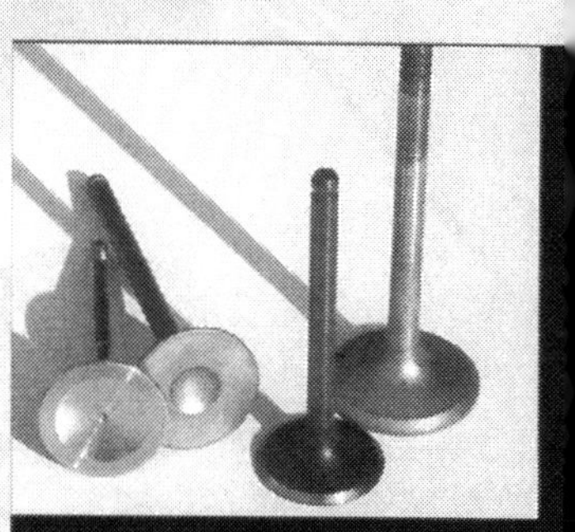

Je besser die Gase durch den Zylinderkopf strömen können, umso mehr Leistung kann der Motor produzieren. An jedem Zylinderkopf befinden sich ein Einlasskrümmer und ein Auspuffkrümmer. Sind die beiden Krümmer an gegenüberliegenden Seiten des Kopfes angeordnet, spricht man auch von Querstrom-Zylinderköpfen. Diese Bauart bietet zumindest theoretisch die besten Vorraussetzungen für hohe Leistungen: Die Gase können quer durch den Kopf rauschen, wobei sich Auslass und Einlassseite positiv beeinflussen können. Das herausströmende Abgas zieht das frische Gemisch in den Brennraum.

Um den Gasfluss zu steuern, sitzen Ventile im Brennraum, die wiederum von Nockenwellen geöffnet und geschlossen werden. Wann genau das passiert, wird von den Steuerzeiten der Nockenwelle bestimmt. Die Steuerzeiten werden in Grad angegeben. Ebenfalls sehr wichtig für den Gasfluss sind der Hub der Nockenwelle und die Größe der Ventile. Da vier Ventile bei gegebener Brennraumgröße insgesamt mehr Querschnitt als zwei Ventile bieten, haben Vierventil-Motoren in der Regel mehr Leistung.

Verkokung

Durch verbrannte Öl- und Kraftstoffrückstände setzt sich der Brennraum langsam, aber sicher mit Kohle zu. Besonders leistungshemmend wirkt sich das an der Oberseite der Ventile aus, die dem Gasstrom nun statt einer glatten eine raue Oberfläche entgegensetzen.

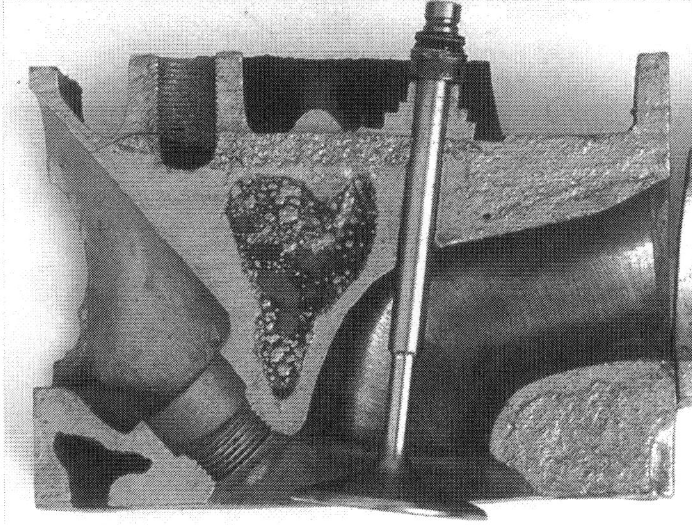

Gaswechsel optimieren

Wer auf der Suche nach Leistung ist, kommt an einer Bearbeitung des Zylinderkopfes nicht vorbei. Um den Gaswechsel zu verbessern, gibt es verschiedene Möglichkeiten und Stufen: Überholen und Reinigen des Zylinderkopfes, Planen der Auflagefläche, Glätten der Ansaugwege, Bearbeitung der Kanäle, Umbau auf größere Ventile. Natürlich müssen die Gemischaufbereitung und der Auspuff darauf abgestimmt werden. Im Zylinderkopf entsteht die Leistung, der Unterbau muss dann nur noch die gestiegenen Drücke und Drehzahlen verkraften...

Kopf planen

Im Rahmen einer Überholung sollte die Dichtfläche des Zylinderkopfes mit einer Präzisions-Fräsmaschine leicht abgezogen werden. Besonders, wenn die Kopfdichtung defekt war und sich der Kopf eventuell leicht verzogen hat. Ein angenehmer Nebeneffekt ist, dass die Verdichtung leicht steigt. Damit wird das Gemisch noch etwas mehr komprimiert und die Wucht der Verbrennung etwas größer. Wer es übertreibt, wird allerdings mit einem klingelnden Motor bestraft und kann sogar Probleme mit den Steuerzeiten bekommen, da der Zahnriemenspanner die Geometrie verschiebt.

Kanäle glätten

Da die Zylinderköpfe in großen Stückzahlen aus flüssiger Aluminium-Legierung gegossen werden, sind die inneren Kanäle natürlich rau und nicht perfekt. Auch die Übergänge zu Ansaugkrümmer und Auspuff passen oft nicht richtig. Mit Schleifkegeln können die Unebenheiten und Übergänge von Hand geglättet werden, wobei im Ansaugtrakt eine gewisse Rauigkeit erhalten bleiben soll. Dadurch vermischt sich auf dem Weg in die Brennräume die Luft besser mit dem Kraftstoff. Diese Bearbeitung bringt nicht unbedingt mehr Leistung, der Motor hängt in der Regel aber wesentlich besser am Gas.

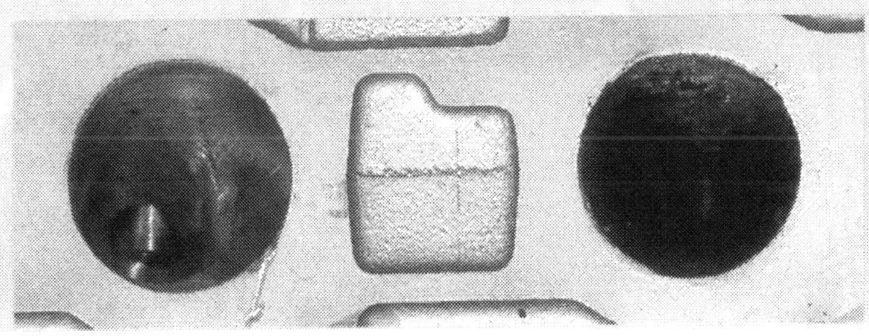

Kanäle vergrößern

Serienmotoren sind meist auf ein gutes Drehmoment im unteren Berich abgestimmt. Dazu werden die Kanäle bewusst klein gehalten. Das vergrößert die Strömungsgeschwindigkeit bei wenig Gasdurchsatz, drosselt aber den maximal möglichen Durchfluss bei hohen Drehzahlen. Die optimale Form und Größe der Kanäle ist das bestgehütete Geheimnis der Profis.

Ventile

Wenn es beim Gaswegnehmen aus dem Auspuff raucht, sind oft die Ventilschaftdichtungen verschlissen. Diese Gummikappen sitzen oben auf den Ventilführungen und dichten das darin gleitende Ventil zum Ansaugtrakt hin ab. Sind die Ventilführungen verschlissen oder das Gummi hart und spröde, wird durch den Unterdruck Öl in den Einlasskanal gezogen. Verbranntes Öl lagert sich auf Kolben und Ventiltellern ab und beschädigt auf Dauer den Katalysator. Ein anderer möglicher Schaden sind undichte oder verbrannte Ventilsitze. Da das Ventil die Hitze nur bei der kurzen Ruhephase in Sitz oder über die Führung abgeben kann, ist zu enges Ventilspiel tödlich für Ventile.

Leichte Spuren am Sitz können durch Einschleifen beseitigt werden, die nächste Stufe ist das Nachfräsen der Ventilsitze. Von da aus ist es nur noch ein kleiner Schritt zum Einbau größerer Ventile, die bei hohen Drehzahlen deutlich mehr Leistung bringen können.

Lachgas

50 Prozent Mehrleistung durch den Druck auf einen Knopf? Und das Ganze für rund 1000 Euro? Klingt wie ein Scherz!

Wer kennt sie nicht – die zusätzlichen Flaschen im Kofferraum, die fast wie ein Feuerlöscher aussehen, deren Leitungen aber direkt in den Motorraum führen? Diese Anlagen, nach einem der führenden Hersteller auch NOS-Systeme genannt, machen dem Motor so richtig Beine.

Doch wie und warum funktioniert das eigentlich? Distickstoffmonoxid, auch bekannt als Lachgas, ist ein an sich nicht brennbares Gas, das aus zwei Teilen Stickstoff und einem Teil Sauerstoff besteht. Das Gas ist in einem Druckbehälter in flüssiger Form gelagert und wird direkt in den Einlasstrakt gespritzt.

Dabei passieren zwei Dinge: Durch den Druckabfall entsteht Kälte, die das Gasgemisch um rund 40 Grad abkühlt. Allein dadurch verbessert sich der Energiegehalt des Gemisches sehr stark und der Motor wird gleichzeitig gekühlt. In der Hitze des Brennraumes zerfällt das Lachgas dann in Stickstoff und Sauerstoff und wirkt extrem brandbeschleunigend. Da jetzt auch zusätzlicher Sauerstoff zur Verfügung steht, muss die ganze Mischung natürlich zusätzlich mit Kraftstoff angereichert werden. In der Dragster-Szene wird zusätzlich noch Nitromethan oder Alkohol beigemischt. Aber dort werden die Motoren auch nach jedem Lauf generalüberholt...

Das Schöne dabei ist: Eine Lachgasanlage ist verhältnismäßig günstig, auch weil der Motor selbst völlig serienmäßig bleiben kann. Das Gas findet seinen Weg auch durch die engsten Kanäle, und durch die zusätzliche Innenkühlung besteht fast keine Gefahr thermischer Überhitzung. Der Schwachpunkt sind eher die Kolben, die Pleuel und die Kurbelwelle – und die entsprechenden Lager. Den extremen Verbrennungsdrücken sind nur die wenigsten Motoren auf Dauer gewachsen. Deshalb sollte Lachgas nur für kurze Zeit zugegeben werden.

Natürlich hat die Sache noch einen Haken: Die Lachgasfüllung ist sehr teuer und eine solche Anlage eigentlich nicht zulassungsfähig. Trotzdem wollen wir wissen, wie das Ganze in der Praxis installiert wird. Im Grunde ist der Einbau recht einfach: Vom Druckbehälter geht eine Leitung zu einem Ventil, in dem das Lachgas mit Krafstoff gemischt wird. Dazu ist ein Abzweig in der Kraftstoffleitung erforderlich. Vom Mischventil strömt das Gas in den Einlasstrakt, üblicherweise direkt vor der Drosselklappe. Die Anlage wird mit einem Schalter scharf gemacht und dann bei Vollgas durch einen Schalter an der Drosselklappe aktiviert. Durch verschieden große Düsen kann der Grad der Beimischung verändert werden. So lassen sich 25, 50 oder sogar 75 zusätzliche PS in den Motor zaubern.

Achtung!

Da die Kraftstoffleitung geöffnet werden muss, ist allerhöchste Vorsicht geboten. Der Motor muss kalt, der Kraftstoffdruck abgelassen und die Batterie abgeklemmt sein. Zusätzlich sollte man eine Schutzbrille tragen, einen Feuerlöscher bereitstellen und kein offenes Feuer im Umkreis haben. Alle Leitungen müssen zu 100 Prozent dicht sein, da sowohl das Kraftstoff- als auch das Lachgas-System unter hohem Druck stehen.

01 Die Flasche wird üblicherweise im Kofferraum untergebracht. Da die Lage für die Funktion wichtig ist, sollte man unbedingt auf die Einbauempfehlungen des Herstellers hören. Beim Bohren der Löcher sollte man prüfen, ob sich darunter nicht zufällig der Tank oder das Reserverad befindet.

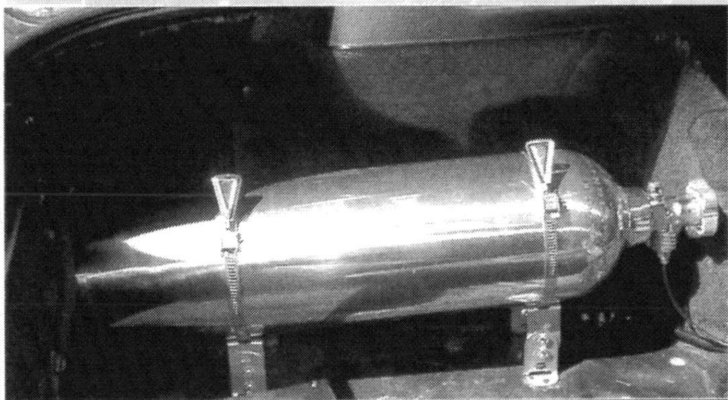

02 Die Versorgungsleitung wird durch den Innenraum oder besser unter dem Auto entlang bis nach vorne in den Motorraum geführt. Die Anschlüsse werden mit einer Dichtolive abgedichtet, die nach jedem Lösen erneuert werden muss.

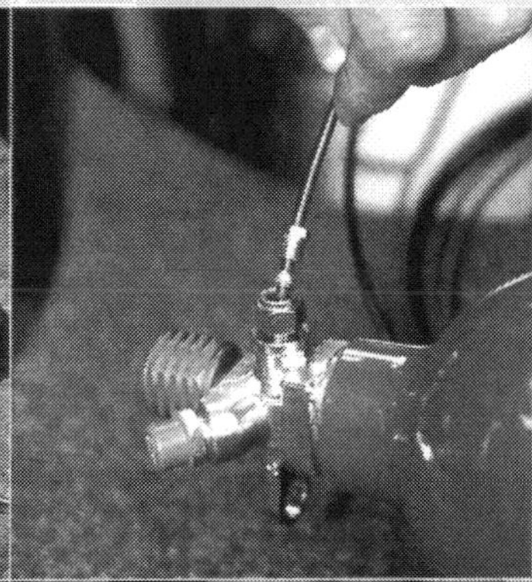

03 Die Ventile werden an einer geeigneten Stelle im Motorraum platziert. Das blaue ist das Ventil für das Lachgas, das rote das für den Kraftstoff.

04 Hier ist die Art der Verbindung genau zu sehen: Die Leitung muss gerade abgeschnitten werden, dann werden die Überwurfmutter und die Dichtolive aufgesteckt.

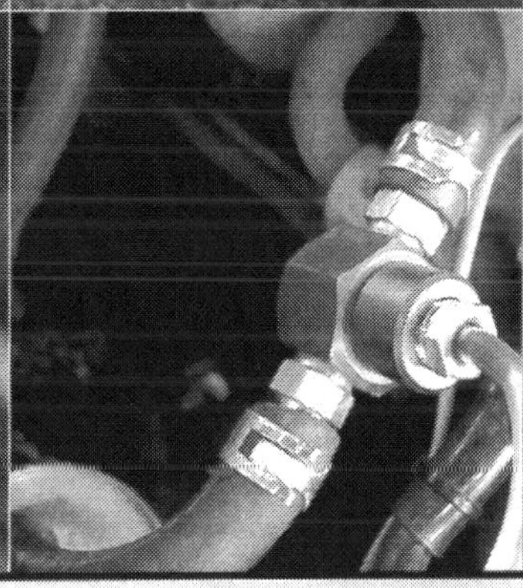

05 In die Kraftstoffzuleitung (nicht die Rücklaufleitung) wird ein T-Stück eingesetzt, damit das rote Ventil Kraftstoff erhält.

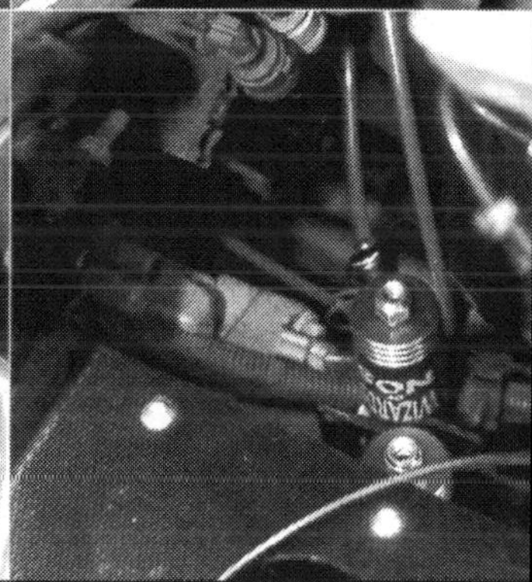

06 Alle Leitungen werden dann an die entsprechenden Ventile angeschlossen.

07 Jetzt fehlen nur noch die Injektoren. Neuere Anlagen haben eine kombinierte Düse, ältere je eine für Kraftstoff und Lachgas.

08 So nah wie möglich an der Drosselklappe bohren wir ein Loch in den Ansaugkanal...

09 ...und befestigen darin den Injektor mit einer Stoppmutter. Diese sollte sich nie lösen, denn dann ist der Motor ruiniert.

10 Wenn das Ansaugrohr wieder montiert ist, längen wir die Zuleitung ab und verschrauben beide sorfältig mit dem Injektor.

11 Damit das System bei Vollgas automatisch zugeschaltet wird, montieren wir einen Schalter an der Drosselklappe. Der Schalter darf die Drosselklappe auf keinen Fall blockieren. Eine andere Option ist ein Druckknopf am Lenkrad.

12 Bis der Schalter absolut zuverlässig funktioniert, müssen wir ein wenig tüfteln. Schließlich wollen wir keine hängende Drosselklappe und nur bei Vollgas zusätzliche Lachgas-Power.

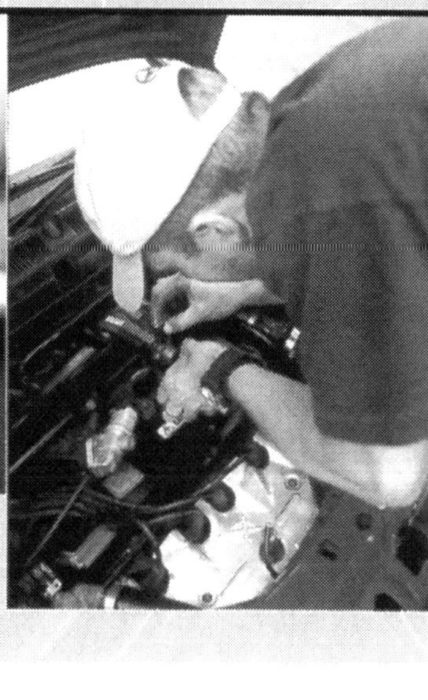

13 Im Sicherungskasten suchen wir uns einen freien Anschluss mit Zündungsplus und führen dann ein Kabel zum Schalter, der die Anlage scharf macht.

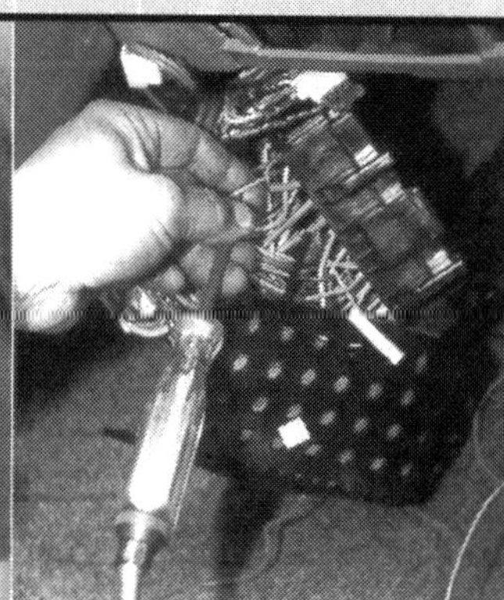

Ein Luftfahrt-Schalter mit Schutzkappe sieht nicht nur gut aus, sondern verhindert auch ein unbeabsichtigtes Einschalten der Anlage. Der Schalter soll nur Durchgang haben, wenn die Sicherungskappe und der Kippschalter oben sind.

14

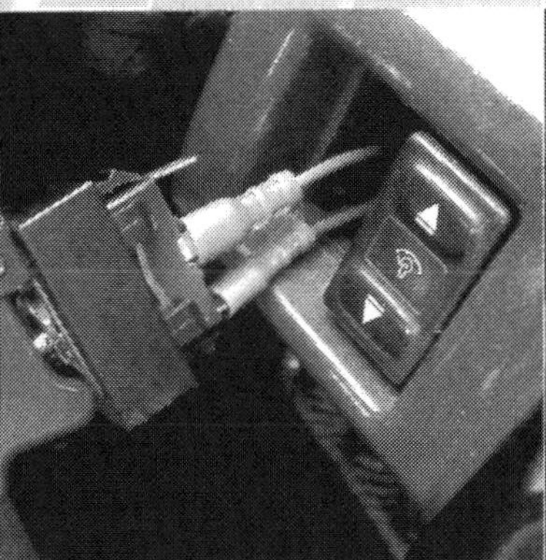

Vom Schalter geht das Pluskabel dann in Richtung Motorraum. Das Kabel darf nicht durch scharfkantiges Metall geführt werden. Am besten sucht man sich eine Gummidurchführung und schiebt es dort mit durch.

15

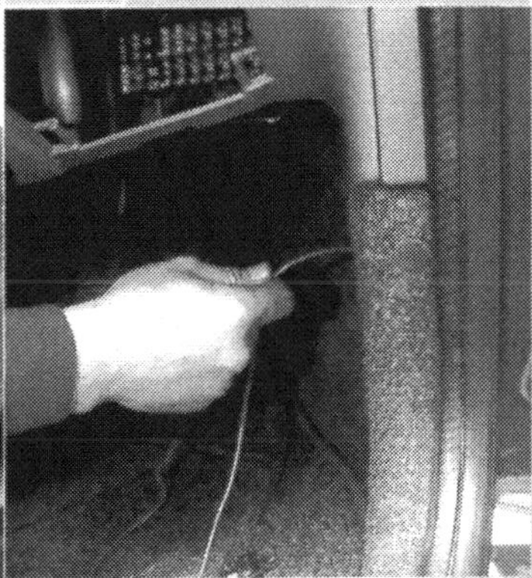

Das Pluskabel wird verzweigt und an die Pluspole der Ventile angeschlossen. Die Minuspole werden an den Drosselklappen-schalter geführt. Der andere Anschluss geht direkt an Karosseriemasse. So können die Ventile nur öffnen, wenn der Schalter auf AN steht und gleichzeitig Vollgas anliegt.

16

Systemtest

Bevor es richtig ernst wird, sollten unbedingt noch ein paar Tests durchgeführt werden:

1 Funktionieren die Ventile richtig?
Dazu die Lachgasflasche zugedreht lassen, die Zündung einschalten und die Anlage am Schalter scharf machen. Der Motor bleibt dabei aus. Jetzt mehrmals Vollgas geben und prüfen, ob die Ventile gleichzeitig schalten. Normalerweise ist ein Klicken zu hören, das Schalten ist aber auch durch Handauflegen zu spüren.

2 Sind alle Leitungen dicht?
Dazu die Zündung mehrmals ein- und ausschalten, damit die Kraftstoffpumpe Druck aufbaut. Dann alle Kraftstoffleitungen kontrollieren. Ist im Kraftstoffsystem alles in Ordnung, die Gasflasche aufdrehen und auf die Verbindungsstellen eine dicke Seifenlösung auftragen. Falls der Anschluss undicht ist, sind Blasen zu erkennen. Beim geringsten Leck sollte man die Ursache sofort ergründen und aus der Welt schaffen. Manchmal reicht es, die Anschlüsse noch ein wenig nachzuziehen.

3 Statischen Test durchführen
Achtung! Nicht bei allen Anlagen und bei jeder Düsengröße empfehlenswert! Die mitgelieferte Anleitung genau lesen!
Den Motor starten und gut warmlaufen lassen. Dann wird die Gasflasche geöffnet und die Anlage am Schalter scharf gemacht. Bei leicht erhöhter Drehzahl (rund 2000 Umdrehungen) aktiviert jetzt ein Helfer für einige Sekunden von Hand den Volllastschalter im Motorraum. Ohne weiter Gas zu geben, muss die Drehzahl deutlich ansteigen. Dann funktioniert die Gaszufuhr. Die Abgase können sich dabei dunkel färben, da der Motor durch den zusätzlichen Kraftstoff jetzt viel zu fett läuft.

Achtung!

Lachgas selbst ist relativ ungefährlich und nicht brennbar. Trotzdem nicht einatmen! Da das Gas aber unter hohem Druck im Behälter gelagert wird, geht vom Behälter selbst doch eine gewisse Gefahr aus. Sollte das Auto brennen, kann der Behälter platzen. Feuerwehrleute sollten unbedingt auf das Vorhandensein eines solchen Behälters hingewiesen werden. Sind die Löschversuche nicht erfolgreich, besser in Deckung gehen!

man

Sportauspuff

Wer will schon mit einem dünnen Serienröhrchen spazieren fahren? Niemand! Wer Sound und Optik verbessern will, sollte seinem Auto deshalb unbedingt einen Sportauspuff spendieren.

04 Jetzt kann der Topf durch Hin- und Herdrehen vom Rest der Anlage getrennt werden. Meistens ist der Topf aber gnadenlos festgerostet. Wenn Rostlöser und leichte Schläge mit dem Hammer nichts nützen, bleibt nur noch der Griff zu Meißel oder Flex...

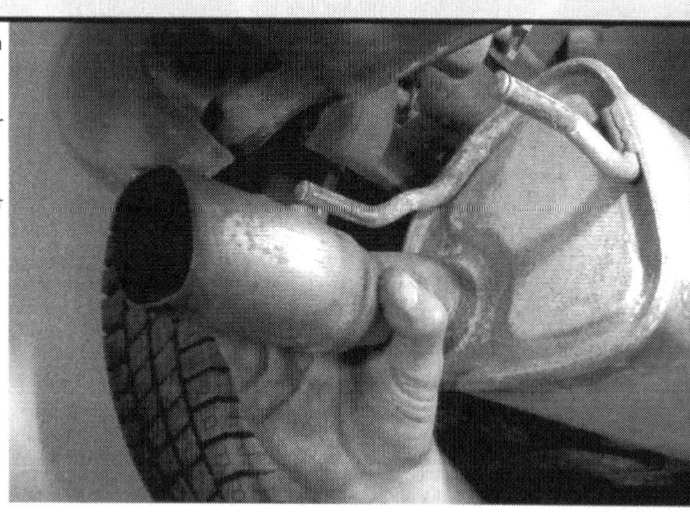

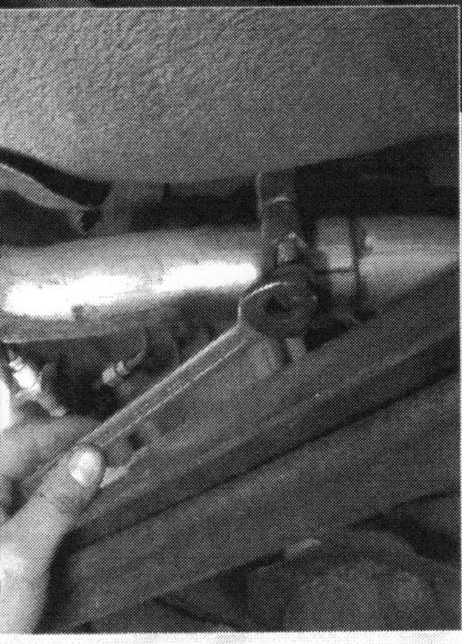

Diesmal ist wieder der Corsa dran. Glücklicherweise ist der Topf über der Hinterachse mit einer Schelle verschraubt und die Schelle noch nicht zu stark verrostet.

02 Der Topf ist an zwei Gummis aufgehängt, die am Ende mit einer Klammer gegen Abrutschen gesichert sind.

03 Wirklich leicht lassen sich die Gummis aber auch ohne die Klammer nicht entfernen.

05 Damit nicht auch der neue Topf gleich festrostet, spendieren wir der Rohrverbindung auf beiden Seiten etwas Kupferpaste.

06 Dann wird der Topf ausgerichtet und die neue Schelle so angezogen, dass sie nicht mit der Achse kollidiert.

07 Damit die Gummis leichter über die Halter rutschen können, schmieren wir die Teile mit einer Seifenlösung ein. Silikonspray geht aber auch.

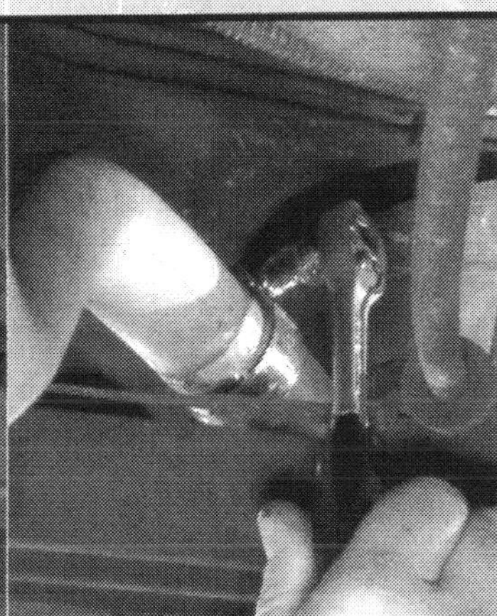

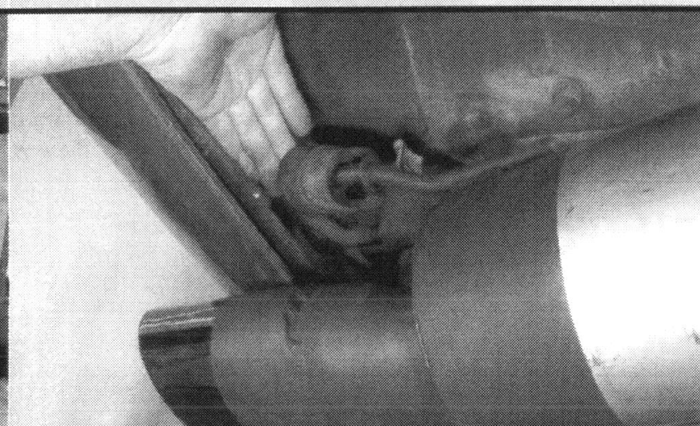

01 Den Stecker für die Lamda-Sonde finden wir oberhalb des Getriebes. Abziehen, ...

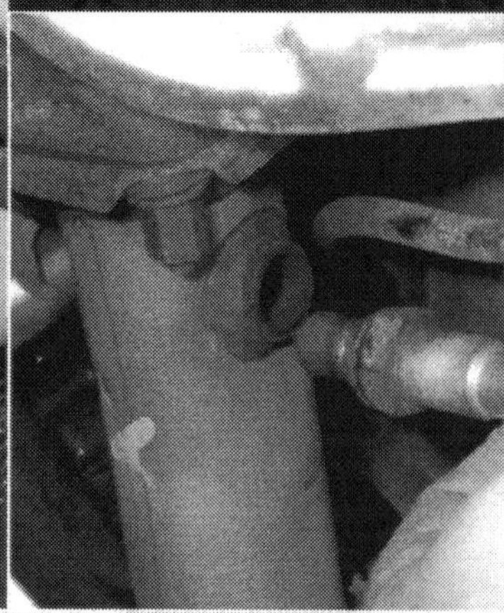

02 ...dann können wir die Sonde am Hosenrohr ohne Bedenken herausschrauben.

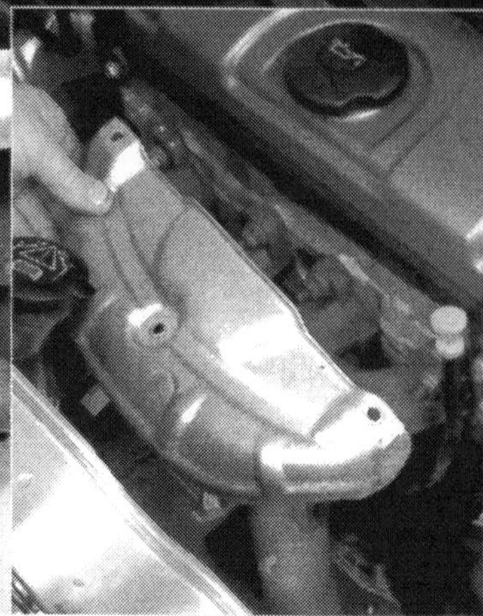

03 Als Nächstes ist das Abschirmblech dran, dessen Schrauben gerne abreißen.

Fächer-**Krümmer**

Ein schöner glänzender Edelstahl-Fächerkrümmer sieht nicht nur viel besser aus als der rostige, serienmäßige Gussklumpen, so ein edles Teil kann auch für mehr Leistung sorgen. Wir zeigen den Einbau am Saxo, bei dem das zum Glück einigermaßen einfach geht.

08 Wenn der ganze Auspuff ab ist, können wir uns dem Krümmer zuwenden.

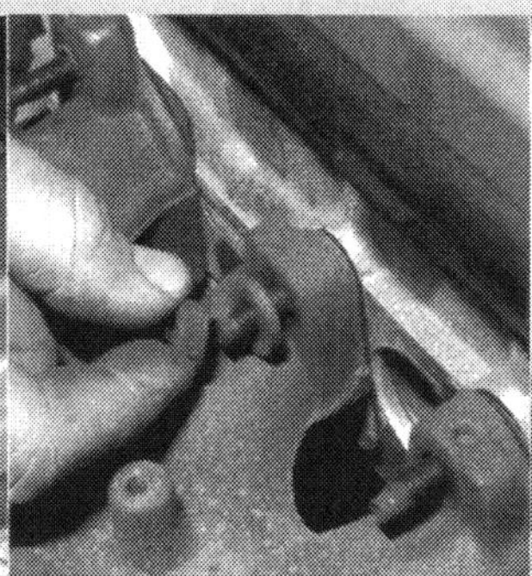

09 Die Muttern sind oft festgebacken und drehen die Stehbolzen mit heraus. Kein Problem, diese wieder einzusetzen.

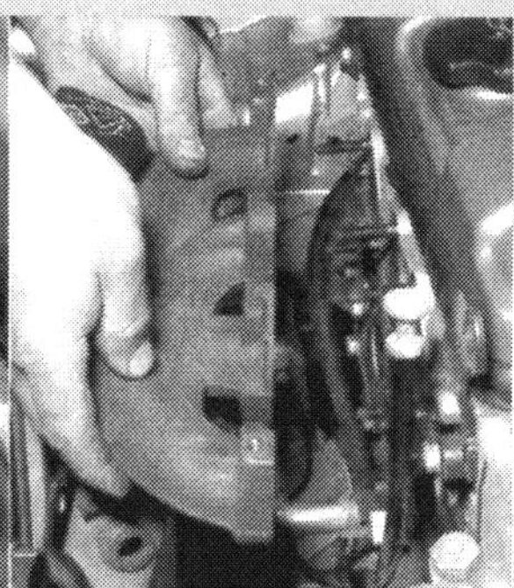

10 Der Krümmer kann samt Hosenrohr herausgehoben werden, wenn unter dem Auto genügend Luft ist.

11 Um die Dichtfläche zu reinigen, kann man die Stehbolzen mit zwei gekonterten Muttern herausdrehen.

04 Da wir die Auspuffanlage komplett abnehmen müssen, entfernen wir zuerst den Endtopf, ...

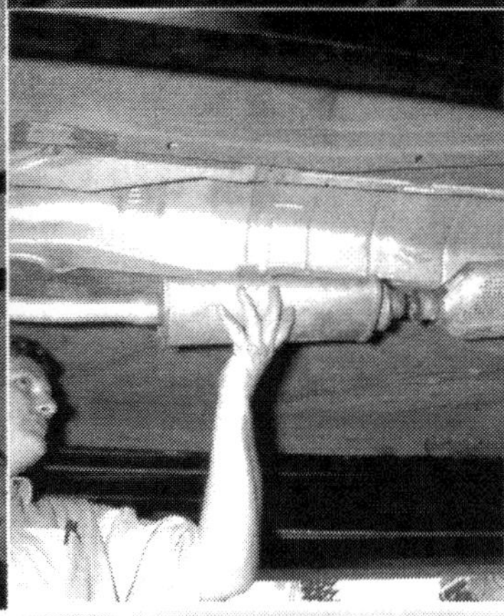

05 ...dann den mittleren Abschnitt...

06 ...und dann den Katalysator.

07 Das Hosenrohr ist unten am Getriebe verschraubt, um Schwingungen zu vermeiden.

12 Mit einer neuen Dichtung wird der Krümmer angesetzt.

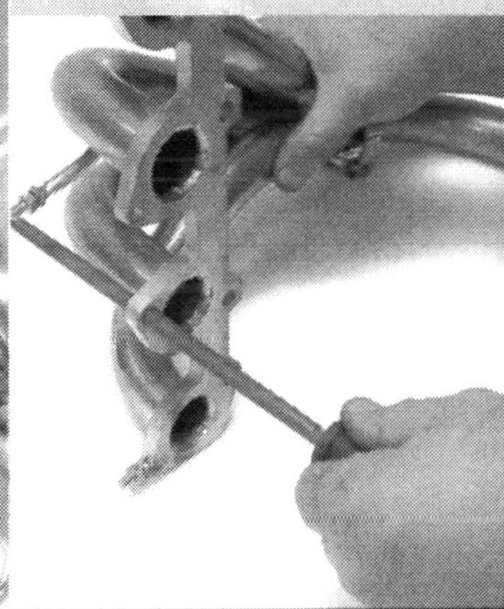

13 Leider mussten wir einige Löcher zurechtfeilen. Hier hat der Hersteller etwas geschlampt.

14 Mit neuen Kupferschrauben wird der Krümmer dann gleichmäßig angezogen.

15 Das Abschirmblech nimmt uns zwar die Sicht auf den schönen neuen Krümmer, schützt aber die umliegenden Teile vor Hitze.

Katalysator **ausbauen**

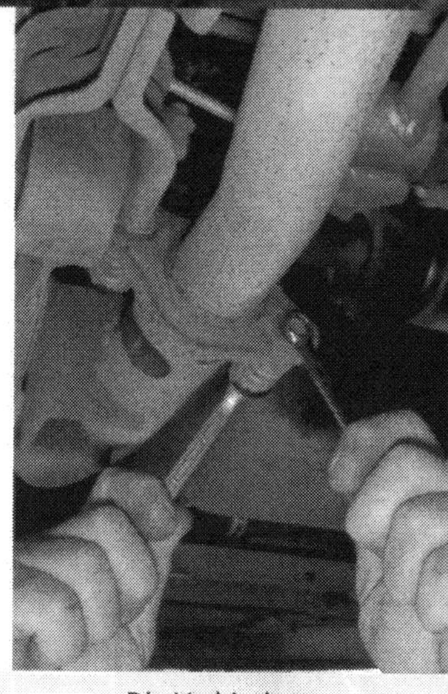

Zuerst ein paar klare Worte: Wir wissen, dass Kat-Ersatzrohre massenweise verkauft werden. Wir wissen aber auch, dass der Ausbau des Kats nicht eintragungsfähig ist und der Betrieb eines solchen Autos im öffentlichen Straßenverkehr den Tatbestand der Steuerhinterziehung erfüllt.

Nicht einmal im Motorsport ist das Fahren ohne Kat erlaubt. Wer in Wertung bleiben und die Lizenz behalten möchte, muss einen Kat unter dem Auto haben. Womit wir dem Sinn der hier gezeigten Aktion schon näher kommen: Es gibt nämlich Hochleistungs-Metallkats, die deutlich durchsatzfreudiger und haltbarer als die Serienkats sind. Und sehr wohl eintragungsfähig. Wer also einen solchen Sportkat einbauen will, nimmt am besten ein schönes neues Edelstahlrohr und schweißt sich den Kat an einer geeigneten Stelle ein. Um es noch einmal zu sagen: Wer den Kat stillschweigend ausbaut, umgeht oder ausräumt, macht sich strafbar!

01 Die Verbindung zum Hosenrohr ist meist mit Federn vorgespannt, um die Bewegungen des Motors auszugleichen. Gehen die Schrauben nicht auf, einfach zwischen den Federwindungen durchsägen.

06 Das neue Rohr wird am Übergang zum Krümmer mit einer neuen Kegeldichtung versehen...

07 ...und mit den mitgelieferten Ringen, ...

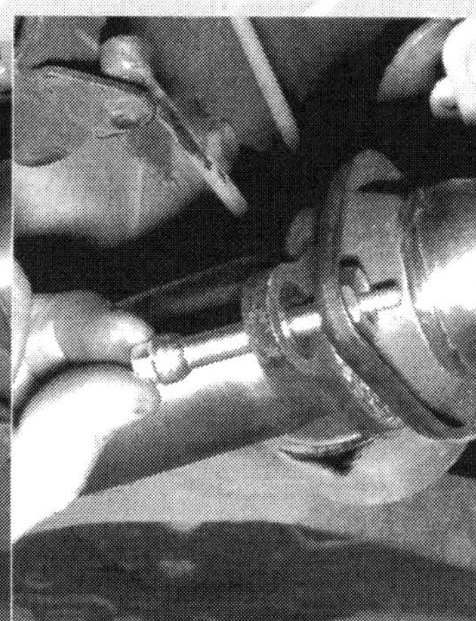

08 ...neuen Bolzen, ...

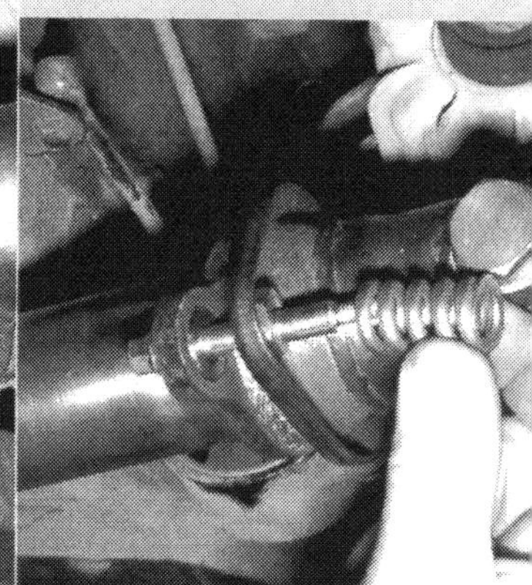

09 ...neuen Federn...

02 Wenn die Schraube an der hinteren Schelle abreißt, ist das auch nicht schlimm – vorausgesetzt, wir haben eine neue zur Hand, was dringend empfohlen ist.

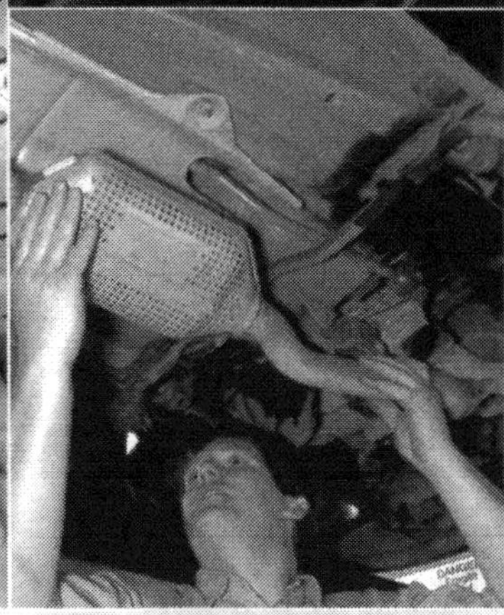

03 Der Kat selber muss sorgfältig behandelt werden. Bei starken Schlägen bricht das Trägermaterial im Inneren, und der Kat ist hin!

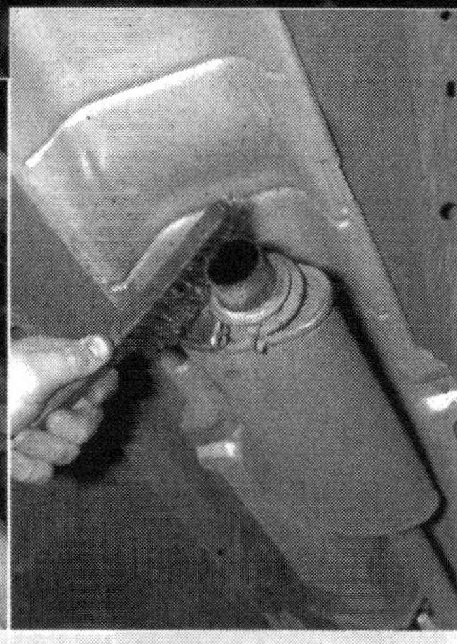

04 Damit später alles dicht ist, säubern wir die Anschlüsse mit einer Drahtbürste

05 Neue Schrauben, Dichtungen und Schellen sind eine Selbstverständlichkeit. Wir wollen doch keine rostigen Teile mehr dranschrauben, oder?

10 ...und neuen Scheiben und Muttern verschraubt. Die Federn nur vorspannen und nicht bis auf Block zusammenziehen.

11 Dann wird der Halter eingehängt...

12 ...und die zweigeteilte Klemme montiert.

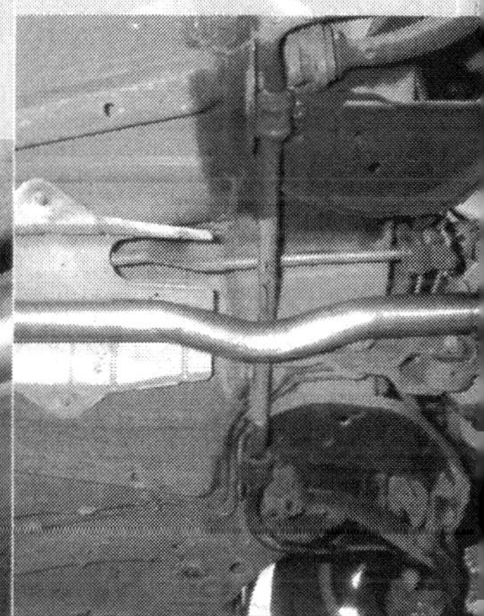

13 In dieses Rohr kann dann der Sportkat (hier leider nicht im Bild) eingeschweißt werden.

Ab auf die Piste

Wer sein Auto richtig ausfahren will, sollte dazu auf ein abgesperrtes Gelände gehen. Das ist sogar billiger, als dauernd Strafzettel zu bezahlen...

Da spendiert man seinem Auto die ganze Freizeit und die letzten Ersparnisse, und was passiert? Es schüttelt einem die Plomben aus den Zähnen und läuft jeder Spurrille nach. Der Stadtverkehr wird zur Qual, jeder Regenschauer und jede Schwelle zur Verkehrberuhigung verursachen körperliche Schmerzen. Hält man sich an die Regeln, hängt sich jeder Kleinwagenfahrer an die Stoßstange und erzählt seinen Freunden hinterher, dass er drangeblieben ist. Hält man sich nicht daran, wird man mit seinem getunten Auto zum Anschauungsobjekt für Polizeischüler. Das alles muss nicht sein.

Wer den ganzen Stress nicht haben will und sein Auto richtig liebt, zieht sich auf den topfebenen Belag einer Rennstrecke zurück. Dort kann genüsslich Sprit abgefackelt werden, und niemand wird sich über quietschende Reifen aufregen. Im Gegenteil: Dort ist man unter Gleichgesinnten und findet beim Fachsimpeln vielleicht sogar noch das eine oder andere PS.

Und nur auf abgesperrtem Gelände ist genügend Raum vorhanden, um die eigenen Grenzen und die des mühevoll getunten Autos auszuloten. Kein Gegenverkehr, keine Bäume, kein Tempolimit! Falls doch etwas völlig aus dem Ruder läuft, ist normalerweise ein Krankenwagen an Ort und Stelle. Wer sich das alles in Ruhe überlegt, findet kein Argument dagegen. Außer vielleicht die Angst, von einem noch besser vorbereiteten Auto gebügelt zu werden.

Dabei sollte man sich als Fahrer genauso viel Zeit und Muße für die Weiterentwicklung nehmen, wie man in das Autos investiert hat. Es ist absolut keine Schande, sich die Tricks und Kniffe am Lenkrad von Profis zeigen zu lassen. Vom Fahrsicherheits- bis zum Drifttraining gibt es heute passende Lehrgänge für jeden Level. Freies Fahren mit straßenzugelassenen Autos bieten dann fast alle permanenten Rennstrecken an. Wer einen Schritt weiter gehen will, kann sich mit einer Tageslizenz des DMSB (Deutscher Motorsportbund) bei einem der zahlreichen Slaloms anmelden oder bei nationalen Rallyes sein Können demonstrieren.

Drag-Racing

Immer beliebter sind auch hier zu Lande die Beschleunigungsrennen. Die Regeln sind denkbar simpel: Gefahren wird nach dem k.o.-System mit stehendem Start. Wer nach einer bestimmten Distanz (meist eine Viertelmeile, also 402 Meter) die Nase vorne hat, ist eine Runde weiter. Wer verliert, scheidet aus dem Wettbewerb aus.

Drag-Racing stammt ursprünglich aus den USA und ist besonders in den skandinavischen Ländern und Großbritannien sehr populär. Aber auch in Deutschland werden immer mehr Veranstaltungen angeboten. Um es deutlich zu sagen: Wir meinen hier nicht die illegalen Rennen, die nachts auf irgendwelchen Landstraßen oder in einem abgelegenen Industriegebiet ausgetragen werden. Die zahlreichen Todesfälle jedes Jahr sind Grund genug, diese Wettbewerbe zu meiden.

Wer sich im k.o.-System mit seinen Konkurrenten messen will, sollte nur bei Wettbewerben antreten, die auf stillgelegten Flugplätzen oder auch Teilen von Rennstrecken ausgetragen werden. Dort gibt es dann auch eine Zeitmessanlage, die Auskunft über die erreichte Höchstgeschwindigkeit und die Fahrzeit gibt. Nur so ist jede Modifikation am Auto exakt nachvollziehbar. Und Perfektion bis in den letzten Winkel ist doch das, worum es uns geht, oder?

Ab auf die Piste

Fahren auf der Rennstrecke

Wer nicht nur geradeaus beschleunigen, sondern die Möglichkeiten seines Autos ganz ausschöpfen will, sollte ein Ticket für die Rundstrecke lösen. Spät bremsen, präzise einlenken und früh aufs Gas – das sind die Grundregeln, um schnell zu sein. Dazu gibt es dann noch einige Feinheiten, die am besten ein Instruktor erklären kann.

Wer träumt nicht davon, das Gaspedal auf das Bodenblech zu nageln, die Möglichkeiten des Fahrwerks im Grenzbereich vollständig auszuloten und den Bremspunkt bei jeder Runde noch ein, zwei Meter später zu setzen. Wozu haben wir sonst auch die große Bremsanlage eingebaut und das Gewindefahrwerk bis auf den Boden runtergeschraubt?

Prinzipiell gibt es auf fast jeder Rennstrecke die Möglichkeit, an bestimmten Tagen ein paar Runden zu drehen. Besonders beliebt, aber auch gefürchtet sind die so genannten Touristenfahrten auf der Nordschleife des Nürburgrings. Nicht jeder, der dort unterwegs ist, weiß jedoch was er tut, und so mancher brave Familienvater hat dort beim "Besichtigen" schon seinen Van zerlegt.

Egal wo man sich bewegt: Wer irgendwann wie ein Profi um den Kurs fliegen will, sollte sich auch von einem Profi in die Geheimnise der richtigen Linie einweihen lassen. Dazu bieten die Rennstrecken Fahrerlehrgänge an, manchmal wird die komplette Rennstrecke aber auch von Automobilherstellern oder privaten Markenclubs zu diesem Zweck gemietet. Zu einem anständigen Fahrerlehrgang gehört dann auch ein Theorie-Teil, bei dem die Zusammenhänge der Fahrphysik anschaulich erklärt werden.

Woran muss ich denken?

Für ein paar Runden auf der Rennstrecke sind keine besonderen Dinge notwendig. Das Auto muss beim freien Fahren eine Straßenzulassung haben und der Fahrer einen Führerschein. Am Nürburgring wird dann einfach eine Karte gelöst, und ab gehts auf die Piste. Bei anderen Rennstrecken gibt es Tickets für eine zeitlich begrenzte Session, die meistens um die 15 Minuten lang ist.

Das hört sich nicht besonders lange an, reicht aber, um ins Schwitzen zu kommen. Denn auf Rennstrecken müssen die Fenster und Schiebedächer geschlossen bleiben, und das Tragen eines Helmes ist dringend empfohlen – wenn nicht sogar vorgeschrieben. Es lohnt sich also, einen eigenen Helm anzuschaffen.

Bei organisierten Veranstaltungen sind in der Regel Streckenposten im Einsatz, deren Flaggensignale in einer kurzen Einweisung erklärt werden. Die Grundregeln sind denkbar einfach: Gelb bedeutet Gefahr, Rot Abbruch des Fahrbetriebs.

Womit wir beim unbequemen Thema Unfall sind. Jeder Teilnehmer verpflichtet sich schriftlich, eventuelle Schäden auf die eigene Kappe zu nehmen. Das gilt auch dann, wenn man von jemandem "abgeschossen" wird. Auch Schäden an Leitplanken und sonstigen Einrichtungen der Strecke sind Sache des Fahrzeugeigentümers. Auto Schrott, Leitplanke zertrümmert, dazu die Abschleppkosten – da kann Einiges zusammenkommen.

Wer auf Nummer sicher gehen will, sollte eine extra Versicherung für diesen Tag abschließen, die oft auch vom Veranstalter oder Rennstreckenbetreiber angeboten wird. Noch wichtiger ist eine ausreichende Versicherung gegen Personenschäden, vor allem, wenn man andere im Auto mitnehmen will. Bei organisierten Veranstaltungen ist diese Versicherung bis zu einer bestimmten Höhe im Nenngeld inbegriffen – sofern überhaupt Beifahrer erlaubt sind. Bei aller Freude am Heizen ist also auch ein kühler Kopf gefragt. Und dass Alkohol und Drogen an der Rennstrecke nichts verloren haben, ist ja wohl völlig klar.

Ist das Auto fit?

Die persönliche Vorbereitung ist die eine, die des Autos die andere Sache. Damit die gute Laune an Bord möglichst lange erhalten bleibt, muss auch die Technik mitspielen.

Damit das Auto die Strapazen eines ganzen Tages auf der Rennstrecke gut wegsteckt, sollte man zunächst alle Flüssigkeiten prüfen. Sind Öl und Wasser auf Maximum? Wie lange ist der letzte Ölwechsel her? Eine frische Ölfüllung ist auf Grund der sehr hohen Öltemperaturen beim Fahren im Zweifel die bessere Wahl. Der Motor darf auch kein Öl oder Wasser verlieren, sonst dauert das Vergnügen nicht lang: Rauchende und ölspuckende Autos werden aus Sicherheitsgründen ohnehin gleich von der Piste geholt.

Zur Sicherheit nimmt man ein wenig Motoröl und Wasser mit zum Rennplatz. Ansonsten sollte alles zu Hause bleiben, was nicht unbedingt benötigt wird. Im Auto selbst darf nichts lose oder unbefestigt sein, erst recht keine schweren Sachen wie Feuerlöscher, Glasflaschen oder Subwoofer. Auch die Batterie muss absolut fest im Motorraum sitzen. Ansonsten ist hinterher der ganze Motorraum verätzt, oder das Auto steht wegen eines Kurzschlusses sogar in Flammen.

Reifen und Bremsen müssen in Top-Zustand sein, man kann aber getrost davon ausgehen, dass beides am Ende des Tages erneuerungsbedürftig ist. In den meisten Fällen ist es besser, einen zusätzlichen Radsatz mit Sportreifen mitzunehmen. Normale Straßenreifen sind dem rauen Asphalt nicht sehr gut gewachsen, und der Bremsstaub setzt sich mit Vorliebe auf schönen neuen Alufelgen ab. Außerdem muss man ja auch noch nach Hause kommen. Wer mit neuen Straßenreifen ankommt und mit Slicks nach Hause fährt, hat etwas falsch verstanden.

Wo wir grade davon reden: Es ist sowohl für das Auto als auch für den Fahrer gut, eine kleine Abkühlphase einzulegen. Rennstrecke ist Rennstrecke – Straßenverkehr ist Straßenverkehr!

Kleine Checkliste

Brauche ich eine Lizenz?
Welche Unterlagen erforderlich sind, steht in der Ausschreibung der jeweiligen Veranstaltung. Meistens reicht der Führerschein.

Kann ich Beifahrer mitnehmen?
Meistens müssen auch die Mitfahrer angemeldet werden und einen Haftungsverzicht unterschreiben.

Darf ich mit jedem Auto mitmachen?
In der Regel müssen die Autos straßenzugelassen sein und dürfen nicht zu laut sein (unter 98 dbA).

Was sagt die Versicherung dazu?
Normalerweise nichts, den bei solchen Veranstaltungen muss die Versicherung nicht zahlen. Das steht im Kleingedruckten.

Was kann ich für meine Sicherheit tun?
Statistisch gesehen ist das Fahren auf der Rennstrecke sicherer als der Weg zur Arbeit. Helm und Gurt sind dabei selbstverständlich.

Ist mein Auto nicht zu langsam?
Auf der Rennstrecke zählen zum Glück nicht nur PS. Das musste schon so mancher Porsche-Fahrer erkennen...

Ist das Auto danach Schrott?
Das kann passieren, muss aber nicht. Letztendlich hat es jeder selbst in der Hand, wie viel er seinem Auto zumuten will.

Wie viel wird mich der Spass kosten?
Neben der Startgebühr muss man mit einem Satz Reifen und neuen Bremsbelägen an der Vorderachse rechnen.

Wo finde ich weitere Informationen?
Jede Rennstrecke hat ihre eigene Internetseite, auf der die freien Termine und weitere Informationen zu finden sind:
www.hockenheimring.de
www.nürburgring.de
www.motorsportarena.com (Oschersleben)
www.eurospeedway.de (Lausitzring)
www.sachsenring.de
www.anneau-du-rhin.com (Rheinring, Elsass)

Und wenn ich den echten Wettbewerb suche?
Auf zahlreichen Rennstrecken werden auch Lizenz-Kurse angeboten. Mit einer solchen Lizenz des Deutschen Motorsport Bundes (www.dmsb.de) kann dann an richtigen Rennen teilgenommen werden.

Fahren bei Nässe

Nicht immer und überall scheint die Sonne. Selbst im Sommer kann ein plötzlicher Gewitterregen die Straße unter Wasser setzen. Und dann ist mit einem getunten Auto etwas Vorsicht angebracht.

Regen ist ganz sicher nicht das, was wir uns beim Aufbau unseres Autos gewünscht haben. Wasser ist zum Waschen da, aber fahren im Regen? Einmal ganz abgesehen davon, dass alles schmutzig wird und Feuchtigkeit der Nährboden für Rost ist: Bei Regen steigt die Unfallwahrscheinlichkeit um ein Vielfaches. Die Hauptgründe dafür sind schlechte Sicht und eine stark verringerte Haftung bis hin zum Aquaplaning. Wer Breitreifen und einen Einarmwischer montiert hat, sollte sich also im Regen etwas zurückhalten.

Etwas Theorie

Das Fahrverhalten eines Autos hängt wesentlich von der Haftung der Reifen auf der Fahrbahn ab. Dazu gibt es ein paar physikalische Grundregeln, die sich je nach Antriebsart unterschiedlich auswirken.

Frontantrieb

Ein frontangetriebenes Auto ist ziemlich kopflastig. Kein Wunder, denn Motor und Getriebe sitzen meist noch vor den Vorderrädern. Das ist gut, wenn es um die Traktion beim Anfahren geht, aber relativ ungünstig beim Kurvenfahren und Bremsen. Beim Bremsen verlagert sich wie bei einem Pendel noch mehr Gewicht nach vorne, die Hinterräder können deshalb nur noch ganz wenig mitbremsen. Überlagern sich beim Kurvenfahren die Lenk- und Beschleunigungskräfte, sind die Vorderräder schnell überfordert. Das Auto schiebt dann über die eingeschlagenen Vorderräder zum Kurvenaußenrand. Es untersteuert. Durch Gaswegnehmen bremst sich ein Fronttriebler meistens so weit ab, dass die Kurve doch noch geschafft werden kann. Fronttriebler mit extrem hartem Fahrwerk werfen bei diesem Lastwechsel dann aber auch gerne das Heck.

Allradantrieb

Traktion ohne Ende, relativ ausgewogene Gewichtsverteilung und Vorderräder, die neben der Lenkarbeit nur einen Teil der Antriebskraft übertragen müssen, machen einen Allradler auf glatter Fahrbahn nahezu unschlagbar. Allerdings darf man nicht vergessen, dass die Fuhre auch wieder abgebremst werden muss. Und wenn er rutscht, dann ist das Verhalten nicht immer eindeutig.

Heckantrieb

Wer gut fahren kann, hat mit einem Hecktriebler zweifelos am meisten Spaß. Mit Gas und Lenkung kann das ausbrechende Heck in einem stabilen Drift gehalten werden. Inzwischen werden in dieser Disziplin sogar Meisterschaften ausgetragen. Wer weniger erfahren ist, sollte bei Regen unbedingt den Fuß vom Gas nehmen. Sonst ist der Dreher vorprogrammiert.

Übung macht den Meister

Nur wer sein Auto unter allen Umständen sicher beherrscht, ist ein echter Meister. Denn zwischen unkontrolliertem Schleudern und sauberem Driften ist ein himmelweiter Unterschied. Also nichts wie ab auf die Gleitfläche.

Wer sein Auto richtig gut im Griff haben und gefahrlos an die Grenzen gehen will, sollte sich in einem Fahrsicherheitszentrum zu einem Kurs anmelden. Fast alle Fahrsicherheitszentren haben eine bewässerte Fläche, die mit einem speziellen Kunststoff beschichtet ist. Deren Reibwert entspricht ungefähr dem einer geschlossenen Schneedecke. Das hat zwei Vorteile: Zum einen laufen alle Vorgänge quasi in Zeitlupe ab, zum zweiten wird das Auto dabei so gut wie gar nicht beansprucht.

Die Lehrgänge laufen praktisch immer nach dem gleichen Schema ab: In einem Theorie-Teil werden zunächst die Grundlagen der Fahrpysik erklärt. Was sich ein bisschen wie Schulbank drücken anhört, ist in Wirklichkeit ziemlich spannend. Wer weiß zum Beispiel noch, dass er bei 180 Sachen auf der Autobahn pro Sekunde 50 Meter zurücklegt? Die Formel dazu ist einfach: gefahrene Geschwindigkeit geteilt durch 3,6 ergibt die zurückgelegte Distanz pro Sekunde. Und eine Sekunde ist normalerweise die Zeit, die vom Erkennen einer Gefahrensituation bis zum Treten des Bremspedals vergeht. Erst dann kommt der eigentliche Bremsvorgang, dessen Länge von der Bremsanlage, der Bereifung und den Straßenverhältnissen abhängt. Das sind 50 Meter, die allein vom Fahrer abhängen! Das kann sehr entscheidend sein, wenn man auf ein Stauende zufährt.

Bremsen, Driften und manchmal eine Gratis-Unterbodenwäsche

Erstaunlich ist auch, wie lang der Bremsweg wird, wenn das Auto auf der Gleitfläche abgebremst werden soll. Meistens reicht der Platz gar nicht aus. Vor allem, wenn der Instruktor plötzlich eine Wasserwand aus dem Boden schießen lässt, die ein Hindernis darstellen soll. Wer hier nicht richtig reagiert, bekommt eine Unterbodenwäsche gratis.

Wenn der Platz zum Bremsen nicht mehr reicht, sollte das Hindernis umfahren werden. Wer ein Auto mit ABS hat, ist fein raus: Einfach weiter bremsen und dabei um das Hindernis herumlenken. Wer kein ABS zur Verfügung hat, muss dagegen die Bremse lösen, damit die Räder wieder Seitenkräfte übertragen können. In jedem Fall sollte bei Beginn des Bremsvorgangs die Kupplung getreten werden. Nur so können die blockierten Räder wieder schnell genug anlaufen.

Beim Kurbeln am Lenkrad stellt sich dann auch schnell heraus, warum Rennfahrer so aufrecht und nah am Lenkrad sitzen: Wer die Lehne nach hinten gekurbelt hat und seinen Oberkörper nicht richtig abstützen kann, hebelt sich beim Lenken selbst aus dem Sitz und kann außerdem niemals stark genug auf die Bremse treten.

Wer mit durchgestreckten Armen im Auto sitzt, sieht zwar cool aus, hat aber auch bei der nächsten Übung garantiert Schwierigkeiten: ein Stück Gleitfläche mitten in der Kurve simuliert eine Eisplatte oder nasses Herbstlaub und erfordert schnelle Reaktionen am Lenkrad. Ganz besonders bei einem Hecktriebler, der in diesem Fall mit Sicherheit hinten ausbricht. Nur wer jetzt schnell genug gegenlenkt, kann den Dreher vermeiden. Die Vorderräder müssen dabei immer in Fahrtrichtung bleiben. Wer das Gegenlenken beherrscht, kann diesen Drift dann mit dosiertem Gaseinsatz verlängern. Da die hohe Kunst des Querfahrens auch bei uns immer mehr Anhänger findet, gibt es inzwischen spezielle Trainings, bei denen es nur noch darum geht, diesen Fahrstil weiter zu perfektionieren. Ideale Vorraussetzungen dafür bieten leistungsstarke Hecktriebler mit Sperrdifferenzial. Aber auch mit allradgetriebenen Autos ist diese sehr spaßige Art des Kurvenfahrens möglich.

12 Sicherheit geht vor

Allgemeines

Wer an seinem Auto arbeitet, hat viele Möglichkeiten, sich selbst und anderen weh zu tun. Nicht nur beim Basteln selbst, sondern auch, wenn die Arbeit nicht sachgemäß durchgeführt wurde und das Auto deshalb später außer Kontrolle gerät. Das muss unbedingt vermieden werden! Also nur Arbeiten angehen, die auch machbar sind.

Unsere Arbeitsschritte sind nach bestem Wissen und Gewissen zusammengestellt, sollen aber lediglich zur Orientierung dienen und erheben keinen Anspruch auf Allgemeingültigkeit. Eine Haftung der Autoren, des Verlags und seiner Beauftragten für Personen-, Sach- und Vermögensschäden ist ausgeschlossen. Geänderte Anweisungen der Hersteller, neue gesetzliche Auflagen oder andere Änderungen sind jederzeit möglich.

Das müssen wir sagen, da das Schrauben am Auto potenziell gefährlich ist, wollen aber keine Spassverderber sein. Deshalb hier noch einmal die wichtigsten Gefahren und Tipps:

Verbrennungen

Die einfachste Möglichkeit, Verbrennungen zu vermeiden, ist, nur am kalten Auto zu arbeiten. Besonders Auspuff, Öl und Kühlwasser können sehr heiß sein, aber auch die Bremsen werden im Betrieb sehr heiß. Das Auto sollte mindestens eine Stunde stehen, bevor man irgendwelche Teile anfasst.

Feuer

Leider gibt es sehr viele Möglichkeiten, wie ein Feuer entstehen kann. Nicht nur die Flüssigkeiten sind brennbar, auch durch elektrische Kurzschlüsse kann ein Feuer entstehen. Also nicht rauchen und mit offenem Feuer hantieren und das Auto abkühlen lassen. Hier die größten Gefahren:

a Benzin ist hochentzündlich. Das gilt vor allem für Benzindämpfe, die sogar explodieren können. Bei Benzingeruch ist allergrößte Vorsicht geboten! Ein Funke kann reichen!

b Beim Ablassen von Benzin muss die Umgebung kalt sein. Beim Ablassen in Kunststoffbehälter kann es zu statischer Aufladung kommen, also unbedingt erden! Aber auch beim Nachfüllen von Öl und Bremsflüssigkeit kann es zum Feuer kommen. Zum Beispiel, wenn die Flüssigkeit auf den heißen Auspuffkrümmer tropft.

c Ein Feuer kann auch durch einen Kabelbrand entstehen. Nicht immer ist ein Kurzschluss die Ursache, der Stromfluss kann auch einfach zu groß für den verwendeten Kabelquerschnitt sein. Bei Arbeiten an der Elektrik immer die Batteriemasse abklemmen.

Einklemmgefahr

Sehr gefährlich ist das Aufbocken des Autos. Wer sich unter ein nicht richtig gesichertes Auto legt, begibt sich in Lebensgefahr. Der serienmäßige Wagenheber ist jedenfalls nicht für Reparaturarbeiten gedacht. Ein stabiler Wagenheber und ein paar Unterstellböcke gehören zur Mindestausstatung in der heimischen Werkstatt.

Gefährlich sind auch plötzlich anlaufende Lüfter oder Wischergestänge. Deshalb vor den Arbeiten am besten den Minuspol der Batterie abklemmen.

Lenkung, Bremsen und Radaufhängung

Arbeiten an diesen Teilen müssen mit größter Vorsicht und nach Werksvorschriften durchgeführt werden. Jeder kann sich leicht ausmalen, was passiert, wenn eines dieser Teile in voller Fahrt versagt. Im Zweifel einen Fachmann zu Rate ziehen und alle durchgeführten Arbeitsschritte doppelt gegenchecken!

Räder und Reifen

Bei der Befestigung der Räder ist auf korrekte Länge und den richtigen Konus der Bolzen zu achten. Auch darf auf der Felge am Befestigungsloch und an der Auflagefläche zur Nabe keine Farbe sein. Die Radbolzen werden immer mit dem Drehmomentschlüssel angezogen und nach 50 Kilometer Fahrt nochmals nachgezogen.

Bremsenstaub

Obwohl Asbest heute in Reibbelägen verboten ist, sollte man bei Arbeiten an der Bremsanlage oder beim Wechseln der Kupplung eine Atemschutzmaske tragen. Den Bremsstaub nicht einfach abblasen, sondern mit Reiniger abspülen, und die Lappen als Sondermüll entsorgen!

Airbags

Die Arbeiten daran sind normalerweise nur dafür qualifizierten Fachleuten gestattet. Wenn kein Fachmann greifbar ist, sollte nur mit größter Vorsicht und nach Werksvorschrift daran gearbeitet werden. Das gilt auch für Gurtstraffer. Auf keinen Fall an der Stromversorgung zusätzliche Verbraucher anschließen. Dadurch kann der Lebensretter bei einem Unfall versagen.

Abgase

Selbst wenn in der Abgasanlage ein Kat eingebaut ist, heißt das noch lange nicht, dass aus dem Auspuff nur warme Luft kommt. Abgase sind tödlich, und das ist besonders bei Arbeiten am Boden oder in einer Grube zu beachten, da die Gase zum Teil schwerer als Luft sind und sich in Bodennähe sammeln. Also immer für ausreichende Belüftung sorgen! Die Auspuffanlage selbst sollte natürlich dicht sein, und es dürfen auch keine Abgase in das Auto ziehen. Besonders am Heck muss das Auto dicht sein, sonst können Abgase in den Innenraum gezogen werden.

Werkzeuge

An der Qualität von Werkzeugen sollte man nicht sparen. Billige Werkzeuge können bei hoher Belastung nachgeben oder brechen. Im günstigsten Fall ist die Schraube rund, im schlimmsten Fall sind die Knochen kaputt oder die Trümmer fliegen ins Auge. Für jede Arbeit gibt es das richtige Werkzeug, wer pfuscht, riskiert die eigene Gesundheit und die des Autos. Hier ein paar goldene Regeln:

IMMER eine Schutzbrille tragen.
IMMER eng anliegende Kleidung tragen.
IMMER lange Haare zusammenbinden.
IMMER Uhren und Ringe ablegen. Kurzschlussgefahr!
IMMER Ordnung halten und Stolperfallen vermeiden.

NIEMALS in Hektik arbeiten.
NIEMALS unpassendes Werkzeug benutzen.
NIEMALS Kinder am Arbeitsplatz unbeaufsichtigt lassen.
NIEMALS alleine und an abgelegenen Orten arbeiten.